X線散乱と放射光科学
基礎編

菊田惺志［著］

東京大学出版会

X-ray Scattering and Synchrotron Radiation Science — Fundamentals

Seishi KIKUTA

University of Tokyo Press, 2011
ISBN 978-4-13-062831-0

はじめに

(**X線源**——**X線管・放射光光源**——**の高輝度化と研究の大幅な進展**)

ビームを利用する研究は，光の場合にレーザーの出現により光学・量子エレクトロニクスの分野が大きく進展していることから明らかなように，特に線源の技術革新によって研究に全く新しい展望が拓かれる．X線源の輝度が年代的に向上する様子を図1に示す．X線管は回転陽極型へと発展して高輝度化が図られており，管電流が200〜300 mAのものが普及している．その先で飛躍的に輝度が向上しているのは，もっぱら放射光（シンクロトロン放射光）の光源によっている．はじめは電子蓄積リングの偏向電磁石部分からの放射光が利用され，つぎにウイグラーやアンジュレーターとよばれる挿入光源の出現により4〜8桁の驚くべき輝度の向上がみられている．一般にビーム利用研究では輝度が3桁向上すると研究が質的に変革するといわれているので，そのインパクトの大きさが理解

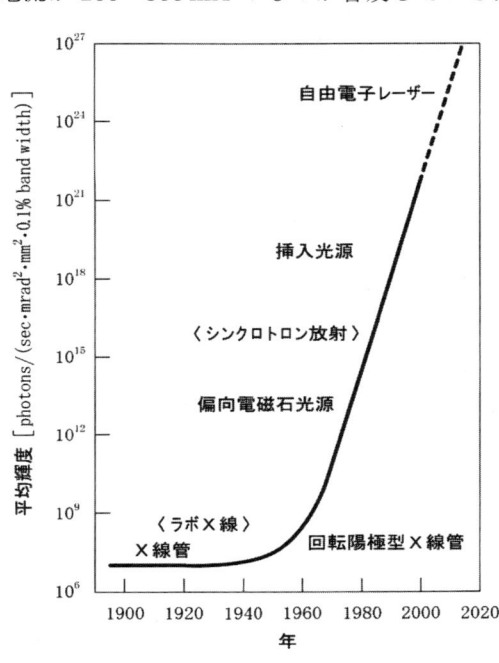

図1 X線源輝度の年代的な向上

できるであろう．さらにごく最近，コヒーレントで極短パルス光のX線自由電子レーザーが実現し，利用され始めている．（X線自由電子レーザーはパルス輝度が格段に大きいことが特長の1つであるので，平均輝度で表わされている図1には反映されていない．）

　このような線源の高輝度化と相まって，ビームをできるだけ有効に利用するためにX線光学系，X線検出系の機能も格段の向上が図られている．X線管を用いる実験室における研究についてみると，装置が全般的に放射光利用技術の進展の恩恵を受けて高度化され，ラボX線実験の守備範囲が従来より大きく広がっている．一方，放射光利用研究では，このような技術革新を背景にして，新しい研究手法がつぎつぎに開発されている．MAD法によるタンパク質結晶の構造解析，ATS散乱・共鳴散乱による軌道秩序の観察，超高圧など極端条件下の構造解析，最大エントロピー法・リートベルト法による結晶内電子密度の解析，ロッドプロファイル法などによる表面・界面の構造解析，逆モンテカルロ法利用の非晶質固体の中距離構造解析等々と枚挙にいとまがない．X線磁気散乱・磁気コンプトン散乱などによる磁性解析も実用化されている．XAFSによる局所構造解析，XMCD，極微量の蛍光X線分析など分光・分析の手法の発展も著しい．また，X線トポグラフィ，X線トモグラフィ，X線ホログラフィ，オーバーサンプリング法によるコヒーレントX線散乱顕微法など各種のX線イメージング法の開発，ポンプ・プローブ法による時分割解析などが行なわれている．さらに，核共鳴散乱を利用した核レベルの研究手法も発展している．

（放射光科学への寄与）
　このような展開の結果，多くの研究分野で放射光利用による未踏領域の開拓が盛んになり，いわゆる放射光科学の分野が確立し，1988年には日本放射光学会が設立されている．各研究分野での発展の状況を概観すると，つぎのようである．

物質科学：金属，半導体，超伝導体，磁性体，セラミック，高分子材料などの原子レベルおよび電子レベルでの構造が示す多彩な材料物性が調べられている．その際，温度，圧力，磁場などの外場の印加が行なわれる場合が多い．特に磁性多層膜，強相関電子系材料，量子ナノ構造などで，新しい機能の発

現の探索とその解明が注目されており，ナノテクノロジーへ大きく貢献しつつある．

生命科学：タンパク質分子の立体構造を原子レベルで解析し，それをもとに生体反応を理解しようとする構造生物学は，放射光利用により飛躍的に進展している．ヒトのゲノム（全遺伝子情報）中の疾患関連遺伝子を探索し，それが作り出すタンパク質やそれと結びつく分子を調べることにより薬剤設計，新薬開発を行なう「ゲノム創薬」が始まっており，バイオテクノロジーの発展に役立っている．

地球惑星科学：地球深部と同じ超高圧・高温の条件下での鉱物の構造変化の観測から地球深部のマントルの構造と運動の解明が行なわれており，将来的に深発地震のメカニズムの理解につながる．隕石や惑星間塵の解析により太陽系生成の初期の情報が得られる．小惑星イトカワから探査機はやぶさが持ち帰った微粒子の解析も始まっている．

環境科学：生体試料中の環境汚染微量元素の分析や特定地域に堆積している極微量有害物質の年代的変化の追跡は，環境汚染の実体解明や環境浄化に役立つ．環境負荷低減のために，自動車排ガス浄化用触媒，高性能電池材料，水素吸蔵合金などのメカニズムの解明が進められている．

医学利用：微小血管造影法による腫瘍血管の観察，マイクロトモグラフィや位相・屈折コントラスト・イメージングによる呼吸器系疾患や癌組織の観察などが行なわれている．

産業利用：民間企業では，電機，化学，製薬，鉄鋼，機械・精密などの業種の利用が多い．エレクトロニクス・デバイスや磁気記録デバイスの評価，機能性ナノ材料の構造解析・微量元素分析・断層観察，機械部品の歪み分布解析，ソフトマテリアルの構造評価など，広範囲に開発研究がなされている．

　なお，これらの研究の進展は，光源の高輝度化のお陰であるが，データ処理がコンピューターの高速化によって大幅に進んだことも見逃せない．放射光を用いて取得される高精度のデータがコンピューターによるパラメーター・フィッティング，シミュレーションなどに生かされて，従来不可能であった新しい解析結果が得られている．

(**放射光とのめぐりあわせ**)

　筆者の研究生活のかなりの部分は放射光と関わりがあり，我が国の放射光科学の発端から最近の大きく発展した状況までその真っただ中にいたので，放射光とのめぐりあわせについて少し触れてみたい．

　筆者は1962年から高良和武先生の研究室で，シリコンのような完全に近い単結晶におけるX線の動力学的回折現象の基礎研究とX線光学の開発研究に携わっていた．その中でX線強度の弱さが研究遂行上のネックであり，X線利用の研究を飛躍的に発展させるには，超強力なX線源の実現が不可欠であると痛感させられていた．そこで，円形電子加速器からの放射光が強力なX線源になるのではないかと考え，GeV級の加速器を想定して放射光強度を試算すると，X線管の特性線と比べて管電流にして数百Aに相当するほど超強力であることが判明した．1971年の日本物理学会において「超強力X線束の発生とその応用」という主題のシンポジウムが開かれ，線源について各種の可能性が議論されたが，放射光の利用を提案したところ，大方の賛同が得られた．これを契機に，超強力なX線源として放射光専用リングを建設しようという気運が高まっていった．1970年代後半になると米国などで既存の高エネルギー物理用リングによる寄生的な放射光利用が始まった．この外国の情勢に影響されてリング建設計画も加速され，1982年に茨城県つくば市の高エネルギー物理学研究所（現在の高エネルギー加速器研究機構，KEK）にPhoton Factory (PF, 2.5 GeV)（図2(a)）がX線領域の専用リングとして完成し，高良先生が初代の施設長を務められた．これにより世界で専用のX線リングをもつ先行施設の仲間入りをした．我々のグループはX線光学，表面構造解析などで従来全く不可能であった研究を推進することができた．

　一方，KEKでは高エネルギー物理のトリスタン計画が進んでいて，周長3 kmの巨大な主リングMR (30 GeV)と入射蓄積リングAR (6.5 GeV)が建設されていた（図2(a)）．1987年にそのARが放射光用に寄生的に利用できるようになった（その後専用リングPF-ARに転換された）．1990年に真空封止型アンジュレーターがはじめてARに導入され，X線領域での挿入光源利用の幕開けとなった．このアンジュレーターは^{57}Fe同位体の核共鳴エネルギー 14.4 keVに最適化されており，我々も長年準備してきた核共

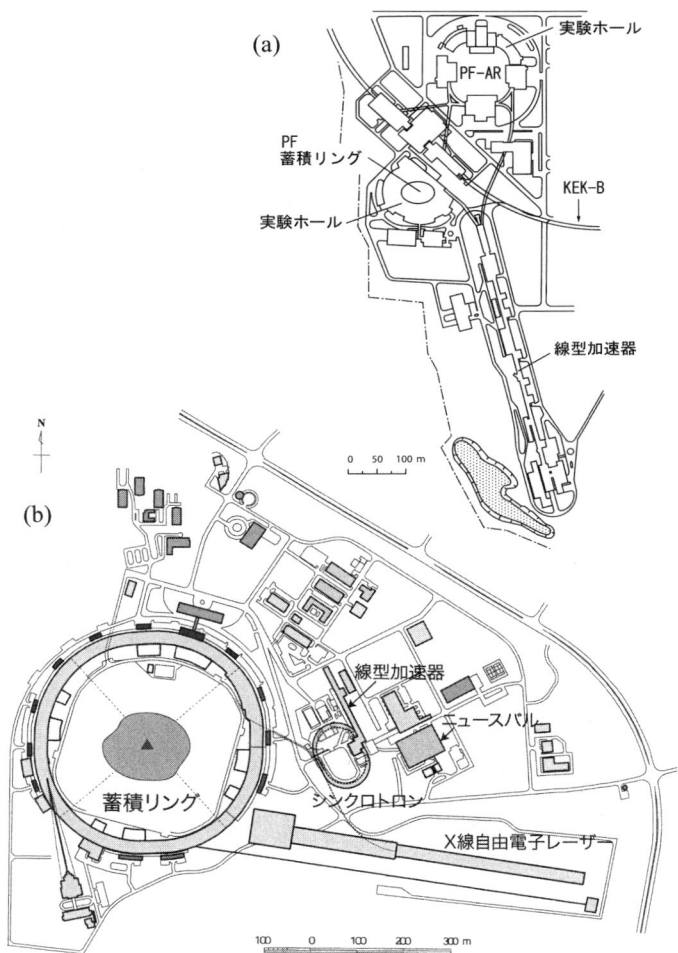

図 2 (a) KEK と (b) SPring-8 キャンパスにおける放射光用加速器の配置

鳴散乱の研究を一挙に進展させることができた．ちょうどその頃，トリスタン計画が終了した後に MR を第 3 世代の放射光光源に転用しようという計画が持ち上がったので，その実現に協力した．しかし，MR は高エネルギー物理の B ファクトリー計画に使われることになり，B ファクトリーの工事が始まる前の 1995 年に短期間であるが，MR の放射光利用の機会がつくられ，我々も X 線領域で光子相関の観測にはじめて成功した．

PFにおける放射光利用研究の発展によりもっと高輝度の光源を望む声が大きくなり，低エミッタンスで挿入光源を主体とした大型蓄積リングの実現をめざす動きが出てきた．我々は 1988 年に利用者の立場で次世代大型 X 線光源研究会を発足させ，1993 年には SPring-8 計画の進展に応じてその研究会を SPring-8 利用者懇談会に改組し，SPring-8 のビームラインの建設に協力した．SPring-8（図 2(b)）は兵庫県播磨科学公園都市に日本原子力研究所（現在の日本原子力研究開発機構）と理化学研究所によって共同で建設され，1997 年に共用開始を迎えた．ヨーロッパの ESRF (6 GeV)，アメリカの APS (7 GeV) とともに第 3 世代大型リングの 3 極を形成することとなった．財団・高輝度光科学研究センター (JASRI) が SPring-8 の共用業務，運転・維持管理・高度化などを行なうこととなり，筆者は 1998 年に東京大学を定年退官後，財団に移り，管理・運営に携わった．

　なお現在，全国的に 7 つの共同利用の放射光施設が稼働しており，放射光施設が科学技術を支えるのに必須の基盤的な設備になり，世界的に顕著な研究成果が多数報告されるような状況になっている．また，X 線自由電子レーザー SACLA を理化学研究所が JASRI の協力を得て，SPring-8 キャンパスに建設を進め，2011 年 6 月にレーザー発振に成功した．

　振り返ってみれば，筆者は動力学的回折に基づく X 線光学の研究をしていたが，その後それが放射光の利用にあたってその光学素子の作成にとても役立った．それには完全結晶で回折にあずかる X 線の角度幅が放射光の発散角に近いことや，反射率が極めて高くて複数の結晶による多重反射が可能なことが幸いしていた．実際，平面波 X 線の生成 (1971)，円偏光 X 線の作成と左右円偏光の切り替え (1991)，超単色性 X 線の作成 (1992) などにより X 線ビームの高品質化を図ることができたので，現在では放射光の基本的な光学系として日常的に利用されている．なお，当初筆者が放射光に関して抱いた将来展望と現在の実際の研究展開を比べると，後者がはるかに超えているのが実感される．

（本書のもくろみ）

　X 線の物質との相互作用には散乱・回折，吸収，2 次放射などがあるが，ここではそれらをまとめて「X 線散乱」とよんでいる．この X 線散乱が放

射光利用の各種研究分野の骨組みを形成している．本書は X 線散乱とそれを基礎とした放射光科学の分野に初めて接する学部学生，大学院生あるいは研究機関や企業の若手研究者の方々を対象に分かりやすく解説したもので，他の分野の専門家にも役立つことを期待している．また，基礎から応用までを全般的に記述された手頃なテキストが少ないことも考えて，ある程度の経験をもった方々にも役立つように意図し，若干詳しく記述している．各種の解析法についてはその原理や位置づけが基本から理解できるように努めた．なお，X 線の構造解析や分光分析などの機器は使い勝手がよくなり，データ処理のためのソフトウェアも整備され，ブラッグボックス的に便利に使われている．これは結構なことであるが，ブラッグボックスの中身を理解したうえであってほしい．そうでないと機器の性能を十分に生かせなかったり，得られた数値の信頼性を議論できないことになる．

1992 年に筆者が『X 線回折・散乱技術（上）』を出版してから，主として放射光施設の実現に向けた各種の仕事や利用研究に忙殺され，（下）を出せずに，かなりの年数が経ってしまった．ご迷惑をおかけした方には深くお詫びをしたい．その間，PF に続いて，SPring-8 が立ち上がり，放射光科学は大きく発展し，本書がカバーすべき領域も大幅に広がった．そこで執筆を仕切り直しすることとし，はじめに基礎編を，続いて応用編 (I, II) を出版することとした．基礎編では，物質構造についてと，X 線の光学的性質や物質との相互作用についての基礎的な事柄に触れたあと，X 線散乱の根幹をなす X 線回折の運動学的理論と動力学的理論について解説する．つぎに実際の基本的な X 線回折法を全般的に説明し，最後に，X 線光源のラボ X 線と放射光について述べている．応用編は，つぎのような項目を予定している．応用編 I では，はじめに，基礎編から続いて放射光光源を詳細に説明する．つぎに X 線検出法，X 線光学素子，結晶 X 線光学素子と光学系に触れる．最後に結晶，表面・界面，非晶質固体など各種の構造の解析について解説する．応用編 II では小角散乱法をはじめ各種の手法による構造評価，分光分析，X 線偏光解析，時分割解析，X 線イメージング，核共鳴散乱などについて解説し，最後に，他の X 線光源について言及する．この本がこの分野の進展にいささかなりとも寄与することができれば，筆者にとってこれに過ぎる幸せはない．

なお，本書ではMKSA単位系が含まれる国際単位系(SI)を主として用いる．研究分野によっては別の単位系を用いることもあり，その場合は，その旨記す．本書の記述に言葉足らずな箇所や，不正確な個所があるかもしれないので，指摘やコメントをいただけると，ありがたく，それを参考に改めていきたい．

謝辞

本書を編集するにあたり，今井康彦(JASRI)，石綿　元（総研大），松本益明（東大生研）の諸氏にその作業に携わっていただきました．沖津康平氏（東大ナノ工学センター）にも加勢していただきました．清水太一氏(JASRI)には図面作成でお世話になりました．これらのご協力によって本書を仕上げることができまして，深く感謝いたします．また，原稿のチェックは根岸利一郎（埼玉工大先端科学研），齋藤　彰（阪大精密・応物），並河一道（東理大総合研究機構），井田　隆（名工大セラミックセンター），田尻寛男(JASRI)，虎谷秀穂（リガクX線研），原　雅弘（理研和光）の諸氏にお願いしました．依頼した章の内容を吟味して，適切なコメントをいただき，とてもありがたく，助かりました．専門分野によって記号や表示の仕方が異なる場合が多く，本書で採用したものと必ずしも一致せず，若干違和感を感じた方もおられましたが，やむを得ないこととしました．東京大学出版会の小松美加氏には，筆者のスローペースの執筆でたいへんご迷惑をおかけしましたが，温かいご配慮のお陰で出版できたことに厚くお礼申し上げます．

文献

菊田惺志分担執筆：「超高出力のX線発生装置に関する研究」報告書，1971年度科研費（総合研究B）．

上坪宏道，菊田惺志：「科学技術庁大型放射光施設計画について」，日本物理学会誌 **44** (1989) 787.

安藤正海，菊田惺志：「ARを用いた高輝度単色X線とその利用」，KEK Report **89-8** (1989).

安藤正海，菊田惺志：「トリスタン主リングをもちいた放射光利用計画」，日本物理 **50** (1995) 15.

菊田惺志：「SPring-8利用者懇談会の活動」，SPring-8利用者情報 **1** (1996) 32.

高輝度光科学研究センター編集・発行：「財団法人高輝度光科学研究センター10年史」, (2001).

菊田惺志：「新しい回折物理学の展開と放射光科学の推進」，日本結晶学会誌 **48** (2006) 189.

菊田惺志：学会創立20周年特集「放射光とのめぐり合わせ」，放射光 **21** (2008) 155.

目次

はじめに i

第 1 章　物質の構造　1
1.1　結晶格子 1
　　1.1.1　空間格子と単位格子 1
　　1.1.2　格子点列と格子面 2
　　1.1.3　結晶面と晶帯軸 6
　　1.1.4　投影法 8
1.2　結晶の対称性 12
　　1.2.1　対称要素 12
　　1.2.2　点群と結晶系 15
　　1.2.3　ブラベー格子 16
　　1.2.4　空間群 19
1.3　結晶内の原子配列 22
1.4　表面構造 29
　　1.4.1　表面の対称性 29
　　1.4.2　表面構造の表記 30
1.5　非晶質固体の構造 32
1.6　準結晶の構造 34

第 2 章　X 線とその光学的性質　37
2.1　X 線 38
　　2.1.1　波動と光子 38

		2.1.2	X線スペクトル	40
	2.2	光学的性質		46
		2.2.1	マクスウェル方程式	46
		2.2.2	屈折率	50
		2.2.3	反射と屈折	52
		2.2.4	全反射	54
		2.2.5	波束と群速度	59
		2.2.6	偏光	60
		2.2.7	コヒーレンス	65
第3章	X線と物質の相互作用			73
	3.1	X線の電子・原子による散乱		74
		3.1.1	電子による散乱	76
		3.1.2	原子による散乱	83
		3.1.3	異常分散	87
		3.1.4	異常分散を考慮した屈折率	90
	3.2	X線の回折		92
	3.3	X線の非弾性散乱		94
	3.4	光電効果と2次放射		97
	3.5	X線の吸収		100
		3.5.1	吸収係数	100
		3.5.2	吸収曲線	102
	3.6	原子核との相互作用		104
	3.7	原子とX線電磁場の相互作用の量子論的な取り扱いのあらまし		104
第4章	運動学的回折理論——モザイク結晶による回折			109
	4.1	干渉性散乱の一般式		110
	4.2	結晶による回折		112
		4.2.1	結晶構造因子	112
		4.2.2	ラウエ関数とラウエ条件	114

4.3		逆格子	116
	4.3.1	逆空間と逆格子ベクトル	116
	4.3.2	逆格子の作図	119
	4.3.3	エワルドの作図法	121
4.4		回折強度	123
	4.4.1	各種の結晶格子に対する結晶構造因子	123
	4.4.2	消滅則	127
	4.4.3	フリーデル則	127
	4.4.4	熱振動の効果	128
	4.4.5	消衰効果	131
	4.4.6	積分回折強度	132
4.5		結晶構造解析	132
	4.5.1	回折現象とフーリエ変換の対応	132
	4.5.2	フーリエ合成による結晶構造の解析	134
	4.5.3	結晶構造解析と光学レンズによる結像の対比	137
	4.5.4	回折図形強度分布のフーリエ逆変換とパターソン関数	140

第5章　動力学的回折理論——完全結晶による回折　143

5.1		エワルド–ラウエ流の動力学的回折理論	144
	5.1.1	基本方程式	144
	5.1.2	境界条件	149
	5.1.3	2波近似における分散面	151
	5.1.4	回折条件からのずれと分散点の指定	157
5.2		回折強度曲線	163
	5.2.1	吸収を無視した場合	163
	5.2.2	吸収を考慮した場合	173
5.3		結晶内の波動場	178
	5.3.1	X線定在波の形成	178
	5.3.2	異常透過	185
	5.3.3	ペンデル縞と消衰距離	187
	5.3.4	結晶内でのX線エネルギーの流れ	190

5.3.5　球面波入射でのボルマンファン形成とペンデル縞 . . 192

第6章　基本的なX線回折法　197

6.1　単結晶の基本的な回折法 198
　6.1.1　ラウエ法 198
　6.1.2　回転結晶法/振動結晶法 206
　6.1.3　ワイセンベルグカメラ/プリセッションカメラ . . . 212
　6.1.4　4軸X線回折計 214
　6.1.5　2次元検出器利用の単結晶回折装置 220
6.2　粉末結晶・多結晶の基本的な回折法 220
　6.2.1　デバイ–シェラー法 221
　6.2.2　集中法 226
　6.2.3　粉末回折計法 228
　6.2.4　エネルギー分散型粉末回折法 236
　6.2.5　粉末回折図形の解析 237

第7章　X線光源I　245

7.1　X線管 245
　7.1.1　封入型X線管 246
　7.1.2　開放型X線管 249
　7.1.3　高電圧電源 252
7.2　放射光（シンクロトロン放射光）光源 254
　7.2.1　放射光の発生とその特性 254
　7.2.2　偏向電磁石光源 258
　7.2.3　挿入光源 274

付録A　フーリエ変換などの公式　289

参考文献　295

索引　299

第1章

物質の構造 [21,37,38]

　結晶は周期的な原子配列をもった固体物質である．その内部構造を反映して結晶は，本質的な特徴として物理的，化学的性質の異方性（対称性）をもっている．例えば屈折率，光学活性，熱伝導率，熱膨張率，弾性率，誘電率，圧電率，強誘電性，磁気異方性などに結晶の対称性が関係する．結晶はしばしば規則正しい外形をもっている．原子配列に関する具体的な知識が得られる以前に，この外形のもつ対称性をもとに，32種の点群や，それに周期性も考慮した230種の空間群が導かれていた．ラウエ (Laue) たちによるX線回折の発見（1912年）によって，結晶は原子が規則正しく配列した状態であることが明確になった．さらにX線回折は結晶の構造解析の最も有力な手段として発展してきた．

　結晶表面の原子配列は結晶内部とは違った構造，対称性をもつことが多い．また固体のなかには結晶のような周期性をもたないものも多く，非晶質固体とよばれ，結晶とは異なった物性を示す．

1.1 結晶格子

1.1.1 空間格子と単位格子

　理想的な結晶では，原子1個または原子の集まりからなる単位構造（塩化ナトリウム結晶 NaCl なら1対の Na 原子と Cl 原子）が空間に規則正しく配列している．その単位構造の任意の1点（例えば Na 原子の位置）に着目

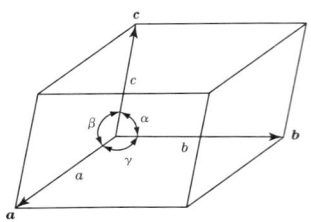 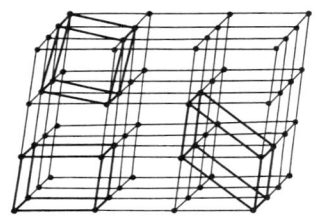

図 1.1　単位格子とその格子定数　　図 1.2　空間格子における単位格子のとり方

すると，それと等価な点が空間に周期的に配列し，3 次元の網目模様になっている．これを**空間格子** (space lattice) という．つまり結晶構造は

$$（結晶構造）＝（単位構造）＋（空間格子）$$

で与えられる．

空間格子の**格子点** (lattice point) の任意の 1 つを原点にとり，これに隣接する 3 つの格子点に至る独立なベクトル $\boldsymbol{a}$, $\boldsymbol{b}$, $\boldsymbol{c}$ を適当に選べば，すべての格子点は位置ベクトル $\boldsymbol{r} = u\boldsymbol{a} + v\boldsymbol{b} + w\boldsymbol{c}$（$u$, v, w は整数）で表わされ，格子点は uvw で表わされる．結晶はこの**基本ベクトル** $\boldsymbol{a}$, $\boldsymbol{b}$, $\boldsymbol{c}$（**軸ベクトル**ともいう）を稜とする平行六面体が積み重なってできていると考えることができる．この基本単位は**単位格子** (unit lattice) または**単位胞** (unit cell) とよばれる．単位格子は 3 つの軸の長さ a, b, c と軸角（軸間の角）α, β, γ により決まる（図 1.1）．これらを**格子定数** (lattice constants, lattice parameters) という．単位格子の選び方は無数にあるが，図 1.2 の左下の単位格子のように，結晶あるいは空間格子の対称性をよく表わし，a, b, c ができるだけ短く，α, β, γ が 90° または 120° に近い組が選ばれる．

1.1.2　格子点列と格子面

格子点の全体は平行な格子点列の組にまとめることができる．格子の原点を 1 つの格子点 uvw（u, v, w は互いに素）と結ぶと，その直線上には $nu\ nv\ nw$（n は正または負の整数）の一連の格子点が等間隔で並ぶ．すべての格子点は，その直線に平行で周期的に並んだ点列の組にまとまる．この

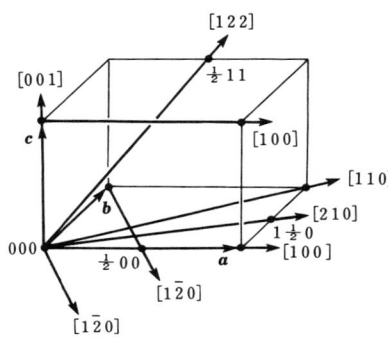

図 **1.3** 方向指数 $[uvw]$

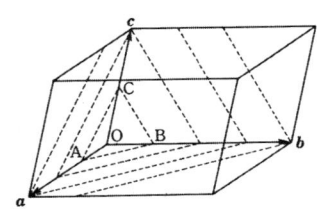

図 **1.4** 格子面の面指数 (hkl) の決め方 $\overline{\mathrm{OA}}=a/h$, $\overline{\mathrm{OB}}=b/k$, $\overline{\mathrm{OC}}=c/l$. この図の場合，面指数は (342).

ような格子点列を $[uvw]$ で表わす．また $[uvw]$ は図 1.3 のように格子中の方向を表わし，方向指数ともよばれる．$[uvw]$ と対称性の立場から同等な幾組かの方向があるとき，これらの集まりを $\langle uvw \rangle$ で表わす．例えば，立方体の 4 本の体対角線 [111], [$\bar{1}$11], [1$\bar{1}$1], [11$\bar{1}$] はまとめて $\langle 111 \rangle$ で表わす．なお負数はその数の上に棒を引いて示す．

また，格子点は互いに等間隔で平行な面の組にまとめることもできる．格子点の並んだ面を**格子面** (lattice plane) または**網平面** (net plane) という．格子面は 3 つの整数の組 (hkl) によってつぎのように表わすことができる．図 1.4 で，1 組の格子面は軸 $\boldsymbol{a}, \boldsymbol{b}, \boldsymbol{c}$ をそれぞれ等間隔に切る．そのなかで原点 O に最も近い格子面が 3 軸を切る点 A, B, C の O からの距離を軸の長さ a, b, c を単位として表わし，それらの逆数をとる．格子面はこの互いに素な整数の組 (hkl) で表わされ，**面指数**あるいは**ミラー指数** (Miller indices) とよばれる．格子面がある軸に平行なときは，軸を切る点が無限遠にあると考えられ，(hkl) のうちの対応する記号がゼロになる．例えば，(211) 面は 3 軸を $a/2, b, c$ で切る．(110) 面では軸 $\boldsymbol{a}$, 軸 $\boldsymbol{b}$ を a, b で切り，軸 $\boldsymbol{c}$ に平行である．面指数の例を図 1.5 に示す．その最後の例に含まれているように，格子面の概念を拡張して，指数 $(nh\ nk\ nl)$ の面（n は整数）を考えることがある．$(nh\ nk\ nl)$ 面は (hkl) 面に平行であるが，面間隔は $1/n$ になる．この場合，(hkl) 面も含んでいるが，それ以外の面は格子点を通らない．このような面は回折現象を論ずるときや電子分布の周期性を扱うとき

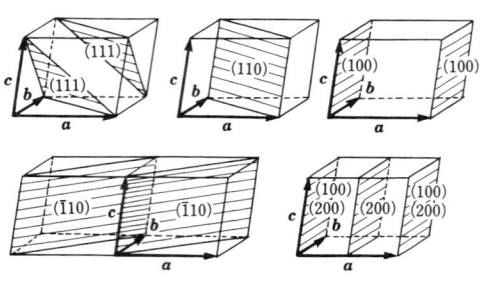

図 1.5 面指数 (hkl)

などに用いられる．

(hkl) と $(\overline{hkl})$ は幾何学的には同等な面を表わすが，面の向き（表と裏）を区別するために用いることがある．対称中心をもたない結晶では，原子の配列と関係してある面（極性面）で圧電現象，腐食などの性質の違いが現われることがあるからである．GaAs のような閃亜鉛鉱型構造の結晶の (111) と $(\overline{111})$ は，その例である．

面 (hkl) と対称性の立場から同等な面の集まりを**面形** (plane form) とよび，$\{hkl\}$ で表わす．ある面形に属する格子面の組の数をその面の**多重度** (multiplicity factor) という．例えば立方晶系では 6 つの面 (100), (010), (001), $(\overline{1}00)$, $(0\overline{1}0)$, $(00\overline{1})$ は同等で，まとめて $\{100\}$ として表わす．この $\{100\}$ の多重度は 6 である．

(hkl) 面は，軸 $\boldsymbol{a}$, $\boldsymbol{b}$, $\boldsymbol{c}$ に平行に x, y, z 軸を選べば，

$$h\frac{x}{a} + k\frac{y}{b} + l\frac{z}{c} = t \tag{1.1}$$

によって表わされる．t は原点からの距離に関係する定数で，原点を通る格子では $t = 0$，原点に最も近い格子面では $t = 1$ である．なお立方晶系 (1.2.2 参照) では面 (hkl) の法線と方向 $[hkl]$ は一致するが，他の結晶系ではその関係は簡単ではない．

六方晶系（1.2.2 参照）の面指数の表わし方は異なる．六方格子の単位格子は底面上の $120°$ の角をなす 2 つの長さの等しい軸 $\boldsymbol{a}_1$, $\boldsymbol{a}_2$ とそれらに直角な軸 $\boldsymbol{c}$ によってつくられる．底面に $\boldsymbol{a}_1$, $\boldsymbol{a}_2$ と $120°$ の角をなし，これらと同等なもう 1 つの軸 $\boldsymbol{a}_3$ を余分にとって（図 1.6），この晶系の

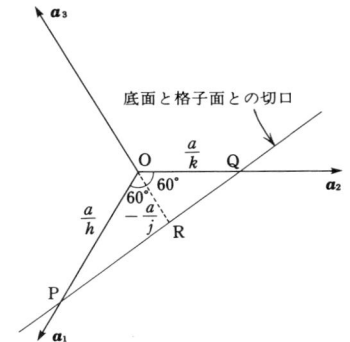

図 1.6　六方格子の面指数の決め方　底面を示す.

格子面を表わすのに 4 つの指数 $(hkjl)$ を用いる. j は h, k と同等な量で, 軸 $\boldsymbol{a}_3$ が格子面を切る点を R としたとき, $j = -a/\overline{\mathrm{OR}}$ となる. a は $\boldsymbol{a}_1$, $\boldsymbol{a}_2$ の長さである. 面積の △OPQ = △OPR + △ORQ の関係から $h + k + j = 0$ が得られる. すなわち, $j = -(h+k)$ であるから, j を特に書かないで 3 つの指数で (hkl) あるいは $(hk\cdot l)$ とすることもある. 底面は (0001), 柱面は $(10\bar{1}0)$, $(01\bar{1}0)$ などとなる. 4 つの指数を用いる利点は対称性が明らかになることである. 例えば, 面 $(1\bar{2}11)$ と $(11\bar{2}1)$ は同等な面であることがすぐに分かる. 一方, 方向指数は軸 $\boldsymbol{a}_1$, $\boldsymbol{a}_2$, $\boldsymbol{c}$ 方向の成分を用いて 3 つの指数で $[uvw]$ のように表わされるが, 4 つの指数による場合もある. 軸 $\boldsymbol{a}_1$, $\boldsymbol{a}_2$, $\boldsymbol{a}_3$, $\boldsymbol{c}$ 方向の成分を用いて $[u'\ v'\ -(u'+v')\ w]$ とすると, $u\boldsymbol{a}_1 + v\boldsymbol{a}_2 = u'\boldsymbol{a}_1 + v'\boldsymbol{a}_2 - (u'+v')\boldsymbol{a}_3$, $\boldsymbol{a}_3 = -(\boldsymbol{a}_1 + \boldsymbol{a}_2)$ から $u' = (2u-v)/3$, $v' = (-u+2v)/3$, $-(u'+v') = -(u+v)/3$ となる. さらに整数になるようにして 4 つの指数とする. 図 1.7 に例を示す.

　隣りあう 2 つの格子面の距離を**面間隔** (lattice spacing) といい, d_{hkl} または簡単に d で表わす. いくつかの結晶系 (1.2.2 参照) に対する面間隔と面指数の関係を示す. 指数の低い格子面は面間隔が大きい.

単斜晶系 : $d_{hkl} =$
$$\frac{\sin\beta}{\left\{h^2/a^2 + (k^2/b^2)\sin^2\beta + l^2/c^2 - (2hl/ac)\cos\beta\right\}^{1/2}}$$

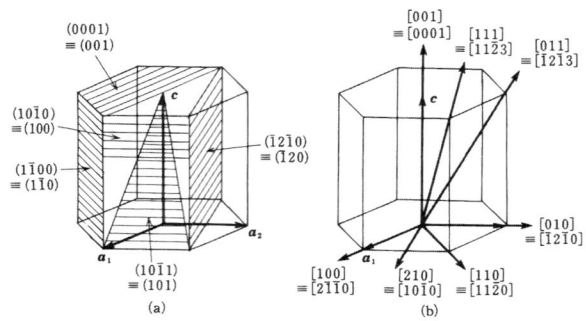

図 1.7 六方格子の面指数 (a) と方向指数 (b)

$$
\begin{aligned}
\text{斜方晶系} &: d_{hkl} = \frac{1}{(h^2/a^2 + k^2/b^2 + l^2/c^2)^{1/2}} \\
\text{正方晶系} &: d_{hkl} = \frac{a}{\left\{h^2 + k^2 + (a/c)^2 l^2\right\}^{1/2}} \\
\text{立方晶系} &: d_{hkl} = \frac{a}{(h^2 + k^2 + l^2)^{1/2}} \\
\text{六方晶系} &: d_{hkl} = \frac{a}{\left\{(4/3)(h^2 + hk + k^2) + (a/c)^2 l^2\right\}^{1/2}}
\end{aligned}
\tag{1.2}
$$

1.1.3 結晶面と晶帯軸

前項では，結晶の周期的構造だけに着目し，空間格子から格子面，格子点列などの概念を導いたが，歴史的にはそれよりも先に，結晶の外形やそれと関連する対称性などから**結晶面**，**結晶軸**などの概念が導かれており，これらに格子面，格子点列が対応している．結晶に関する現象を研究する場合，原子的レベルで考えるとき，あるいは X 線回折を扱うときなどは格子面という言葉を用い，一方，結晶の巨視的現象，外形などを考えるときは結晶面，結晶軸という言葉を用いるのがふつうであるが，これらを混同していることもある．例として，図 1.8 に水晶の単結晶の外形に表われる結晶面を示す．一般に，結晶の外形（自然面やへき開面など）は指数の低い格子面に平行である．なお結晶面の発達の様相は個々に異なるが，結晶面のなす角は一定で

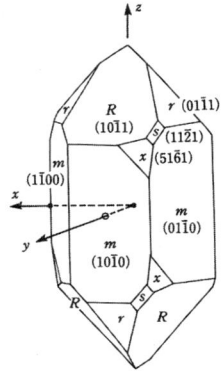

図 1.8 水晶（SiO_2，菱面体晶系）の結晶面 旋光性をもち，3 回らせん軸（z 軸）の向きにより右水晶（図示）と左水晶がある．図の右手直交座標系では，x 軸に沿って圧力を加えると圧電効果で x 軸方向に正荷電が発生する．各結晶面につぎのような慣用の呼び名がついている．
$m : \{10\bar{1}0\}$; $R : (10\bar{1}1), (\bar{1}101), (0\bar{1}11)$; $r : (\bar{1}011), (1\bar{1}01), (01\bar{1}1)$; $s : (1\bar{2}11), (\bar{2}111), (11\bar{2}1)$; $x : (51\bar{6}1), (\bar{6}511), (1\bar{6}51)$.

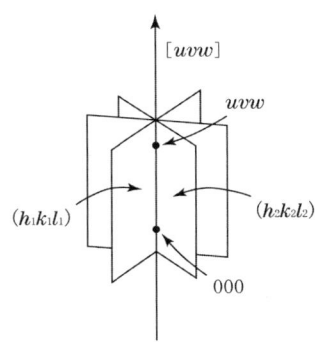

図 1.9 晶帯軸 $[uvw]$ 原点を通る 2 つ以上の格子面の交線として決まる．

あることが古くから知られており，**面角一定の法則**とよばれている．

結晶の外形に現われる 2 つの結晶面の交線は稜とよばれ，これに平行な方向は**晶帯軸** (zone axis) とよばれる．図 1.9 のように，2 つ以上の面が 1 つの晶帯軸で交わるとき，それらの面は共通の**晶帯** (zone) に属するという．晶帯軸 $[uvw]$ とそれに属する面 (hkl) の法線とは直角をなすから

$$hu + kv + lw = 0 \tag{1.3}$$

の関係がある．

いま，同一の晶帯 $[uvw]$ に属する 2 種の格子面を $(h_1k_1l_1)$ と $(h_2k_2l_2)$ とする．原点を通る面の方程式は (1.1) から

8　第1章　物質の構造

$$h_1 \frac{x}{a} + k_1 \frac{y}{b} + l_1 \frac{z}{c} = 0,$$
$$h_2 \frac{x}{a} + k_2 \frac{y}{b} + l_2 \frac{z}{c} = 0 \tag{1.4}$$

であるが，この交線

$$\frac{1}{k_1 l_2 - k_2 l_1} \frac{x}{a} = \frac{1}{l_1 h_2 - l_2 h_1} \frac{y}{b} = \frac{1}{h_1 k_2 - h_2 k_1} \frac{z}{c} \tag{1.5}$$

が晶帯軸であって

$$\begin{aligned} u &= k_1 l_2 - k_2 l_1 = \begin{vmatrix} k_1 & l_1 \\ k_2 & l_2 \end{vmatrix}, \\ v &= l_1 h_2 - l_2 h_1 = \begin{vmatrix} l_1 & h_1 \\ l_2 & h_2 \end{vmatrix}, \\ w &= h_1 k_2 - h_2 k_1 = \begin{vmatrix} h_1 & k_1 \\ h_2 & k_2 \end{vmatrix} \end{aligned} \tag{1.6}$$

の関係がある．また，2種類の結晶軸 $[u_1 v_1 w_1]$ と $[u_2 v_2 w_2]$ によって1つの格子面 (hkl) が決められるが，その間の関係は，上と同様にして

$$h = \begin{vmatrix} v_1 & w_1 \\ v_2 & w_2 \end{vmatrix}, \quad k = \begin{vmatrix} w_1 & u_1 \\ w_2 & u_2 \end{vmatrix}, \quad l = \begin{vmatrix} u_1 & v_1 \\ u_2 & v_2 \end{vmatrix} \tag{1.7}$$

で与えられる．

1.1.4　投影法

(1) 球面投影 (spherical projection)

　結晶面（あるいは格子面），晶帯軸などの幾何学的な関係や結晶の対称性を図示するのにいろいろな投影法が用いられる．図1.10のように，透視点を結晶の中心（結晶軸の交点）におき，しかも投影球の中心に一致させる．各結晶面の法線方向に直線を引き，この直線が投影球と交わる点（これを **極** (pole) という）で結晶面の方向を代表させる．投影球として地球儀のような経緯線の入った結晶儀が使われることもある．この球面投影による立体的な極の配置はつぎのステレオ投影やグノモン投影によって平面上に表示される．

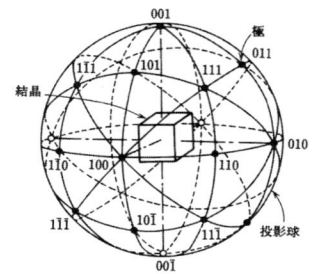

図 1.10 球面投影（立方晶系結晶の場合）

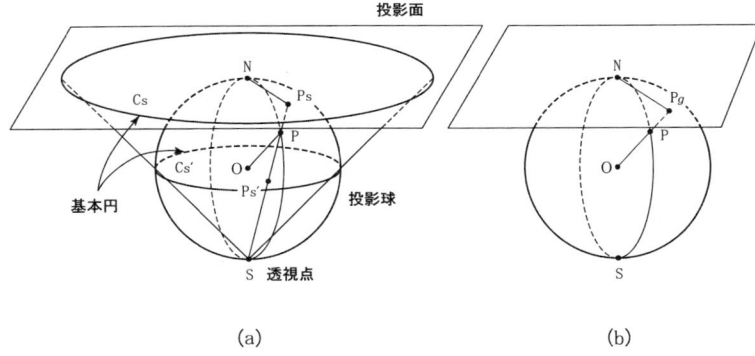

図 1.11 投影法 (a) ステレオ投影 (b) グノモン投影　球面投影による極 P はそれぞれ $P'_s(P_s)$ と P_g に投影される.

(2) ステレオ投影 (stereographic projection)

図 1.11(a) のように，球面投影の投影球の南極 S に透視点をおき，赤道面あるいは北極 N を通る接平面を投影面とする．球上の極 P と南極 S を結ぶ線が赤道面と交わる点 P'_s，あるいはそれの延長線が接平面と交わる点 P_s で結晶面の方向を代表させる．これがステレオ投影である．赤道上の基本円 C'_s は北極を通る投影面上では基本円 C_s になるが，北半球にある極だけがこれらの基本円の内側に投影される．南半球にある極を基本円内に入れるには，透視点を北極 N におき，投影面を赤道面あるいは南極を通る接平面に変えればよい．この場合，投影された北半球と南半球の極をそれぞれ黒丸と白丸で示すこともある．なお，図 1.12 のように，球面投影の投影球の赤道上に透視点をおき，赤道上で透視点と対極する点を通る接平面を投影面とする

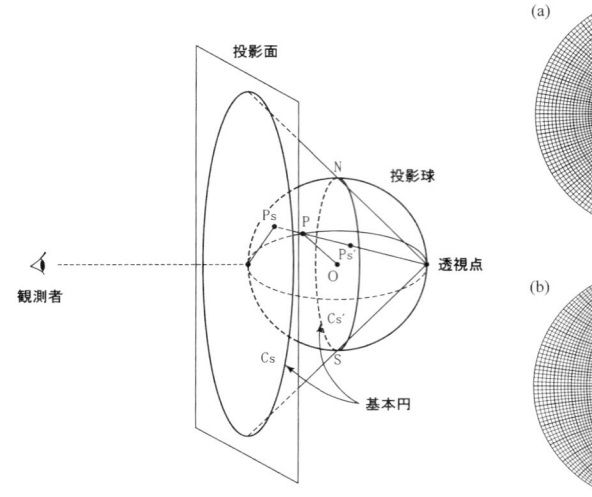
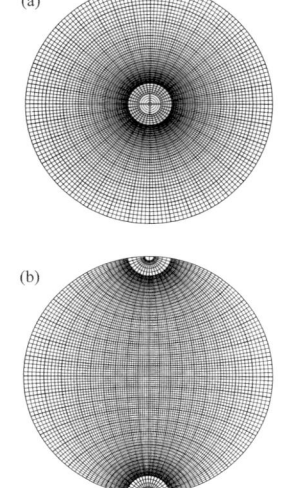

図 **1.12** ステレオ投影（透視点を赤道上においた場合）

図 **1.13** (a) ポーラーネット (b) ウルフネット

場合もある．

　図 1.11 (a) の投影において，投影球上に経緯線を引き，それをステレオ投影したものを**ポーラーネット** (polar net) という（図 1.13 (a)）．立方晶系の結晶で (001) 面の方向を北極の方向に一致させ，各極をポーラーネット上にプロットしたステレオ投影図を図 1.14 に示す．このような特定の極を中心とした標準的なステレオ投影図を特に**標準投影** (standard projection) という．図には直径が最大である大円も描いてある．同一の大円上に乗っている極は同じ晶帯に属する．図 1.12 における投影の際，透視点を南極の代わりに赤道上の一点におく場合もある．そのとき投影面は赤道上の透視点の反対側の点に接するようにおかれる．投影球上に経緯線を引き，それをこの方法でステレオ投影したものを**ウルフ** (Wulff) **ネット**（ステレオネット）といい（図 1.13(b)），ステレオ投影図上の極点間の角を測るのに用いられる（図 1.15）．透明な紙に描かれたウルフネットを用意し，同じ半径の基本円をもつステレオ投影図と中心が一致するように重ねる．極間の角度，すなわち 2 つの格子面の法線の間の角度を測るには，図 1.15 のようにネットをその中

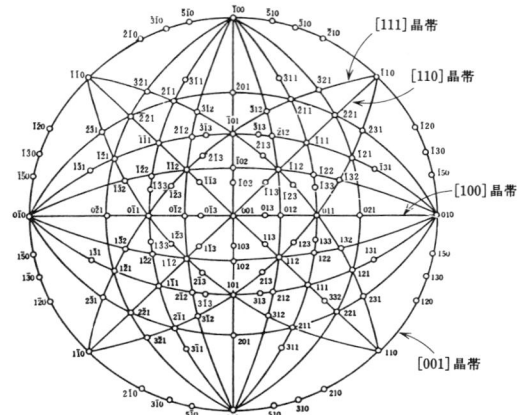

図 1.14 立方晶系結晶の (001) 標準投影

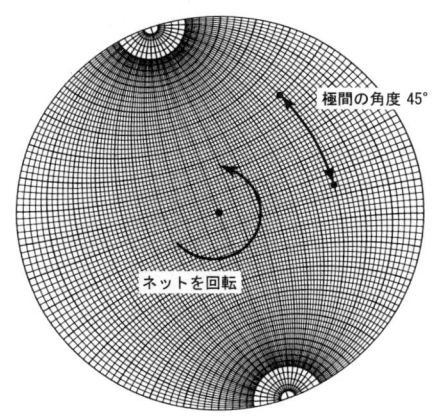

図 1.15 ウルフネット (2°目盛) による極間の角度の測定

心のまわりに回転し,ある経線上(経線上の点は大円に乗っている)に 2 つの極が乗るようにする.その経線上での緯線の読みの差から角度が求められる.

表 1.1 立方晶系結晶の各結晶面のなす角度

	{100}	{110}	{111}	{210}	{211}	{221}	{310}
{100}	0						
	90						
{110}	45	0					
	90	60					
		90					
{111}	54.7	35.3	0				
		90	70.5				
			109.5				
{210}	26.6	18.4	39.2	0			
	63.4	50.8	75.0	36.9			
	90	71.6		53.1			
{211}	35.3	30	19.5	24.1	0		
	65.9	54.7	61.9	43.1	33.6		
		73.2	90	56.8	48.2		
		90					
{221}	48.2	19.5	15.8	26.6	17.7	0	
	70.5	45	54.7	41.8	35.3	27.3	
		76.4	78.9	53.4	47.1	39.0	
		90					
{310}	18.4	26.6	43.1	8.1	25.4	32.5	0
	71.6	47.9	68.6	58.1	49.8	42.5	25.9
	90	63.4		45	58.9	58.2	36.9
		77.1					

(3) グノモン投影 (gnomonic projection)

図 1.11(b) のように，透視点は球の中心 O におき，投影面は北極 N を通る接平面とする．球上の極 P と球の中心 O を結ぶ線 OP の延長線が投影面と交わる点 P_g で結晶面の方向を代表させる．

なお，1 つの晶帯に属する多くの結晶面の極は，球面投影では球面上で 1 つの大円に乗るが，ステレオ投影ではその大円が投影されて基本円の直径の両端から張る円弧に乗り，グノモン投影では直線に乗る．参考までに，立方晶系の結晶について結晶面のなす角度を表 1.1 に示しておく．

1.2 結晶の対称性

1.2.1 対称要素

結晶のもつ本質的な性質である異方性は対称性の観点から整理できる．

ある図形に一定の操作を行なって得られる新しい図形が，もとの図形に重ね合わせられるとき，同位するという．このとき図形は対称性をもつとい

1.2 結晶の対称性　13

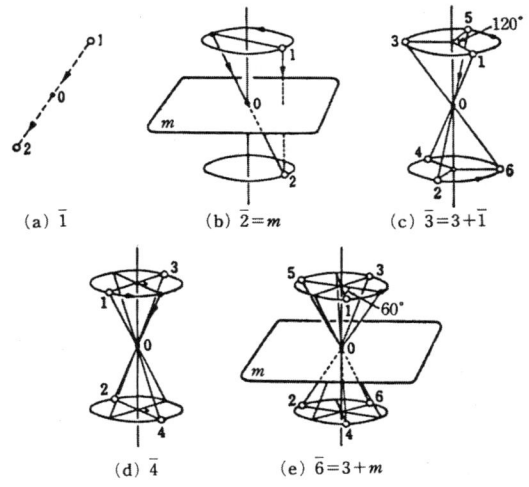

図 1.16　回反の対称操作

い，その操作を**対称操作** (symmetry operation) という．結晶における対称操作には，**回転** (rotation, n で表わす)，**鏡映** (mirror reflection, m)，**反転** (inversion, $\bar{1}$)，**回反** (rotary inversion, $\bar{n}$) がある．

　回転の対称操作はある軸のまわりに角 $2\pi/n$ だけ回転したとき同位することを意味する．この軸を **n 回回転軸**あるいは **n 回軸**という．結晶あるいは空間格子のように周期性をもつ図形では，n の値は 1, 2, 3, 4, 6 に限られる．鏡映はある平面に関し図形の両側が互いに鏡像になるような操作で，この面を**鏡映面** (mirror plane, m 面) という．反転は**対称中心** (center of symmetry) とよばれる点を原点にして，ある図形上の各点 (x, y, z) を $(\bar{x}, \bar{y}, \bar{z})$ に移動させる操作である．回反は図 1.16 に示すようにある軸のまわりの角 $2\pi/n$ の回転に続いて，軸上の 1 点を対称中心とする反転操作を行なう．この軸を **n 回回反軸**という．$\bar{1}$ は反転であり，$\bar{2}$ は m と同じ，$\bar{3}$ は 3 と $\bar{1}$，$\bar{6}$ は 3 と m の組み合わせでできるが，$\bar{4}$ だけがこれまでの対称要素で表わせない．ほかに回転と鏡映を合成した操作もあるが，上述の対称操作のどれかと一致する．結局，対称操作のうち独立なものはつぎの 8 種類，

$$1, \ 2, \ 3, \ 4, \ 6, \ \bar{1}, \ \bar{2}(\equiv m), \ \bar{4}$$

であり，**対称要素** (symmetry element) とよばれる．ここで用いている記号はヘルマン–モーガン (Hermann-Mauguin) の記号である．このほかシェンフリース (Schoenflies) の記号もある．

これらの対称要素には図形上に動かない部分（点，線または平面）があるのが特徴である．つまり対称中心，回転軸，回反軸と鏡映面は空間的に固定されている．対称操作としてはこのほかに後述のように並進があるが，この操作には不動の部分はない．

対称操作を 3 行 3 列の行列 $R_{\mathrm{sy.op.}}$ によって表わせば，任意の位置座標は $\bm{r}(x,y,z)$ から $\bm{r}'(x',y',z')$ に

$$\bm{r}' = R_{\mathrm{sy.op.}} \bm{r} \quad \text{あるいは} \quad \begin{pmatrix} x' \\ y' \\ z' \end{pmatrix} = R_{\mathrm{sy.op}} \begin{pmatrix} x \\ y \\ z \end{pmatrix} \tag{1.8}$$

のように移る．位置座標は結晶軸の長さを単位として規格化して表わす．

回転：z 軸が回転軸の場合 ($\theta = 2\pi/n$, $n = 1$, 2, 3, 4, 6)

$$R_n = \begin{pmatrix} \cos\theta & -\sin\theta & 0 \\ \sin\theta & \cos\theta & 0 \\ 0 & 0 & 1 \end{pmatrix} \tag{1.9}$$

鏡映：xy 面が鏡映面の場合

$$R_m = \begin{pmatrix} 1 & 0 & 0 \\ 0 & 1 & 0 \\ 0 & 0 & -1 \end{pmatrix} \tag{1.10}$$

反転：原点が対称中心の場合

$$R_i = \begin{pmatrix} -1 & 0 & 0 \\ 0 & -1 & 0 \\ 0 & 0 & -1 \end{pmatrix} \tag{1.11}$$

回反：z 軸が回反軸の場合 ($\theta = 2\pi/n$, $n = 1$, 2, 3, 4, 6)

$$R_{\overline{n}} = \begin{pmatrix} -\cos\theta & \sin\theta & 0 \\ -\sin\theta & -\cos\theta & 0 \\ 0 & 0 & -1 \end{pmatrix} \tag{1.12}$$

1.2.2 点群と結晶系

結晶の形態のもつ対称性は，対称要素の適当な組み合わせで表わされる．その組み合わせは 32 種あり，**晶族** (crystal class) とよばれる．それらは数学の群の性質をもつので，**点群** (point group) ともいう．各点群において対称操作で同位する点，すなわち**同価点**はステレオ投影によって表示される．この**ステレオ図形** (stereogram) の例を図 1.17 に示す．赤道面が円で描かれている．同価点は同等な面方位の極に対応している．またその点群に含まれる対称要素の配置も図示されている．n 回回転軸は黒地の n 角形で，n 回回反軸は黒地の n 角形の一部を白く抜いて表わしている．鏡映面は太線で描かれている．$2/m$ は 2 回軸とこれに垂直な鏡映面の 2 つの対称操作があることを表わしており，4 個の同価点がある．$mm2$ は 2 回軸とそれを含む面内の 2 つの鏡映面からなり，4 個の同価点がある．

32 種の点群は，表 1.2 の 7 種の**結晶系**または**晶系** (crystal system) に分類される．これは表に示されているように各結晶系が最低限もつべき対称要素をもとに分けられている．このようにすると，結晶の形態から導かれる結晶軸の対称性をまとめるにも，また空間格子のもつ対称性をまとめるにも都合がよい．各結晶系の結晶軸の関係を表 1.3 に与える．

実験で得られる回折図形が示す対称は，32 種の点群のうち対称中心のある 11 種類に限られる．これらは特に**ラウエ群**とよばれる．

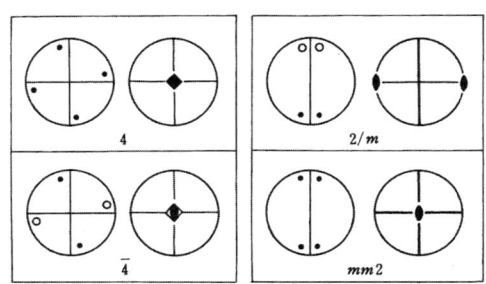

図 1.17 点群における同価点を表わすステレオ図形の例（左）とその点群に含まれる対称要素の配置（右）

表 1.2 結晶系と晶族（点群）

	結　晶　系	含まれる最低限の対称要素	結晶系に分類される晶族(点群)
1	三斜晶系 triclinic system	1本の 1（または $\bar{1}$）	$1, \bar{1}$
2	単斜晶系 monoclinic system	1本の 2（または $\bar{2} \equiv m$）	$2, m, 2/m$
3	斜方（直方）晶系 orthorhombic system	3本の 2（または $\bar{2}$）が互いに直交する	$222, mm2, mmm$
4	正方晶系 tetragonal system	1本の 4（または $\bar{4}$）	$4, \bar{4}, 4/m, 422, 4mm, \bar{4}2m, 4/mmm$
5	立方（等軸）晶系 cubic system	4本の 3（または $\bar{3}$）が結晶主軸と 54°44′ をなす	$23, m3, 432, \bar{4}3m, m3m$
6	菱面体晶系 rhombohedral system （三方晶系 trigonal system）	1本の 3（または $\bar{3}$）	$3, \bar{3}, 32, 3m, \bar{3}m$
7	六方晶系 hexagonal system	1本の 6（または $\bar{6}$）	$6, \bar{6}, 6/m, 622, 6mm, \bar{6}m2, 6/mmm$

表 1.3 結晶系の結晶軸の関係

	結　晶　系	結晶軸の関係（単位格子の形）
1	三斜晶系	3軸すべて異なり，3軸すべて垂直でない異なった角 $a \neq b \neq c, \alpha \neq \beta \neq \gamma \neq 90°$
2	単斜晶系	3軸すべて異なり，2軸垂直 $a \neq b \neq c, \alpha = \gamma = 90°, \beta \neq 90°$
3	斜方晶系	3軸すべて異なり，3軸垂直 $a \neq b \neq c, \alpha = \beta = \gamma = 90°$
4	正方晶系	2軸等しく，3軸垂直 $a = b \neq c, \alpha = \beta = \gamma = 90°$
5	立方晶系	3軸等しく，3軸垂直 $a = b = c, \alpha = \beta = \gamma = 90°$
6	菱面体晶系	3軸等しく，3軸すべて垂直でない等しい角 $a = b = c, \alpha = \beta = \gamma \neq 90°$
7	六方晶系	2軸等しく，その挟角 120°，第 3 軸は垂直 $a = b \neq c, \alpha = \beta = 90°, \gamma = 120°$

1.2.3　ブラベー格子

　前述のように，結晶軸 a, b, c は対称性の観点から 7 種に分けられたが，それぞれの対称性をもつ空間格子としては，a, b, c を基本ベクトルとする 7 種の空間格子（単純単位格子）が直ちに導かれる（表 1.4）．しかしながら，単斜，斜方，正方と立方の晶系に対しては，表に与えられているようないくつかの別の空間格子も属する．いいかえれば，同一の対称性をもつ（あるいは同じ点群をもつ）空間格子が，ほかに存在する場合がある．これらの新しい空間格子は，もとの格子点をその一部として含み，その他にもとの単位格

表 1.4 結晶系に属するブラベー格子

	結 晶 系	単純格子(P)	底心格子(C)	体心格子(I)	面心格子(F)
1	三斜晶系 (triclinic)	◆			
2	単斜晶系 (monoclinic)	◆	◆		
3	斜方(直方)晶系 (orthorhombic)	◆	◆	◆	◆
4	正方晶系 (tetragonal)	◆		◆	
5	立方(等軸)晶系 (cubic)	◆		◆	◆
6	菱面体晶系 (rhombohedral) (三方晶系 (trigonal))	◆			
7	六方晶系 (hexagonal)	◆			

子の底面の中心, 全体の中心 (体心), 各面の中心 (面心) に新しい格子点をもっている. これらの複合単位格子は 7 種ある. 単純単位格子と合わせて 14 種の空間格子は**ブラベー (Bravais) 格子**とよばれる. 格子点の配列はこの 14 通りしかない.

立方晶系についてみれば, 表 1.2 に示すように最低限の対称要素は体対角線方向の 4 本の 3 回回転軸であって, 単純立方格子ではもちろん, 体心, 面心の立方格子でもこの対称性は失われない. しかし, 底心格子では失われる

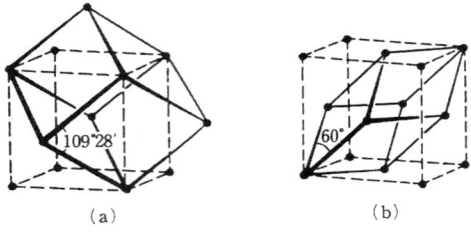

図 1.18　立方格子（破線）の菱面体格子（実線）への書き換え　(a) 体心立方格子 (b) 面心立方格子

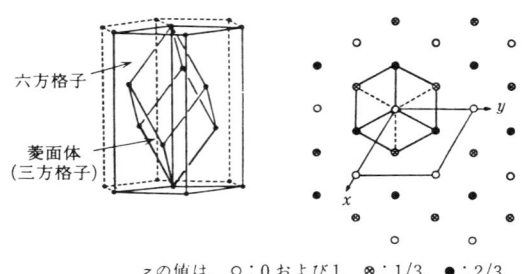

z の値は，○：0 および 1，⊗：1/3，●：2/3

図 1.19　菱面体（三方格子）と六方格子の関係

ので，底心格子はブラベー格子にはなりえない．

　複合格子は表 1.4 中の点線で示されているように，すべて単純格子に書き換えることができる．体心，面心の立方格子の単純格子の形は菱面体（三方格子）である（図 1.18）．これらの菱面体の角は特別で，体心の場合 $\alpha = 109°28'$，面心の場合 $\alpha = 60°$ である（厳密にいえば，この 2 つの角をもつ菱面体は，$\alpha = 90°$ のときと同様，菱面体（三方）晶系から除かれるべきである）．このため，これらの菱面体は，ふつうの菱面体よりも高い対称性，すなわち立方晶系の対称性をもっている．

　菱面体（三方）晶系と六方晶系は，結晶系あるいは結晶軸としては対称性の上から区別されるが，空間格子としては同じものを使うことが多い．菱面体（三方格子）を六方格子で表わした場合（図 1.19）には，その単位格子に 2 つの余分な格子点が含まれる．

1.2.4 空間群

1.2.1 で述べたように,回転,鏡映などの対称要素には図形上に動かない部分(点,直線,平面)がある.これらの対称操作は空間格子についても成り立つものであるが,空間格子にはもう1つの重要な対称操作,すなわち**並進** (translation) がある.これは空間格子の基本ベクトル a, b, c あるいはそれの整数倍の平行移動である.これと組み合わせることによって,対称要素が格子全体にわたって,周期的に分布することになる.その場合の対称要素としては,これらのほかに,並進とその方向に平行な回転軸の操作を合成した**らせん** (screw) と,並進とその方向に平行な面による鏡映を合成した**映進** (glide) が現われる.

らせん軸 (screw axis) は n_m のように表わされ,その操作は n 回回転で m 回の操作をするごとに回転軸方向に基本ベクトルの大きさの m/n 倍だけ並進させて同位するもので,$2_1, 3_1, 3_2, 4_1, 4_2, 4_3, 6_1, 6_2, 6_3, 6_4, 6_5$ がある.4_1 らせん軸の操作を図 1.20 に示す.**映進面** (glide plane) には $a/2$,$b/2$ および $c/2$ だけ並進するごとに鏡映の操作を行なって同位する a-, b- および c-映進面がある.a-映進面の操作を図 1.21 に示す.また面対角線方向に $(a+b)/2, (b+c)/2, (c+a)/2$ および体対角線方向に $(a+b+c)/2$ だ

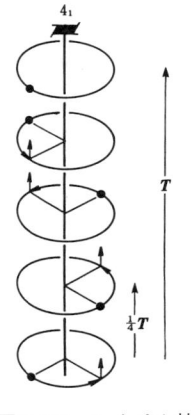

図 1.20　4_1 らせん軸

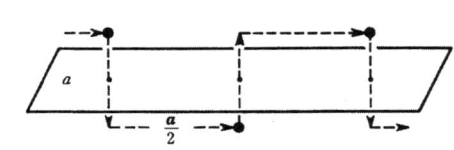

図 1.21　a-映進面

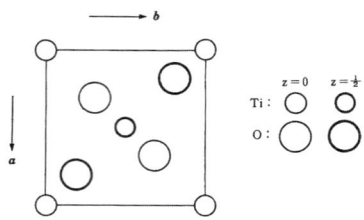

図 1.22 ルチル TiO_2 の結晶構造の c 軸に垂直な面への投影図

け並進するごとに鏡映の操作を行なって同位する n-映進面がある．さらに面あるいは体対角線方向に 1/4 並進するごとに鏡映の操作を行って同位する d-映進面もある．

結局，結晶の構造（原子配列）あるいは周期的図形の対称性は，14 種の空間格子（ブラベー格子）に並進操作を含まない 32 種の対称要素の集まり（点群）と，並進操作およびらせん，映進操作の対称操作の対称要素の組み合わせになっている．これらの可能な組み合わせは有限で，この集まりを**空間群**といい，230 種ある．空間群は結晶構造の表示に必要なものであるが，誘電体，磁性体などの特性の分類にも便利に使われる．

結晶構造とそれに対応する空間群の具体的な例を 1 つ示す．正方晶系のルチル TiO_2 は図 1.31 のような結晶構造をもつ．これを c 軸に垂直な面に投影したのが図 1.22 で，原子位置の座標は基本ベクトル a, b, c の大きさを単位として表わしてある．空間群は $P4_2/mnm$ で，詳しく書けば $P4_2/m2_1/n2/m$ であり，その意味するところはつぎのとおりである．空間格子は単純格子 (P) である．c 軸方向に 4_2 らせん軸があり，それと直交して m 面がある．a 軸方向に 2_1 らせん軸があり，それと直交する n-映進面がある．$a+b$ の方向に 2 回軸があり，それに直交する m 面がある．もっと詳しくルチルの結晶構造を同位させる対称要素の分布を表わしたのが図 1.23 である．図で座標原点は左上隅に，a 軸は下方向に，b 軸は右方向に，c 軸は紙面から上方向にとっている．この図中に対称操作がすべては示されていない．例えば，$\bar{1}$ は $z=0$ のレベルのほかに $z=1/2$ のレベルにもあるが，容易に類推できるので省かれている．

1.2 結晶の対称性　21

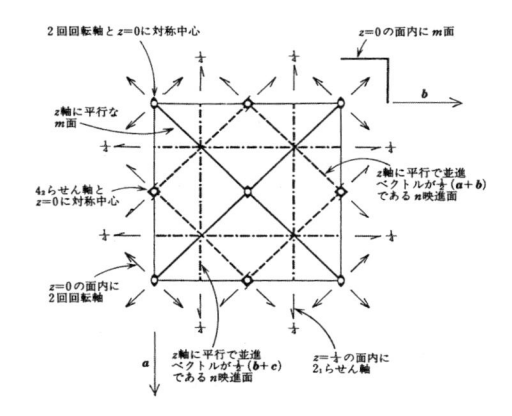

図 1.23 空間群 $P4_2/mnm$ における対称要素の配置 [37]

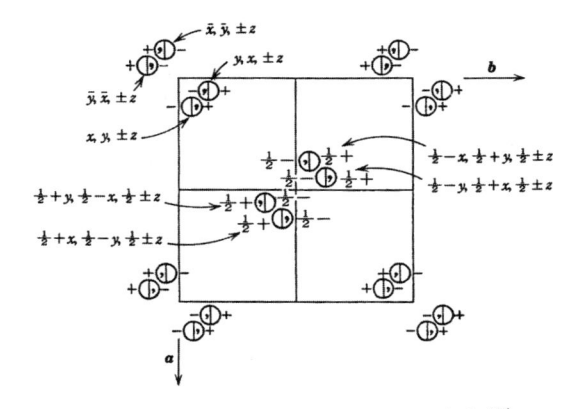

図 1.24 空間群 $P4_2/mnm$ における同価点 [37]

(同価位置)

　単位格子内で任意の位置に着目すると，それと空間群の対称操作によって関係づけられる位置が存在する．それは**同価位置**（等価位置，等価点）とよばれる．

　図 1.23 のような空間群の中にある 1 点 x, y, z をおくと，それに同価な点が生ずる．図 1.24 は単位格子とその周囲における同価位置を示している．ここでも図 1.23 と同じ座標をとっている．同価の位置が c 軸方向で 2 つ重なっているので，小円を 2 分割してそれぞれを示している．± と 1/2± はお

のおの c 軸の座標が $\pm z$ と $1/2 \pm z$ の略である．TiO_2 の Ti 原子の配置については，$x=y=z=0$ とおき，図で原点と 1/2, 1/2, 1/2 のまわりに集まっているおのおの 8 個の同価点が原点と 1/2, 1/2, 1/2 に縮退したとみることができる．O 原子の配置は，$x=y=0.3056$, $z=0$ とおいた場合に相当し，図で近接している 4 個の同価点が 1 点に縮退する．

単位格子内の任意の位置 $\boldsymbol{r}(x,y,z)$ は空間群の対称操作によって同価位置 $\boldsymbol{r}'(x', y', z')$ に移る．これは (1.8) に並進ベクトル $\boldsymbol{t}$ が加わったものになる．

$$\boldsymbol{r}' = R_{\text{sy.op.}} \boldsymbol{r} + \boldsymbol{t} \tag{1.13}$$

あるいは

$$\begin{pmatrix} x' \\ y' \\ z' \end{pmatrix} = R_{\text{sy.op.}} \begin{pmatrix} x \\ y \\ z \end{pmatrix} + \begin{pmatrix} t_x \\ t_y \\ t_z \end{pmatrix} \tag{1.14}$$

らせん軸の場合，例えば c 軸に沿った 2_1 軸では 180° の回転と c 軸方向への 1/2 周期の並進の組み合わせであるから

$$R = \begin{pmatrix} -1 & 0 & 0 \\ 0 & -1 & 0 \\ 0 & 0 & -1 \end{pmatrix}, \; \boldsymbol{t} = \begin{pmatrix} 0 \\ 0 \\ 1/2 \end{pmatrix} \tag{1.15}$$

映進面の場合，例えば c 軸に垂直な b-映進面では，並進は b 軸方向に 1/2 周期の操作であるから

$$R = \begin{pmatrix} 1 & 0 & 0 \\ 0 & 1 & 0 \\ 0 & 0 & -1 \end{pmatrix}, \; \boldsymbol{t} = \begin{pmatrix} 0 \\ 1/2 \\ 0 \end{pmatrix} \tag{1.16}$$

1.3 結晶内の原子配列

実際の結晶の原子レベルでの構造，すなわち原子の配列は，原子の種類，大きさ，原子間の結合力の種類などによって種々の形をとる．結晶は原子間の結合力の違いからイオン結晶，共有性結晶，金属結晶と分子性結晶に分類される．結晶の物理的，化学的性質は結晶を構成する原子の種類，空間的配

列などの内部構造によって決まる．結晶の種類は数万くらいあり，その構造は7種の結晶系のうちのいくつかの結晶系に集中している．無機結晶の大部分は立方または六方晶系に属し，斜方晶系に属するものもかなり多い．有機結晶は概して高い対称性をもたない．大部分は単斜晶系に属し，残りは斜方晶系に属するものが多い．つぎに，代表的ないくつかの結晶構造について述べる．

(1) 体心立方構造 (body-centered cubic structure, bcc)

立方晶系に属し，原子配列が体心立方のブラベー格子をつくる構造である．最も簡単な構造は1種類の原子がブラベー格子の各点だけを占める場合で，図1.25(a)に示す．原子の位置座標は基本ベクトル a, b, c の長さを単位にして表わされる．この構造には 0, 0, 0 と 1/2, 1/2, 1/2 の位置にある2個の原子が含まれる．原子半径を r_0 とすると，〈111〉方向にある球は互いに接しているから，格子定数は $a = (4/\sqrt{3})r_0$ である．着目する原子に最隣接している原子の数，すなわち**配位数**は8で，その間の距離は $(\sqrt{3}/2)a$ である．これは第2隣接原子との距離 a とあまり違わないので，配位数は14とみることもできる．元素のうちで14種類が常温で bcc 構造をとる．単体金属では α-Fe, V, Cr, Nb, Mo, Ta, W などが属する．空間群は $Im3m$（あるいは $Im\bar{3}m$）である．複雑な化合物では例えば YAG ($Y_3Al_5O_{12}$), YIG ($Y_3Fe_5O_{12}$) が属する．

(2) 面心立方構造 (face-centered cubic structure, fcc)

立方晶系に属し，原子配列が面心立方のブラベー格子をつくる構造であ

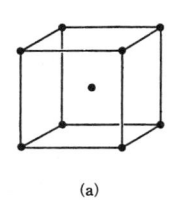

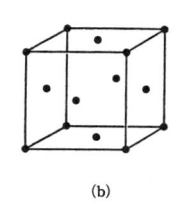

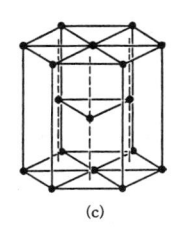

図 **1.25** 結晶構造 (a) 体心立方構造 (b) 面心立方構造 (c) 六方最密構造

る．最も簡単な構造は1種類の原子がブラベー格子の各点だけを占める場合で，図 1.25(b) に示す．この構造には，0,0,0; 0,1/2,1/2; 1/2,0,1/2; 1/2,1/2,0 の位置にある 4 個の原子が含まれる．これは原子を最も密に充填できる**最密構造** (close-packed structure) の 1 つで，**立方最密構造** (cubic close-packed structure, ccp) とよばれる．格子定数は $a = 2\sqrt{2}r_0$. 最近接原子間距離は $a/\sqrt{2} = 2r_0$，配位数は 12 である．元素のうちで 16 種が常温で fcc 構造をとる．単純金属では Al, Ni, Cu, Ag, Pt, Au, Pb などが属する．Ne, Ar, Kr, Xe などの希ガス元素も低温でこの構造をとる．空間群は $Fm3m\ (Fm\bar{3}m)$ である．2 個以上の原子がブラベー格子の各点に対応している結晶には，塩化ナトリウム型構造，閃亜鉛鉱型構造，蛍石型構造，スピネル型構造などが属している．

(3) 六方最密構造 (hexagonal close-packed structure, hcp)

六方晶系に属し，単純六方のブラベー格子の各点に 2 つの同種原子を対応させた構造である（図 1.25(c)）．すなわち単純六方格子の原点に 0,0,0; 2/3,1/3,1/2 にある 2 つの原子の組を対応させ，他の格子点にも同様に配置したものである．この構造もまた，原子を最も密に充填でき，そのときの軸比は $c/a = 2\sqrt{2/3} = 1.633$ である．元素のうちで 22 種が常温で hcp の構造をとる．しかし原子間の結合の異方性のために軸比は理想値 1.633 からずれる．原子は球ではなく，回転楕円体のようになっていると考えられる．Mg, Co, Be などは理想値に近いが，Zn, Cd などでは少し異なる．空間群は $P6_3/mmc$ である．

原子が最も密に詰め込まれる最密構造には，上述の立方最密構造と六方最密構造がある．図 1.26(a) のように，1 平面上に球をすきまなく配列すると 6 回対称の網目状の構造ができる．この上にさらに球を敷き詰める場合，A の球のくぼみにくるものが最も密になり，図 1.26(b) に示すような B または C の配置がある．これらの配置は A と同じ網目構造で，位置がずれているだけである．いま第 2 層が B の配置であるとすると，第 3 層は C または A の配置が考えられる．つまり 3 層の積み重ねには ABC と ABA がある．この順序をくり返して ABCABC… の構造（図 1.26 (c)）と ABABAB… の構造（図 1.26 (d)）が生ずる．前者は積み重ねの面が (111) 面の立方最密

(a) 第1層の配置

(b) 第2層の配置の2つの可能性

(c) ABCABC……の積み重ね

(d) ABAB……の積み重ね

(e) 面心立方(fcc)構造

(f) 六方最密(hcp)構造

図 1.26　最密構造

● : Na , ○ : Cl

図 1.27　塩化ナトリウム型構造

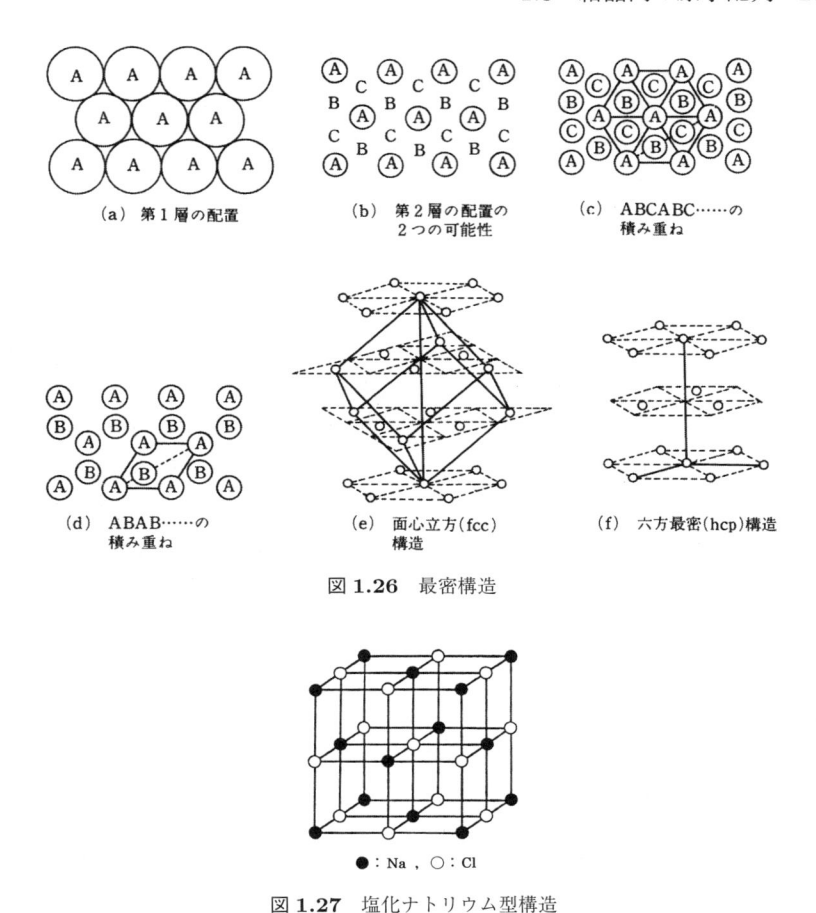

構造（図 1.26 (e)）で，後者は積み重ねの面が c 面の六方最密構造（図 1.26 (f)）である．

(4) 塩化ナトリウム型構造 (sodium chloride structure)

立方晶系に属し，NaCl の場合，面心立方のブラベー格子の各点に Na^+ イオンと Cl^- イオンの対が単位構造として配置された構造である．Na^+ イオンの面心立方格子と Cl^- イオンの面心立方格子を互いに主軸方向に $a/2$ ($b/2$ あるいは $c/2$) だけずらせて重ねたものになっている（図 1.27）．Na^+

26　第 1 章　物質の構造

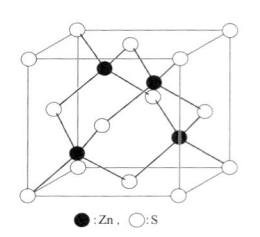

図 1.28　閃亜鉛鉱型構造　●:Zn, ○:S

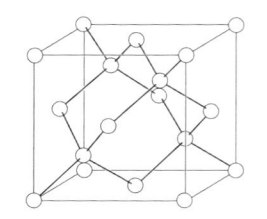

図 1.29　ダイヤモンド型構造

イオンの位置は $0,0,0;\ 0,1/2,1/2;\ 1/2,0,1/2;\ 1/2,1/2,0$ で，Cl$^-$ イオンの位置は $1/2,1/2,1/2;\ 1/2,0,0;\ 0,1/2,0;\ 0,0,1/2$ である．各イオンに他種のイオンが 6 個配位している．換言すれば，着目するイオンのまわりで他種のイオンが正八面体の頂点にくるような正八面体配位をしている．空間群は $Fm3m$ ($Fm\bar{3}m$) である．これにはアルカリ金属，銀などのハロゲン化合物 (LiF，KCl，AgBr)，アルカリ土類金属の酸化物 (MgO，CaO，BaO)，遷移金属の酸化物 (FeO，NiO) などが属する．

(5) 閃亜鉛鉱型構造 (sphalerite structure)

　立方晶系に属し，閃亜鉛鉱 ZnS の場合，面心立方のブラベー格子の各点に Zn と S の 2 原子が単位構造として配置された構造である．2 種類の原子がおのおの面心立方格子をつくり，ダイヤモンド型構造と同じように，一方を他方に対して体対角線の方向 [111] に体対角線の長さの 1/4 だけずらせて重ねたものになっている（図 1.28）．各原子には 4 個の他種原子が正四面体形に配位している．空間群は $F\bar{4}3m$ である．Zn と S 原子を C 原子に置き換えるとダイヤモンド型構造になる．これには GaAs，InSb などの化合物半導体，CuCl，CuBr などのハロゲン化銅などが属する．

(6) ダイヤモンド型構造 (diamond structure)

　立方晶系に属し，ダイヤモンドの場合，面心立方のブラベー格子の各点に 2 つの C 原子が単位構造として配置された構造である．$0,0,0$ に原点をもつ面心立方格子と，その格子を体対角線の方向に $(\boldsymbol{a}+\boldsymbol{b}+\boldsymbol{c})/4$ だけずらせた $1/4,1/4,1/4$ に原点をもつ面心立方格子を重ねたものになって

1.3 結晶内の原子配列

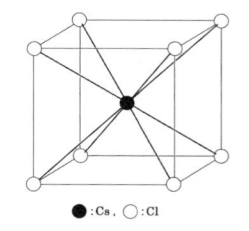

図 1.30 塩化セシウム型構造 ●:Cs, ○:Cl

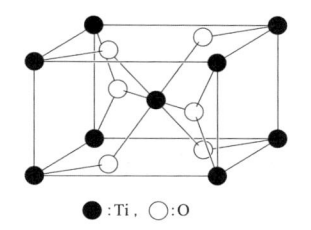

図 1.31 ルチル型構造 ●:Ti, ○:O

いる（図 1.29）．原子の位置は $0,0,0$; $0,1/2,1/2$; $1/2,0,1/2$; $1/2,1/2,0$; $1/4,1/4,1/4$; $1/4,3/4,3/4$; $3/4,1/4,3/4$; $3/4,3/4,1/4$ である．配位数は 4 で，正四面体配位をしている．空間群は $Fd3m$ ($Fd\bar{3}m$) である．これには Si，Ge，Sn（灰色スズ）などが属する．

(7) 塩化セシウム型構造 (cesium chloride structure)

立方晶系に属し，CsCl の場合，単純立方のブラベー格子の各点に Cs^+ イオンと Cl^- イオンが単位構造として配置された構造である．Cs^+ イオンの単純立方格子と Cl^- イオンの単純立方格子を互いに体対角線方向に $(\boldsymbol{a}+\boldsymbol{b}+\boldsymbol{c})/2$ だけずらせて重ねたものになっている（図 1.30）．Cs^+ イオンの位置は $0,0,0$ で，Cl^- イオンの位置は $1/2,1/2,1/2$ である．各イオンに他種のイオンが 8 個配位しており，立方体配位である．空間群は $Pm3m$ ($Pm\bar{3}m$) である．これには CsBr，CsI，TlCl のような，Cs，Tl などの臭化物，ヨウ化物，塩化物や CuZn，NiAl，AuMg などの金属間化合物が属する．

(8) ルチル型構造 (rutile structure)

正方晶系に属し，ルチル TiO_2 で代表される AB_2 型の化合物の構造で，空間群は $P4_2/mnm$ である．図 1.31 のように，単位格子は 2 個の化学単位 TiO_2 を含む．Ti 原子は体心格子を形成し，各 Ti 原子の両側に O 原子が直線状に並んでいる．Ti 原子にはわずかに歪んだ八面体の頂点にある 6 個の O 原子が配位し，O 原子には 3 個の Ti 原子が配位している．Ti^{4+} イオンの位置は $0,0,0$; $1/2,1/2,1/2$ であり，O^{2-} イオンの位置は $x,x,0$; $-x,-x,0$;

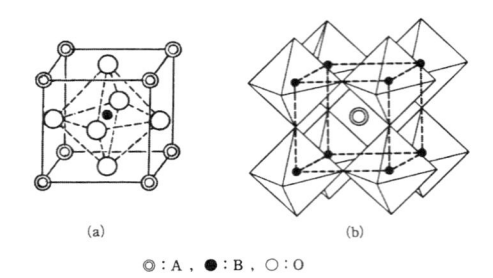

図 1.32 ペロブスカイト型構造 (a) とその酸素正八面体配位 (b)

$1/2-x, 1/2-x, 1/2;\ 1/2-x, 1/2+x, 1/2\ (x=0.3056)$ である．これには Mg, Mn, Fe, Zn などのフッ化物（MgF_2, MnF_2, FeF_2, ZnF_2），V, Mn, Sn, Pb などの酸化物（VO_2, MnO_2, SnO_2, $\beta\text{-}PbO_2$）などが属する．

(9) ペロブスカイト型構造 (perovskite stucture)

ペロブスカイト（灰チタン石）$CaTiO_3$ で代表される ABO_3 型の酸化物の構造である．理想的には立方晶系に属し，空間群は $Pm\bar{3}m$ である．図 1.32(a) のように，単位格子は 1 個の化学単位 ABO_3 を含む．A 原子が単純立方格子をつくり，B 原子はその体心位置に，O 原子はその面心位置にある．別の見方をすれば，図 1.32(b) のように，B 原子には 6 個の O 原子が正八面体配位をする．この八面体はその頂点の O 原子を共有する形で，互いにつながっている．A 原子には 12 個の O 原子が配位し，O 原子には A 原子 2 個と B 原子 4 個が歪んだ八面体をつくって配位する．

ペロブスカイト型の化合物の多くは立方晶（$NaNbO_3$, $SrTiO_3$ など）から少し歪んだ正方晶（$BaTiO_3$, $PbTiO_3$ など）や斜方晶（$GdFeO_3$, $CaTiO_3$, $LaMnO_3$ など）などの構造をもつ．

2 つの構造単位を交互に積み重ねると複合積層構造がつくられる．ペロブスカイト型構造単位 ABO_3 と塩化ナトリウム型構造単位 AO を積み重ねて $AO \cdot nABO_3$ 層状ペロブスカイトが得られる．c 軸に沿って AO 層が挿入されるので，2 次元的な特性をもつ．$n=1$ のとき A_2BO_4 型（K_2NiF_4），$n=2$ のとき $A_3B_2O_7$ 型（$Sr_3Ti_2O_7$），$n=3$ のとき $A_4B_3O_{10}$ 型（$Sr_4Ti_3O_{10}$）などがある．

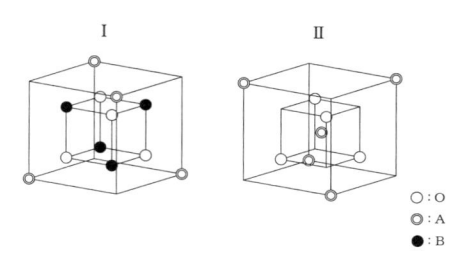

図 **1.33** スピネル構造の部分格子

○: O
◎: A
●: B

(10) スピネル型構造 (spinel structure)

スピネル（尖晶石）$MgAl_2O_4$ で代表される AB_2O_4 型の酸化物の構造であり，A が 2 価イオン，B が 3 価イオンである．立方晶系に属し，空間群は $Fd3m$ である．単位格子には 8 個の化学単位 AB_2O_4 が含まれる．単位格子は図 1.33 のように立方体を 8 分割した大きさの 2 種類の部分格子 I, II が，3 次元的に交互に配列した構造をしている．O 原子は立方最密構造の配列をなしており，O 原子間のすきまには四面体位置（A サイト）と八面体位置（B サイト）がある．四面体位置は 4 個の O 原子によって囲まれた四面体の空間の中心で，8 個の A 原子が占める．八面体位置は 6 個の O 原子によって囲まれた八面体の空間の中心で，16 個の B 原子が占める．

上述の構造は正 (normal) スピネル構造とよばれる．一方，A サイトを B 原子が占め，B サイトを A 原子とともに B 原子の半分が占める場合は逆 (inverse) スピネル構造とよばれ，$MgFe_2O_4$ などが属する．

1.4 表面構造

1.4.1 表面の対称性

2 次元の結晶表面の対称性は前述の 3 次元の結晶の場合から類推できる．表面における（並進を含まない）対称操作は回転と鏡映に限られ，対称要素は 1, 2, 3, 4, 6 回の回転軸と鏡映線 m の 6 種である．ここで 3 次元の場合の鏡映面は鏡映線になっている．2 次元では例えば，対称中心は 2 回回転軸と区別できないなど対称要素の数は少なくなっている．これらの対称要素

表 1.5 2次元の結晶系と晶族（点群）

結晶系	結晶系に分類される晶族(点群)
斜方晶系 (oblique system)	1, 2
長方晶系 (rectangular system)	$m, 2mm$
正方晶系 (square system)	$4, 4mm$
六方晶系 (hexagonal system)	$3, 3m, 6, 6mm$

mm は2本の鏡映線があることを示す．

を組み合わせて10種の2次元の晶族あるいは点群が得られ，表1.5のように4種の2次元の結晶系に分類される．2次元のブラベー格子は表1.6に示すように単純単位格子4種と複合単位格子1種の合わせて5種である．2次元の空間群は10種の対称要素の集まり（点群）に平面格子の並進対称操作を考慮すると17種がある．ここで対称要素として鏡映線操作と並進操作を組み合わせた映進線が加わっているが，2次元であるのでらせん軸は関係しない．

1.4.2 表面構造の表記

結晶表面では結晶内部（バルク）の3次元的な周期性が失われるので，表面近傍の原子の配列が変わる．一般に原子が表面に垂直な方向に変位する**表面緩和** (surface relaxation) が生ずる．この場合，2次元対称性は原子変位を考えない理想表面と同じである．表面に垂直方向の原子変位は表面第1原子層で大きく，第2原子層以下では無視できる場合が多い．一方，表面の原子変位によって2次元対称性が変わる場合があり，**表面再構成** (surface reconstruction) とよばれる．このほかに原子あるいは分子が吸着した表面でも同様に2次元対称性が理想表面と変わる場合と変わらない場合がある．

表面構造は原子変位のないバルクの基板結晶の構造を基準にして表わされる．基板結晶Aのミラー指数 (hkl) をもつ結晶面の表面構造，およびその表面に形成される原子あるいは分子Bの吸着構造はそれぞれ

$$A(hkl) - (p \times q), \quad A(hkl) - (p \times q) - B$$

のように表わす．ここで p と q は表面の平面単位格子（基本ベクトル $\boldsymbol{a}_s$,

表 1.6 2次元の結晶系に属するブラベー格子

結晶系	単純格子 (primitive, p)	面心格子 (centered, c)
斜方晶系 (oblique system)	$a \neq b,\ \gamma \neq 90°$	
長方晶系 (rectangular system)	$a \neq b,\ \gamma = 90°$	●
正方晶系 (square system)	$a = b,\ \gamma = 90°$	
六方晶系 (hexagonal system)	$a = b,\ \gamma = 120°$	

b_s）と基板の平面単位格子（基本ベクトル a_b, b_b）の基本ベクトルの大きさの比 $p = a_s/a_b$, $q = b_s/b_b$ である．表面の単位格子が単純格子ではなく，面心格子である場合は，特に $(p \times q)$ の記号の前に c をつけ，$c(p \times q)$ と表わす．また表面の単位格子が基板の単位格子に対して回転している場合には，回転角 θ（度で表示）を用いて

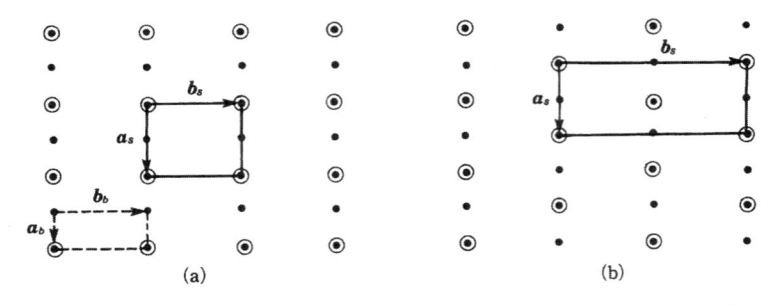

図 1.34 長方格子上の表面構造 （●: 基板原子, ○: 表面原子） (a) (2×1) (b) c (2×2)

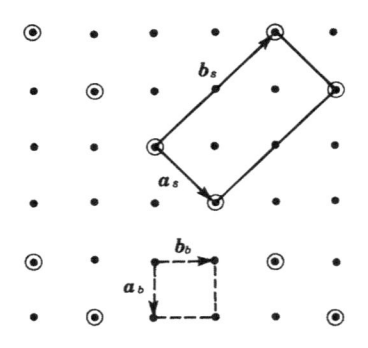

図 1.35 正方格子上の表面構造 （●: 基板原子, ○: 表面原子） ($\sqrt{2} \times 2\sqrt{2}$) R45°

$$A(hkl) - (p \times q)R\theta - B$$

のように表わす．図 1.34，図 1.35 と図 1.36 にそれぞれ長方格子，正方格子，六方格子をもつ基板結晶上の表面構造の例が示されている．

1.5 非晶質固体の構造

結晶におけるような周期構造をもたない固体を**非晶質**（アモルファス，amorphous）**固体**という．非晶質固体はしたがって原子配列が不規則で，結晶のような**長距離秩序** (long range order, LRO) がない．しかし近接する原子は原子間の結合力のために一定の距離を保って配列する傾向がある．局所的に**短距離秩序** (short range order, SRO) があり，各原子のまわりでは，

1.5 非晶質固体の構造

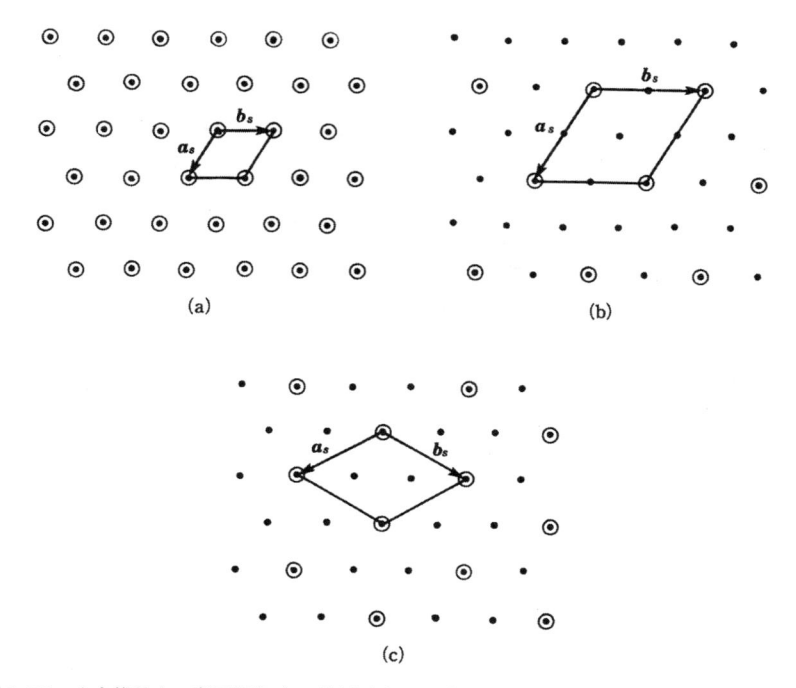

図1.36 六方格子上の表面構造（●: 基板原子, ○: 表面原子）(a) (1×1) (b) (2×2) (c) $(\sqrt{3} \times \sqrt{3}) R30°$

隣接原子間の距離（配位距離）と結合角，隣接原子数（配位数）が一定値をもつ構造単位で特徴づけられる．さらにそれらがある規則性をもって結合しあって，より大きな構造単位を形成する**中距離秩序** (medium range order, MRO) がある場合も多い．非晶質固体で最近接原子との結合が共有結合である場合を見てみる．図1.37の (b) は石英ガラスの，(a) は石英結晶の原子配列である．なお，石英ガラス（シリカガラス，非晶質 SiO_2）は石英または水晶（結晶の形がきれいな石英）を溶解してつくられる．ガラスと結晶の最近接原子配置を示す構造単位はほぼ同じで，Si 原子のまわりに 4 個の O 原子が配位した SiO_4 四面体であり，短距離秩序を表わす．その SiO_4 四面体どうしが O 原子を頂点で共有して結合し，ネットワーク構造をつくっている．結晶では Si-O-Si 結合角は一定値をとるが，ガラスでは四面体が 4，5，6，7 あるいは 8 員環を形成するようにつながって，中距離秩序をつくって

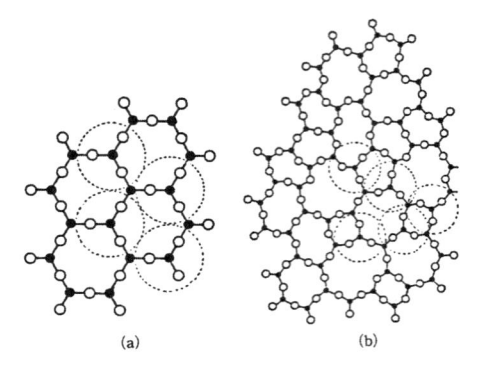

図 **1.37** 石英結晶 (a) と石英ガラス (b) の原子配列の2次元的表示（○：O原子，●：Si原子）点線で囲んだ領域で短距離秩序の構造単位を示す[39].

いる．

　金属，合金，磁性体，半導体などの非晶質固体を作成するには，低温にした下地上への真空蒸着，スパッタリング，イオンプレーティング，電着，気相化学反応，溶融液体状態からの急冷など，各種の方法がある．例えば，溶融液体は徐冷によって結晶になるが，結晶核が成長する時間的な余裕がないほどに急冷すれば凝固温度以下でも結晶化せず，準安定な過冷却液体になる．これはガラス転移点とよばれる温度まで下がると，熱力学的に非平衡な状態のままの原子配列で非晶質固体になる．非晶質固体の構造は，このような作成や処理の条件によって変化する．

1.6　準結晶の構造[40,41]

　固体物質には結晶と非晶質があるが，それらに属さない第3の固体物質として**準結晶** (quasicrystal) が存在する．結晶は並進対称性をもつので，1,2,3,4と6回の回転対称性だけが許され，5回対称性はない．これは2次元では正五角形によって，3次元では正十二面体や正二十面体によって空間を隙間なく埋められないことを意味する．準結晶は並進対称性はないが，5,8,10,12回の回転対称性のある準周期的な規則構造をもつ．

　1984年にシェヒトマン (D. Shechtman) らが，液体急冷法（溶融状態から急冷する）によりつくられたAl-Mn合金の電子回折図形で5回対称性を

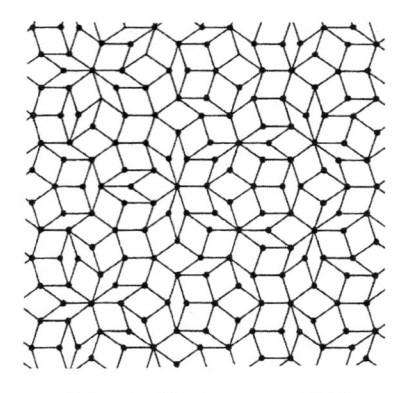

図 1.38 2次元ペンローズ格子

示すシャープな回折斑点を初めて観察した．これが正二十面体相の準結晶である．この 3 次元的な準結晶のほかに，2 次元的な準結晶がある．これは，ある面に平行に準結晶構造で，それに垂直方向に結晶構造をもつもので，正十角形相，正十二角形相と正八角形相の 2 次元準結晶である．

　液体急冷法でつくられた準結晶は，高温で結晶に変わる準安定相であるが，その後融点まで安定な各種の準結晶が通常の溶解法で作成されるようになった．準結晶は並進対称性（周期性）をもたないが，高い秩序性を示す構造として，図 1.38 の 2 次元ペンローズ (Penrose) 格子が知られている．これは 2 種類の単位格子，すなわち鋭角が $36°$ のやせている菱形と $72°$ の太っている菱形からなり，平面が充填される．3 次元のペンローズ格子では，2 種類の単位格子，すなわち厚く太い平行六面体と薄く平らな平行六面体からなり，空間が充填される．これらの 2 次元と 3 次元のペンローズ格子の格子点に置いて，フーリエ変換すると 5 回対称の回折斑点が生ずることが示されている．実際の準結晶では，例えば 3 次元ペンローズ格子上を正二十面体原子クラスターで配列することにより，観測される回折図形が得られる．

第 2 章

X 線とその光学的性質

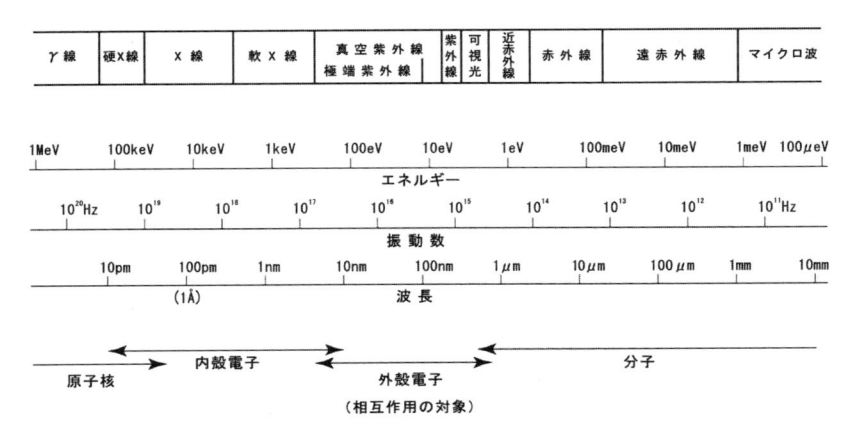

電磁波は図 2.1 に示すように，そのエネルギー（波長）によって区別してよばれる．その境界は歴史的に各種の理由づけで設定されてきたが，必ずしも明確なものではない．ここでは境界をつぎのように設定する．**X 線** (X-rays, X-radiation) は 50 keV (0.02 nm) ぐらいから 3 keV (0.4 nm) ぐらいまでの領域を指すことにする．高エネルギー側の 200 keV (0.006 nm) ぐらいまでの領域は**硬 X 線** (hard X-rays) あるいは**高エネルギー X 線** (high energy X-rays) とよび，その先は **γ 線** (γ-rays) に続く．γ 線は放射性同位体の γ 崩壊，対生成や高エネルギー電子の制動放射によるものをいうので，

図 **2.1** 電磁波の分類　エネルギー，振動数と波長の物差しと，相互作用の主要な対象も示している．

硬 X 線との境界域はかなり不確定であって，数十 keV から 200 keV ほどの幅をもつ．X 線の低エネルギー側は**軟 X 線** (soft X-rays) で，真空中で扱わなければならなくなる 3 keV (0.4 nm) 付近から特性 X 線のうち低エネルギーの限界の 40 eV (30 nm) 付近までである．硬 X 線，X 線と軟 X 線をまとめて X 線とよぶこともある．約 40 eV (30 nm) から約 6 eV (200 nm) までを**真空紫外線** (vacuum ultraviolet radiation, VUV) とよぶ．その紫外線との境界は真空の雰囲気が必要なことによる．真空紫外線の領域のうち，窓材として最も短波長の光を通すことができるのが LiF で，その限界が 105 nm であるので，軟 X 線に続いてそこまでを特に極端紫外線あるいは**極紫外線** (extreme ultraviolet radiation, EUV あるいは XUV) とする場合もある．なお，電磁波の「輻射」という言葉は，「輻」が常用漢字に含まれないので，「放射」が使われる場合が多い．この輻という字は，車輪の中心から放射状に伸びている棒（スポーク）を意味しており，輻射には文字どおりそのありさまが表わされている．

実験に用いる X 線は X 線管からの X 線あるいは光源加速器からの放射光であるが，この章では前者のスペクトルについて触れ，後者は 7 章で詳述する．X 線の光学的性質は可視光の場合と同様にマクスウェル方程式で記述され，反射，屈折，全反射，偏光などが説明される．またコヒーレンスについても言及する．光学的性質の可視光の場合との大きな違いは，屈折率が 1 よりもごくわずかに小さい値をもつことで，そのために臨界角がごく小さく，全反射が物質外で生ずることである．

2.1 X 線

2.1.1 波動と光子

X 線は波（波動）として光と同じように干渉現象を示し，固体あるいは液体・気体に対してそれらの中の原子間距離と同程度の 0.1 nm (1 Å) のオーダー，あるいはそれ以下の波長であれば回折現象を起こす (1 nm = 10^{-9} m = 10 Å)．波数ベクトル $\boldsymbol{k}$ (wave number vector，方向は波の伝播方向，大きさ（波数 k）は単位長さあたりの波の数の 2π 倍で，$k = 2\pi/\lambda$，

λ：波長），角振動数 ω（angular frequency, $\omega = 2\pi\nu$，ν：振動数）をもつ電磁波の電場成分は

$$\boldsymbol{E}(\boldsymbol{r},t) = \boldsymbol{E_0} \exp\{i(\boldsymbol{k}\cdot\boldsymbol{r} - \omega t + \delta)\} \tag{2.1}$$

のように表わされる（なお，波数を $k = 1/\lambda$ で定義する場合もあり，結晶学でよく用いられる．このとき $\boldsymbol{E}(\boldsymbol{r},t) = \boldsymbol{E_0} \exp\{2\pi i(\boldsymbol{k}\cdot\boldsymbol{r} - \nu t + \delta)\}$ の形になる）．ここで振幅 $\boldsymbol{E_0}$ は電場ベクトルである．その大きさ E_0 は吸収を考える場合は複素数になる．$\boldsymbol{k}\cdot\boldsymbol{r} - \omega t + \delta \equiv \tau$ の部分は位相（δ は初期位相）とよばれる．t が一定のとき $\boldsymbol{k}\cdot\boldsymbol{r} > 0$ の $\boldsymbol{r}$ とともに位相は増加し，$\boldsymbol{r}$ が一定のとき t とともに位相は減少する．干渉や回折現象では時間因子はほとんどの場合関わらないので，省くことが多い．振動電場などを表示するのに，三角関数の代わりに (2.1) のように複素指数 $\exp\{i(\boldsymbol{k}\cdot\boldsymbol{r} - \omega t + \delta)(= \cos(\boldsymbol{k}\cdot\boldsymbol{r} - \omega t + \delta) + i\sin(\boldsymbol{k}\cdot\boldsymbol{r} - \omega t + \delta))$ がよく用いられる．これは演算の便利さのためであって，物理的に意味があるのはその実数部 $\cos(\boldsymbol{k}\cdot\boldsymbol{r} - \omega t + \delta)$ である．指数の演算の最後に実数部をとればよい．なお (2.1) は $\boldsymbol{r}$ の項をプラスにしているが，t の項に重点をおく場合には t の項をプラスにした $\boldsymbol{E_0} \exp\{i(\omega t - \boldsymbol{k}\cdot\boldsymbol{r} + \delta)\}$ のような表式も用いられる．いずれも $\boldsymbol{k}$ 方向に進む単色平面波を表わす．この場合の位相については，(2.1) の場合と反対になる．

波の伝播方向を x 方向とすれば，(2.1) は

$$\boldsymbol{E}(x,t) = \boldsymbol{E_0} \exp\{i(kx - \omega t + \delta)\} \tag{2.2}$$

となる．$kx - \omega t =$ 一定という位相の状態は，その式を微分して得られる

$$v = \frac{dx}{dt} = \frac{\omega}{k} \tag{2.3}$$

という速度で x 方向に進む．この等位相波面の進行速度は**位相速度** (phase velocity) とよばれる．なお，(2.2) の位相が $kx + \omega t + \delta$ のように表わされるとき，波は $-x$ 方向へ伝播する．

振動数 $\nu(= c/\lambda)$ の電磁波の伝播は

$$\boxed{E = h\nu = \hbar\omega} \tag{2.4}$$

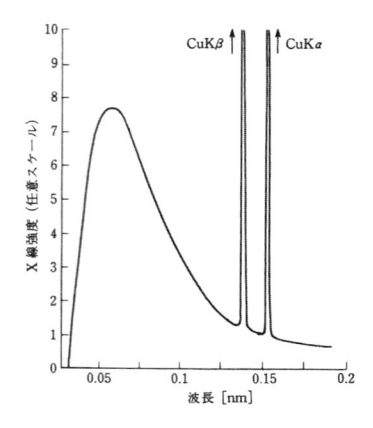

40　第 2 章　X 線とその光学的性質

図 2.2　Cu ターゲットから放射される X 線スペクトル（加速電圧 40 kV）

のエネルギーをもち，進行方向に

$$p = \hbar k = \frac{h\nu}{c} = \frac{\hbar\omega}{c} \tag{2.5}$$

の運動量をもつ光子の運動とも考えられる．h はプランク定数 (6.626×10^{-34} J·s) で，$\hbar = h/(2\pi)$ である．このように X 線は波動性とともに粒子性をもっている．光子としてふるまう X 線は，光電効果やコンプトン効果などの現象を生ずる．(2.4) から

$$\lambda\,[\text{nm}] = \frac{1.239842}{E\,[\text{keV}]} \tag{2.6}$$

であるから，エネルギーが $50\,\text{keV} \sim 3\,\text{keV}$ の X 線光子は，波長が $0.02\,\text{nm} \sim 0.4\,\text{nm}$ の X 線波に対応し，振動数は $1.5 \times 10^{19}\,\text{s}^{-1} \sim 7.5 \times 10^{17}\,\text{s}^{-1}$ である．

2.1.2　X 線スペクトル

　ふつう X 線は X 線管から得られる．$10 \sim 100\,\text{keV}$ に加速された電子がターゲット（陽極）の金属にあたって X 線が発生する．そのスペクトルは図 2.2 のように連続的な部分と線状の部分からなっている．前者を **連続 X 線** (continuous X-rays) あるいは **白色 X 線** (white X-rays)，後者を **特性 X**

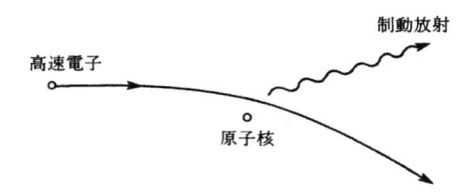

図 2.3 連続 X 線（制動放射）の発生

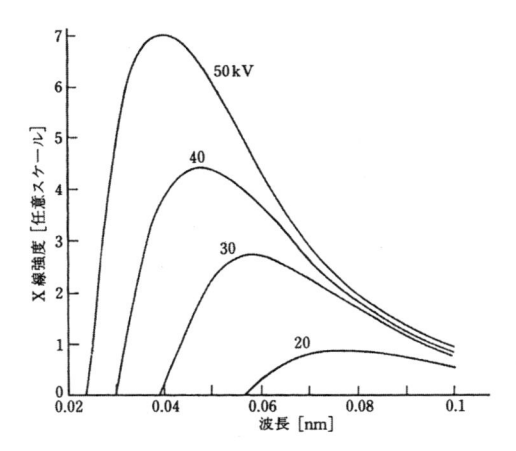

図 2.4 W ターゲットから放射される連続 X 線スペクトルの加速電圧による変化（特性 X 線は図の波長範囲にはない）

線 (characteristic X-rays) とよぶ．連続 X 線の強度は特性 X 線にくらべて 2 桁ぐらい弱い．

(1) 連続 X 線

電子がターゲット物質に衝突して，物質中の原子核の電場によってクーロン力を受け，電子の進路が曲げられる．その減速過程で放射される**制動輻射**（制動放射，Bremsstrahlung）が連続 X 線である（図 2.3）．電子の衝突の仕方は同じではないので，電子が 1 回の衝突で失うエネルギーはいろいろである．このような衝突を何回もくり返して，電子はエネルギーを失っていくので，放射される X 線のスペクトルは連続である．図 2.4 にみられるスペクトルの最短波長は，電子が 1 回の衝突で全エネルギーを失うのに対応して

いる．電子の加速電圧を V とすれば，(2.4) から，$h\nu = eV$ であるから，最短波長 λ_m は

$$\lambda_m = \frac{hc}{eV} = \frac{1.2398}{V\,[\mathrm{kV}]}\,[\mathrm{nm}] \tag{2.7}$$

となる（12.4 kV のとき 0.1 nm ≡ 1 Å）．

連続 X 線の全強度 I は，X 線管の管電圧を V, 管電流を i, ターゲット物質の原子番号を Z とすると，

$$I \propto iV^m Z \tag{2.8}$$

のような関係があり，m は約 2 である．したがって，連続 X 線はタングステンのような重金属のターゲットで効率よく得られる（図 2.4）．強度が最大になるのは，最短波長 λ_m から約 $1.5\lambda_m$ のところにあり，電圧を上げるとともに短波長側へずれる．

(2) 特性 X 線

原子中の電子の状態は量子数によって規定される．主量子数 n は殻 (shell) を規定し，そのエネルギー準位が決まる．$n = 1, 2, 3, \cdots$ に対応して K 殻, L 殻, M 殻, $\cdots$ の電子集団が原子核をとりまく．方位量子数 l は軌道角運動量を規定し，軌道の形状に関わる．主量子数 n に対して $l = 1, 2, 3, \cdots, n-1$ の方位量子数が存在し，$l = 0, 1, 2, 3, \cdots$ は $s, p, d, f, \cdots$ と表記される．方位量子数とともに，軌道角運動量にスピン角運動量を含めた全角運動量量子数 $j = l \pm 1/2$ は副殻 (subshell) をつくる．

特性 X 線はつぎのような機構によって生ずる．高速の電子が物質内の原子に衝突すると，核に近い内殻の電子がたたき出されて空孔を生ずる．その空孔に外側の殻の電子が遷移して空孔を埋めることにより特性 X 線が放射される．図 2.5 に示すように，K, L, M 殻などのエネルギー準位に遷移するときに放射される X 線をそれぞれ K, L, M 系列などの X 線とよび，波長はこの順に長くなる．K 系列が強く，L 系列はかなり弱く，M 系列以上になるときわめて弱くなる．L 殻, M 殻から K 殻のエネルギー準位へ遷移するときはそれぞれ $K\alpha$ 線, $K\beta$ 線という．さらに方位量子数 l, 全角運動量量子数 j の違いにより L, M 殻などのエネルギー準位は微細構造をもつの

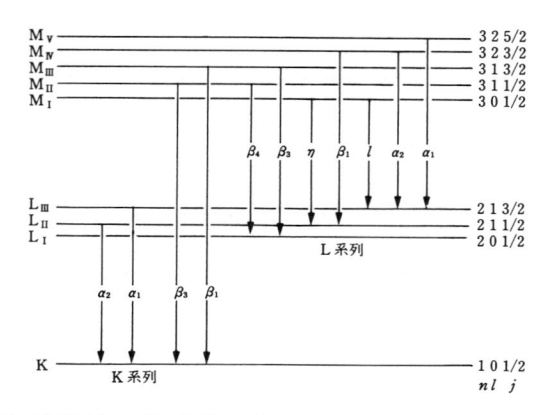

図 2.5 エネルギー準位図とX線の放射・吸収　K, L系列の特性X線とK, L, M吸収端が示されている.

で，スペクトルは近接した線に分かれる．L殻電子には3つのエネルギー準位がある．L_{III}殻 → K殻が$K\alpha_1$線，L_{II}殻 → K殻が$K\alpha_2$線で，これらの遷移の確率は約2:1，つまり強度比は約2:1である．

遷移は異なる殻の間で双極子選択則に従って起こる．遷移前後の量子数の差をΔnのように表わせば，いまの場合$\Delta n \neq 0$のもとで$\Delta l = \pm 1$および$\Delta j = 0, \pm 1$を満たす遷移だけが許される．したがってL_I殻 →K殻の遷移は禁止される．

特性X線の振動数νは，その放射にかかわる準位間のエネルギー差ΔEと$h\nu = \Delta E$の関係がある．したがって，例えば，$K\alpha$線の波長$\lambda_{K\alpha}$は，K, L殻の電子の**結合エネルギー** (binding energy) をE_K, E_Lとすると，

$$\frac{hc}{\lambda_{K\alpha}} = E_K - E_L \tag{2.9}$$

から求まる．また，K系列のスペクトルが放射されるためにはK殻の電子がたたき出されること，つまりK殻が電離されることが必要で，それに要する最低の加速電圧V_KをK線の励起電圧といい，

$$eV_K = E_K \tag{2.10}$$

によって与えられる．表2.1にX線の回折，散乱でよく使われるX線管の陽極金属の特性X線とその励起電圧を示す．特性X線の強度Iは管電圧を

表 2.1 特性 X 線の波長とエネルギー

陽極金属	K線の励起電圧V_k(kV)	波　長 (nm)				エネルギー(keV)		
		$K\alpha_1$	$K\alpha_2$	$K\alpha$(平均)	$K\beta_1$	$K\alpha_1$	$K\alpha_2$	$K\beta_1$
Cr	6.0	0.22897	0.22936	0.22910	0.20849	5.4147	5.4055	5.9467
Fe	7.1	0.19360	0.19400	0.19374	0.17566	6.4038	6.3908	7.0580
Co	7.7	0.17890	0.17929	0.17903	0.16208	6.9303	6.9153	7.6494
Cu	9.0	0.15406	0.15444	0.15418	0.13922	8.0478	8.0278	8.9053
Mo	20.0	0.07093	0.07136	0.07107	0.06323	17.479	17.374	19.608
Ag	25.5	0.05594	0.05638	0.05609	0.04971	22.162	21.990	24.942
W	69.5	0.02090	0.02138	0.02106	0.01844	59.318	57.981	67.244

V, 管電流を i とすると

$$I \propto i(V - V_\mathrm{K})^n \tag{2.11}$$

で表わされる. V が $4V_\mathrm{K}$ ぐらいまでの範囲で $n = 1.5 \sim 2$ であるが, それよりも高いところでは $n = 1$ に近くなる. 光源からの X 線を分光せずに特性 X 線を利用するときは, バックグラウンドとなる連続 X 線との相対強度を考え, V を V_K の $3 \sim 4$ 倍に選ぶのが適当である.

$K\alpha$ 線から波長が少し短いところに $K\beta$ 線があり, $K\alpha_1$, $K\alpha_2$ と $K\beta_1$ の強度比は, どの元素でもほぼ $100 : 50 : 20 \sim 30$ である. ふつう, $K\beta$ 線はフィルターを用いて, 容易に除くことができる. しかし, $K\alpha_1$ 線と $K\alpha_2$ 線は高分解能の結晶分光器によらなければ, 分離することができない. そのために実用上, 一緒に用いることが多く, この場合, $K\alpha$ 線の波長としては, 加重平均

$$\lambda_{\mathrm{K}\alpha} = \frac{1}{3}(2\lambda_{\mathrm{K}\alpha_1} + \lambda_{\mathrm{K}\alpha_2}) \tag{2.12}$$

を用いる (表 2.1).

この $K\beta$ フィルターは吸収端における吸収の大きさの急激な変化を利用している. 原子番号が着目する元素より $1 \sim 2$ だけ小さい元素は, その吸収端の波長が着目する元素の $K\alpha$ 線と $K\beta$ 線の波長の間にあるので, $K\beta$ 線を強く吸収するが $K\alpha$ 線は吸収しない. そのためその物質からなる箔は, $K\beta$ 線などを除去するフィルターの役目をする. よく用いられる $K\beta$ フィルターの種類と厚さを表 2.2 に示す.

特性 X 線は厳密には単色でなく, 自然放射の減衰のためにスペクトル幅 (自然幅) $\Delta\nu$ あるいは $\Delta E(= h\Delta\nu)$ をもつ. これらは波長幅 $\Delta\lambda$ と

表 2.2 Kβ 線除去フィルター

X線管			フィルター			
陽極材料	$K\alpha_1$(nm)	$K\beta_1$(nm)	材質	K吸収端(nm)	厚さ*(mm)	$K\alpha_1$線透過率
Cr	0.22896	0.20848	V	0.2269	0.011	63
Fe	0.19360	0.17565	Mn	0.1896	0.011	62
Co	0.17889	0.16208	Fe	0.1743	0.012	61
Cu	0.15405	0.13922	Ni	0.1488	0.015	55
Mo	0.07093	0.06323	Zr	0.0689	0.081	43
Ag	0.05594	0.04970	Rh	0.0534	0.062	41

*$K\beta_1$線の強度を$K\alpha_1$線の1/100にするための厚さ

$\Delta\nu = \Delta E/h = c\Delta\lambda/\lambda^2$ の関係がある．例えば CuKα 線の場合，$\Delta\lambda_{K\alpha_1} = 2.7\,\text{eV}$, $\Delta E_{K\alpha_2} = 3.8\,\text{eV}$ から

$$\Delta\lambda_{K\alpha_1} = 5.1 \times 10^{-5}\,\text{nm} = 3.3 \times 10^{-4}\,\lambda_{K\alpha}$$
$$\Delta\lambda_{K\alpha_2} = 7.2 \times 10^{-5}\,\text{nm} = 4.7 \times 10^{-4}\,\lambda_{K\alpha}$$

であり，$K\alpha_1$ 線と $K\alpha_2$ 線の波長差 $3.8 \times 10^{-4}\,\text{nm} = 2.5 \times 10^{-3}\,\lambda_{K\alpha}$ より約 1 桁小さい．これらの比 $\Delta\lambda/\lambda(=\Delta\nu/\nu = \Delta E/E)$ は他の元素でもほぼ同じである．なお，不確定性関係 $\Delta t \cdot \Delta E \geq \hbar/2$ から $\text{CuK}\alpha_1$ 線の寿命は $\Delta t \approx 1.2 \times 10^{-16}\,\text{sec}$ である．

(モーズリーの法則)

特性 X 線の発生は内殻電子の遷移に基づくものであるので，各系列の X 線には $1/\sqrt{\lambda}$ と原子番号 Z との間につぎのような規則正しい関係があり，**モーズリー (Moseley) の法則**とよばれる．

$$\frac{1}{\sqrt{\lambda}} = AZ - B \tag{2.13}$$

ここで A, B は各系列に特有な定数である．図 2.6 はこれらの関係を表わしたものである．重元素ほど特性 X 線の波長は短い．最も短い波長は UKα 線の 0.0126 nm (98.4 keV) である．このように特性 X 線は元素に固有な波長をもち，化合物でもスペクトルの微小なシフトに注目しなければ，結合状態にほとんどよらないといえるので，物質の元素分析に利用され，元素の同定や定量分析が行なわれる．その際，原子の励起には X 線とともに電子やイオンも用いられる．

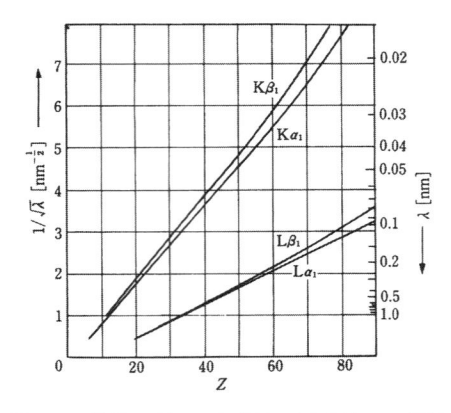

図 2.6 特性 X 線の $1/\sqrt{\lambda}$ と原子番号 Z の関係

蛍光 X 線分析法 (X-ray fluorescence analysis, XRF) では X 線で試料を照射したときに発生する特性 X 線（蛍光 X 線）の波長から試料中の元素分析が行なわれる．ふつう数十 μm の厚さの表面層からの情報が得られる．X 線を全反射条件で入射すればサブミクロンの厚さに限定することができる．

2.2 光学的性質

2.2.1 マクスウェル方程式

媒質中の電磁場を記述する基礎方程式である**マクスウェル** (Maxwell) 方程式は一般につぎのように与えられる．

$$\mathrm{rot}\boldsymbol{B} = \mu_0(\boldsymbol{j} + \boldsymbol{j}_p + \boldsymbol{j}_m) + \varepsilon_0\mu_0 \frac{\partial \boldsymbol{E}}{\partial t}, \tag{2.14}$$

$$\mathrm{rot}\boldsymbol{E} = -\frac{\partial \boldsymbol{B}}{\partial t}, \tag{2.15}$$

$$\mathrm{div}\boldsymbol{E} = \frac{1}{\varepsilon_0}(\rho + \rho_p), \tag{2.16}$$

$$\mathrm{div}\boldsymbol{B} = 0 \tag{2.17}$$

ここで $\boldsymbol{E}$ は電場，$\boldsymbol{B}$ は磁束密度である．ε_0 と μ_0 はそれぞれ真空の誘電率と透磁率であって，

$$\varepsilon_0 \mu_0 = 1/c^2 \tag{2.18}$$

である. j は実電流, j_p は分極電流, j_m は磁化電流である. また ρ は実電荷密度, ρ_p は分極電荷密度である. いま周期的に変動する電磁場に注目しているので, 実電流 j と実電荷密度 ρ による電磁場は除外する.

分極電流 j_p は**電気分極** (electric polarization) P の時間的変化による電流であり, 分極電荷密度 ρ_p は電気分極 P によって生ずる電荷密度であって, それぞれつぎのように与えられる.

$$j_p = \frac{\partial P}{\partial t}, \tag{2.19}$$
$$\rho_p = -\mathrm{div} P \tag{2.20}$$

電束密度 D は電場 E とつぎの関係がある.

$$D = \varepsilon_0 E + P \tag{2.21}$$

E はさらに

$$D = \varepsilon E \tag{2.22}$$

のように表わされる. ここで ε は物質の**誘電率** (dielectric constant) である. 電気分極 P は

$$P = \varepsilon_0 \chi E \tag{2.23}$$

のように表わされる. χ は電気感受率 (electric susceptibility) であって, (2.21), (2.22) と (2.23) から ε は

$$\varepsilon = \varepsilon_0 (1 + \chi) \tag{2.24}$$

と書かれる.

一方, 磁場 H は磁束密度 B とつぎの関係がある.

$$B = \mu H \tag{2.25}$$

ここで μ は物質の**透磁率** (magnetic permeability) である. X線に対してはごく弱い磁気的相互作用を無視すれば, 物質は磁気的には真空と同じとみ

なすことができ，(2.14) の磁化電流は $\bm{j}_m = 0$ である．このとき $\mu = \mu_0$ であって

$$\boxed{\bm{B} = \mu_0 \bm{H}} \tag{2.26}$$

となる．

　以上の考察から媒質中の X 線に対するマクスウェル方程式はつぎのようになる．

$$\boxed{\begin{aligned}
\mathrm{rot}\bm{H} &= \frac{\partial \bm{D}}{\partial t}, & &(2.27)\\
\mathrm{rot}\bm{E} &= -\mu_0 \frac{\partial \bm{H}}{\partial t} \quad \text{あるいは} \quad \mathrm{rot}\bm{E} = -\frac{\partial \bm{B}}{\partial t}, & &(2.28)\\
\mathrm{div}\bm{D} &= 0, & &(2.29)\\
\mathrm{div}\bm{H} &= 0 \quad \text{あるいは} \quad \mathrm{div}\bm{B} = 0 & &(2.30)
\end{aligned}}$$

(2.27) と (2.28) で $\bm{D}$ と $\bm{H}$ の時間的振動部分は $\bm{E}$ のそれと同じであるから $\partial \bm{D}/\partial t = -i\omega \bm{D}$, $\partial \bm{H}/\partial t = -i\omega \bm{H}$ となる．(2.28) の両辺に rot をとり，rot$\bm{H}$ に (2.27) を代入し，(2.22) と (2.24) を用いれば，つぎのような形にまとめられる．

$$\boxed{\mathrm{rot}(\mathrm{rot}\bm{E}) = K^2 (1+\chi) \bm{E}} \tag{2.31}$$

ここで $K(=\omega/c = 2\pi/\lambda)$ は真空中の X 線の波数である．(2.31) の $\bm{E}$ に関する式はつぎのように $\bm{D}$ に関する式に書き換えることができる．その際，$\bm{E} = \varepsilon_0^{-1}(1+\chi)^{-1}\bm{D} \sim \varepsilon_0^{-1}(1-\chi)\bm{D}$ と近似し，$\mathrm{rot}(\mathrm{rot}) = \mathrm{grad}(\mathrm{div}) - \nabla^2$ の演算式を用いる．

$$\boxed{\nabla^2 \bm{D} + \mathrm{rot}\{\mathrm{rot}(\chi \bm{D})\} + K^2 \bm{D} = 0} \tag{2.32}$$

(2.31) あるいは (2.32) は X 線回折を記述するときの基礎的な方程式であって，これをもとに動力学的回折理論が展開される．なお，(2.32) はベクトル式で表わされているが，電子回折に関わるシュレディンガー方程式に対比されるものである．そこでは電気感受率 χ に代わって静電ポテンシャルが用いられる．

(等方性媒質中での電磁波)

等方性の媒質中では，(2.22) の ε は方向によらないスカラー量である．波動場としてつぎのような単色平面波を考える．

$$\boldsymbol{E}(\boldsymbol{r},t) = \boldsymbol{E}_0 \exp\{i(\boldsymbol{k}\cdot\boldsymbol{r} - \omega t + \delta)\}, \tag{2.33}$$

$$\boldsymbol{H}(\boldsymbol{r},t) = \boldsymbol{H}_0 \exp\{i(\boldsymbol{k}\cdot\boldsymbol{r} - \omega t + \delta)\} \tag{2.34}$$

(2.27)〜(2.30) と (2.22) を用い，

$$\mathrm{rot}\{\boldsymbol{E}_0 \exp(i\boldsymbol{k}\cdot\boldsymbol{r})\} = i\boldsymbol{k} \times \boldsymbol{E}_0 \exp(i\boldsymbol{k}\cdot\boldsymbol{r}), \tag{2.35}$$

$$\mathrm{div}\{\boldsymbol{E}_0 \exp(i\boldsymbol{k}\cdot\boldsymbol{r})\} = i\boldsymbol{k} \cdot \boldsymbol{E}_0 \exp(i\boldsymbol{k}\cdot\boldsymbol{r}) \tag{2.36}$$

などの演算式を用いると，

$$\boldsymbol{E}(\boldsymbol{r},t) = -\frac{1}{\varepsilon\omega}\boldsymbol{k} \times \boldsymbol{H}(\boldsymbol{r},t) = -\sqrt{\frac{\mu_0}{\varepsilon}}\hat{\boldsymbol{k}} \times \boldsymbol{H}(\boldsymbol{r},t), \tag{2.37}$$

$$\boldsymbol{H}(\boldsymbol{r},t) = \frac{1}{\mu_0\omega}\boldsymbol{k} \times \boldsymbol{E}(\boldsymbol{r},t) = \sqrt{\frac{\varepsilon}{\mu_0}}\hat{\boldsymbol{k}} \times \boldsymbol{E}(\boldsymbol{r},t), \tag{2.38}$$

$$\hat{\boldsymbol{k}} \cdot \boldsymbol{E}(\boldsymbol{r},t) = 0, \tag{2.39}$$

$$\hat{\boldsymbol{k}} \cdot \boldsymbol{H}(\boldsymbol{r},t) = 0. \tag{2.40}$$

ここで $\hat{\boldsymbol{k}}$ は $\boldsymbol{k}$ の単位ベクトルで，$\boldsymbol{k} = k\hat{\boldsymbol{k}}$ の関係がある．$\boldsymbol{E}(\boldsymbol{r},t)$，$\boldsymbol{H}(\boldsymbol{r},t)$ と $\hat{\boldsymbol{k}}$ は右手系のたがいに垂直な関係にあり，電磁波は横波であることを示している．

(ポインティング・ベクトル)

単位時間に単位面積を横切る電磁波のエネルギーの流れ，つまり単位面積あたりの放射のパワーはその方向を含めて**ポインティング・ベクトル** (Poynting vector) によってつぎのように与えられる．

$$\boldsymbol{S} = \boldsymbol{E}(\boldsymbol{r},t) \times \boldsymbol{H}(\boldsymbol{r},t) \tag{2.41}$$

実際の計算では，$\boldsymbol{S}$ は場の量 $\boldsymbol{E}$ と $\boldsymbol{H}$ から 2 次の形で表わされるので，1 次の場合と違って特別の演算が必要で，つぎのように，一方を共役複素数として計算し，最後に実数部をとる（Re で表わす）．電磁波の振動周期 $2\pi/\omega$ がごく短いので，一周期にわたっての時間平均（サイクル平均）がとられる．それによる $\langle\cos^2\rangle = 1/2$ の因子をつけて

$$\boxed{\begin{aligned}\langle \boldsymbol{S}\rangle &= \frac{1}{2}\mathrm{Re}(\boldsymbol{E}(\boldsymbol{r},t)\times \boldsymbol{H}^*(\boldsymbol{r},t))\\ &= \frac{1}{2}\sqrt{\frac{\varepsilon}{\mu_0}}E_0^2\hat{\boldsymbol{k}} = \frac{1}{2}\varepsilon E_0^2 v\hat{\boldsymbol{k}}\end{aligned}} \qquad (2.42)$$

が得られる．ここで E_0 は電場の振幅の大きさである．(2.42) の大きさが電磁波の強度を表わし，単位体積あたりの平均エネルギー $\varepsilon E_0^2/2$ と位相速度 v ($v = \omega/k = c/n$) の積である．

なお，真空の自由空間では，マクスウェル方程式は ε を ε_0 で置き換えたものになる．(2.37), (2.38) の $\boldsymbol{E}(\boldsymbol{r},t)$ と $\boldsymbol{H}(\boldsymbol{r},t)$ も同様である．(2.42) のポインティング・ベクトルは

$$\langle \boldsymbol{S}\rangle = \frac{1}{2}\varepsilon_0 c E_0^2 \hat{\boldsymbol{K}} \qquad (2.43)$$

のように単位体積あたりの平均エネルギー $\varepsilon_0 E_0^2/2$ と光の速さ c の積である（$\hat{\boldsymbol{K}}$ は真空中の単位波数ベクトル）．

（界面における X 線の境界条件）

界面における X 線波の境界条件は光学の場合と同じであって，界面で

(1) 電場 $\boldsymbol{E}(\boldsymbol{r},t)$ の平行成分
(2) 磁場 $\boldsymbol{H}(\boldsymbol{r},t)$ の平行成分
(3) 電束密度 $\boldsymbol{D}(\boldsymbol{r},t)$ の垂直成分
(4) 磁束密度 $\boldsymbol{B}(\boldsymbol{r},t)$ の垂直成分

が連続であることで，この 4 つのうちから 2 つを用いればよい．

2.2.2 屈折率

X 線が真空から物質中へ入射する場合，それぞれのところでの波数を K, k とすれば，X 線に対する物質の**屈折率** (refractive index) n は

$$n = k/K \qquad (2.44)$$

である．可視光領域では $n > 1$ であるのに対し，X 線領域では $n < 1$ である．これは X 線の場合，自由電子による散乱では散乱波の位相は入射波の

それと π 異なること ((3.17) 参照) が関係する．屈折率 n は，X 線のエネルギーが吸収端から十分離れているとき，

$$n = 1 - \delta, \quad \delta = \frac{r_e \lambda^2}{2\pi} N \tag{2.45}$$

のように 1 との差 δ は物質の単位体積中の電子数 N に比例する ((3.57) 参照)．この δ は $10^{-4} \sim 10^{-6}$ ぐらいの大きさにすぎず，光学の場合のようなレンズやプリズムをつくることは難しかった．しかし最近，微細加工された多数の素子からなる集光系が実用化している．

物質中で X 線は吸収を受けるので，それを考慮すると屈折率は複素数になり，**複素屈折率** (complex refractive index) $\tilde{n}$ が用いられ，

$$\tilde{n} = 1 - \delta + i\beta \tag{2.46}$$

の形の式で表わされる．$\tilde{n}$ は

$$\tilde{n} = n + i\beta \tag{2.47}$$

とも書かれる．本書と異なって，波を $\exp\{i(\omega t - \boldsymbol{k} \cdot \boldsymbol{r})\}$ の形で記述することも多い．この場合，吸収による波の減衰を正しく表示するために $\tilde{n} = 1 - \delta - i\beta$ と書かれる．なお，光学では (2.47) の式において β を κ で表わした式が用いられ，κ は消衰係数 (extinction coefficient) とよばれる．

物質中で電磁波の波数は

$$k = \tilde{n} K \tag{2.48}$$

となり，電磁波の電場成分は

$$\begin{aligned}
E &= E_0 \exp\{i(kx - \omega t)\} \\
&= E_0 \exp\{i(\tilde{n}Kx - \omega t)\} \\
&= E_0 \exp\{i(nKx - \omega t)\} \exp(-\beta Kx) \\
&= E_0 \exp\{i(Kx - \omega t)\} \exp(-i\delta Kx) \exp(-\beta Kx) .
\end{aligned} \tag{2.49}$$
$$\tag{2.50}$$

(2.49) から $n(= 1 - \delta)$ は波の位相速度を決め，β は振幅の大きさが伝播距離とともに減衰する程度を表わすことが分かる．(2.50) の指数関数の第 1,

第 2 と第 3 因子はそれぞれ真空中での伝播，物質中での位相シフトと振幅の減衰を表わす．強度で表わすと，

$$I(x) = I(0)\exp(-2\beta Kx). \tag{2.51}$$

これを

$$I(x) = I(0)\exp(-\mu x) \tag{2.52}$$

の形に書くと

$$\boxed{\beta = \frac{\mu}{2K} = \frac{\lambda}{4\pi}\mu} \tag{2.53}$$

の関係がある．μ は光電効果による吸収係数 (absorption coefficient) である．

物質と真空の誘電率 (dielectric constant) をそれぞれ ε, ε_0, 透磁率 (magnetic permeability) を μ, μ_0 とすると，屈折率は

$$\tilde{n} = \sqrt{\frac{\varepsilon\mu}{\varepsilon_0\mu_0}} \tag{2.54}$$

のようにも表わされる．物質は X 線に対して磁気的にはふつう真空と同じであるとみなされ，$\mu = \mu_0$ であるので

$$\boxed{\tilde{n} = \sqrt{\frac{\varepsilon}{\varepsilon_0}}} \tag{2.55}$$

となる．ε は物質の平均の電気感受率 (electric susceptibility) χ と

$$\varepsilon = \varepsilon_0(1 + \chi) \tag{2.56}$$

の関係がある．

2.2.3 反射と屈折

図 2.7 に示すように，屈折率 n の物質の表面に真空中から振幅 E_0，波数ベクトル $\boldsymbol{K_0}$ の単色平面波が視斜角 θ_0 で入射する（入射角と反射角はそれ

2.2 光学的性質 53

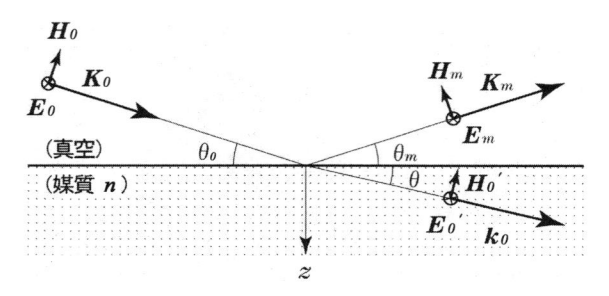

図 2.7 物質表面における波の反射と屈折 σ 偏光の場合(電場ベクトルは紙面に垂直にむこう側を向く)

ぞれ入射線と反射線が物質表面の法線となす角であるが,それらの余角を視斜角と出射角とよぶことにする).ここで吸収は無視する $(n = 1 - \delta)$.入射波は表面で振幅 E_m,波数ベクトル $\boldsymbol{K}_m$ の反射波と振幅 E_0',波数ベクトル $\boldsymbol{k}_0$ の屈折波に分かれる.なお,反射波は全反射が起きる小さな出射角の付近でだけ目立つ.それらの波はつぎのように表わされる.

入射波 $\quad E_0(\boldsymbol{r}, t) = E_0 \exp\{i(\boldsymbol{K}_0 \cdot \boldsymbol{r} - \omega t)\},$ (2.57)
反射波 $\quad E_m(\boldsymbol{r}, t) = E_m \exp\{i(\boldsymbol{K}_m \cdot \boldsymbol{r} - \omega t)\},$ (2.58)
屈折波 $\quad E_0'(\boldsymbol{r}, t) = E_0' \exp\{i(\boldsymbol{k}_0 \cdot \boldsymbol{r} - \omega t)\}$ (2.59)

各波数ベクトルの大きさは

$$K_0 = K_m = \omega/c, \tag{2.60}$$
$$k_0 = nK_0 = n\omega/c. \tag{2.61}$$

表面における境界条件として位置に依存する位相因子の部分については,表面内外の波の波数ベクトルは境界面上への平行成分が等しくなることが必要である.$\boldsymbol{K}_0$ と $\boldsymbol{k}_0$ の関係を図示すると図 2.8(a) のようになり,また波の等位相面で描くと図 2.8(b) のように波面の周期の表面に沿う長さが一致することを意味している.表面に平行な成分を添字 t で表わすと

$$K_{0t} = K_{mt} = k_{0t}. \tag{2.62}$$

入射波,反射波と屈折波の波数ベクトルが表面となす角をそれぞれ θ_0,θ_m と θ' として (2.62) を書き換えると,

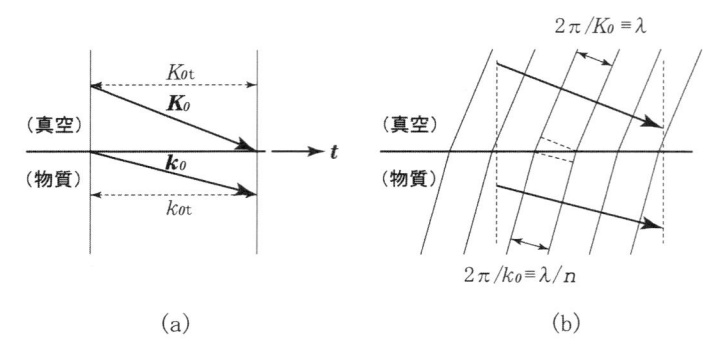

図 2.8 表面における入射波と屈折波の境界条件　(a) 波数ベクトルの表面に平行な成分の連続性　(b) 波面の周期長の表面に沿う長さの一致

$$K_0 \cos\theta_0 = K_m \cos\theta_m = k_0 \cos\theta'. \tag{2.63}$$

これから $\boldsymbol{K}_0$ と $\boldsymbol{K}_m$ に対しては

$$\theta_0 = \theta_m. \tag{2.64}$$

すなわち，鏡面反射になる．一方，$\boldsymbol{K}_0$ と $\boldsymbol{k}_0$ に対しては

$$\cos\theta_0 = n \cos\theta'. \tag{2.65}$$

これは光学のスネル (Snell) の法則

$$\sin\left(\frac{\pi}{2} - \theta_0\right) \Big/ \sin\left(\frac{\pi}{2} - \theta'\right) = n \tag{2.66}$$

と同じである．

2.2.4　全反射

(1) 臨界角

屈折率は 1 よりも小さいので，X 線が固体や液体の物質表面に臨界角 θ_c よりも小さな視斜角 (glancing angle) で入射するとき，図 2.9 のように反射率がほぼ 100% の**全反射** (total reflection) が起こる．これは可視光の場合に物質内で全反射されるのと対照的である．表面となす全反射の**臨界角** (critical angle) θ_c は，吸収を無視すると ($\beta = 0$)，スネルの法則によって

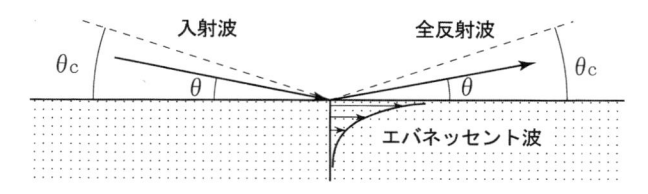

図 2.9 微小角入射によって生ずる全反射波とエバネッセント波

$$\sin\left(\frac{\pi}{2}-\theta_c\right)\Big/\sin\frac{\pi}{2}=n\equiv 1-\delta \tag{2.67}$$

から

$$\cos\theta_c=n\,, \tag{2.68}$$

$$\boxed{\theta_c=\sqrt{2\delta}} \tag{2.69}$$

である．具体的には

$$\theta_c\,[\mathrm{mrad}]\approx 2.99\times 10^{-14}\sqrt{N\,[\mathrm{m^{-3}}]}\,\lambda\,[\mathrm{nm}] \tag{2.70}$$

あるいは，特に軽元素に対しては $Z/M\approx 1/2$ であることから

$$\theta_c\,[\mathrm{mrad}]\approx 0.51\sqrt{\rho\,[\mathrm{kg/m^3}]}\,\lambda\,[\mathrm{nm}] \tag{2.71}$$

と書くことができる．θ_c は CuKαX 線に対して $3\sim 10\,\mathrm{mrad}$（$10\sim 30$ 分）ぐらいで，X 線の波長が長いほど大きい．

(2) X 線の侵入深さ

全反射条件下での X 線の浸入深さについてみてみる．(2.65) と (2.68) から

$$\theta'^2=\theta_0^2-\theta_c^2 \tag{2.72}$$

$\theta_0<\theta_c$ のとき θ' は虚数で $\theta'=i\sqrt{\theta_c^2-\theta_0^2}$ となる．したがって，波数ベクトル $\boldsymbol{k_0}$ の波の表面に垂直な z 成分 k_{0z} は

$$k_{0z}=nK_0\sin\theta'\approx iK_0\sqrt{\theta_c^2-\theta_0^2} \tag{2.73}$$

したがって，表面から垂直方向の深さでの X 線強度は

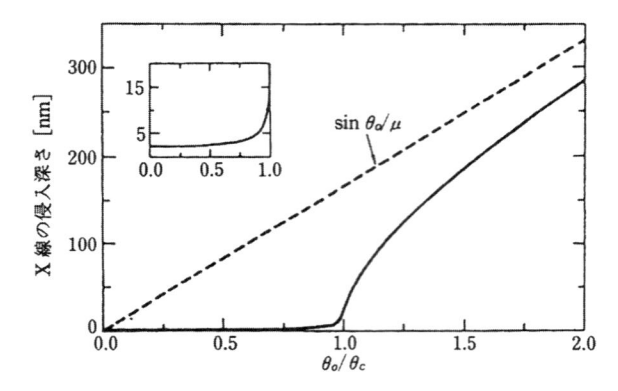

図 2.10 臨界角で規格化した視斜角 θ_0/θ_c に対する X 線の侵入深さ l_{tot} Ge 表面に $\lambda = 0.138$ nm の X 線が入射する場合で，吸収を考慮している（$\theta_c = 0.284°$）．点線は大きな視射角に対する X 線の侵入深さ l_{abs} を示す [42]．

$$|\exp(ik_{0z}z)|^2 = \exp\left(-2K_0 z\sqrt{\theta_c^2 - \theta_0^2}\right) \tag{2.74}$$

に比例し，指数関数的に減衰する．強度が $1/e$ になる深さは，全反射に基づく X 線の侵入深さ (penetration depth) とよばれ，

$$\boxed{l_{tot} = \frac{1}{2K_0\sqrt{\theta_c^2 - \theta_0^2}}} \tag{2.75}$$

となり，ふつう数 nm である．吸収を考慮すると l_{tot} はつぎのように与えられる．

$$l_{tot} = \frac{1}{\sqrt{2}K_0\left\{\sqrt{(\theta_c^2 - \theta_0^2)^2 + 4\beta^2} + \theta_c^2 - \theta_0^2\right\}^{\frac{1}{2}}} \tag{2.76}$$

図 2.10 はその計算例であって，全反射条件下では全反射波を生じ，X 線は表面から内部にごくわずかしか入り込まないことが分かる．深さ方向に強度が指数関数的に減衰し，表面にほぼ平行に伝搬するこの波は特にエバネッセント波 (evanescent wave) とよばれる（図 2.9）．

なお，$\theta_0 \gg \theta_c$ の大きい視斜角の場合は，ふつうの吸収を受けて X 線強度が減衰する．深さ t のところまでの X 線の光路長は $t/\sin\theta_0$ であって，深

さ t での X 線強度は $\exp(-\mu t/\sin\theta_0)$ に比例するから, X 線の吸収に基づく X 線の侵入深さ, すなわち**吸収深さ** (absorption depth) は

$$\boxed{l_{abs} = \frac{\sin\theta_0}{\mu}} \tag{2.77}$$

である.

(3) 反射率

入射波, 反射波と屈折波が表面で満たすべき境界条件は, 電場 $\boldsymbol{E}$ と磁場 $\boldsymbol{H}$ の表面に平行な成分がそれぞれ連続であることで, σ 偏光に対してつぎのようになる. なお偏光による違いは臨界角近傍の小さな視斜角に対してはごく小さい.

$$E_0 + E_m = E_0', \quad \sqrt{\varepsilon_0}(E_0 - E_m)\sin\theta_0 = \sqrt{\varepsilon}E_0'\sin\theta' \tag{2.78}$$

ここで 2 式目の $\boldsymbol{H}$ についての境界条件では (2.38) の関係を用いている. (2.78) から振幅反射率と振幅透過率がそれぞれ

$$\frac{E_m}{E_0} = \frac{\sin\theta_0 - \tilde{n}\sin\theta'}{\sin\theta_0 + \tilde{n}\sin\theta'}, \quad \frac{E_0'}{E_0} = \frac{2\sin\theta_0}{\sin\theta_0 + \tilde{n}\sin\theta'} \tag{2.79}$$

と得られる. ここで $\tilde{n} = \sqrt{\varepsilon/\varepsilon_0}$ である. したがって, 強度では反射率と透過率がそれぞれ

$$\boxed{\left|\frac{E_m}{E_0}\right|^2 = \left|\frac{\sin\theta_0 - \tilde{n}\sin\theta'}{\sin\theta_0 + \tilde{n}\sin\theta'}\right|^2,} \tag{2.80}$$

$$\boxed{\left|\frac{E_0'}{E_0}\right|^2 = \left|\frac{2\sin\theta_0}{\sin\theta_0 + \tilde{n}\sin\theta'}\right|^2} \tag{2.81}$$

となる. いま吸収を無視すると, $\theta_0 < \theta_c$ のとき θ' は純虚数であるから, 反射率は $|E_m/E_0|^2 = 1$, すなわち全反射になる. $\theta_0 = \theta_c$ のとき $\theta' = 0$ であるから, $E_m/E_0 = 1$, $E_0'/E_0 = 2$ になる. すなわち入射波と反射波は同位相で強め合い, エバネッセント波の振幅は入射波のそれの 2 倍に, 強度では 4 倍になる. なお $\theta_0 = 0$ のときは $E_m/E_0 = -1$, $E_0'/E_0 = 0$ であり, 入射波と反射波は逆位相で打ち消しあうので, エバネッセント波は消失する.

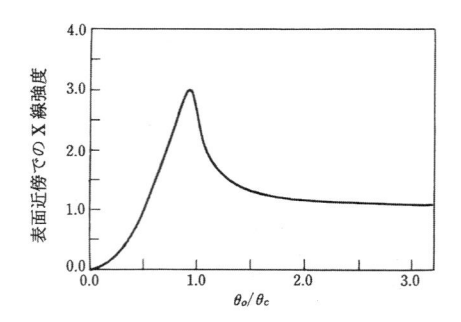

図 2.11 物質表面近傍での X 線強度 $|E/E_0|^2$ の視斜角 θ_0/θ_c による変化　X 線 ($\lambda = 0.012\,\mathrm{nm}$) が InSb 表面に入射 ($\theta_c = 0.25°$) する場合 [42].

図 2.11 は物質内での X 線の強度が視斜角によってどのように変化をするかを，(2.81) で吸収を考慮して計算した例である．図にみられるようにエバネッセント波は表面のごく浅い層にだけ局在するので，全反射条件は表面層の構造解析，蛍光分析などにきわめて有効である．

また，反射率の式 (2.80) をより具体的なものに書き換える．(2.80) に含まれる $\tilde{n}\sin\theta'$ を (2.46), (2.65) と (2.69) により変形し，$A+iB$ とおく．すなわち，

$$\tilde{n}\sin\theta' = (\tilde{n}^2 - \cos^2\theta_0)^{1/2} = (\theta_0^2 - \theta_c^2 + 2i\beta)^{1/2} = A + iB. \quad (2.82)$$

演算式

$$\begin{aligned}\sqrt{a+ib} &= \sqrt{\frac{(a^2+b^2)^{1/2}+a}{2}} + i\sqrt{\frac{(a^2+b^2)^{1/2}-a}{2}} \\ &= A + iB.\end{aligned} \quad (2.83)$$

を用いると，反射率は視斜角 θ_0 を臨界角 θ_c で規格化した θ_0/θ_c の関数としてつぎのように得られる．

$$\left|\frac{E_m}{E_0}\right|^2 = \frac{(\theta_0 - A)^2 + B^2}{(\theta_0 + A)^2 + B^2} = \frac{h - (\theta_0/\theta_c)\sqrt{2(h-1)}}{h + (\theta_0/\theta_c)\sqrt{2(h-1)}} \quad (2.84)$$

ここで

$$h = (\theta_0/\theta_c)^2 + \left[\left\{(\theta_0/\theta_c)^2 - 1\right\}^2 + (\beta/\delta)^2\right]^{1/2} \quad (2.85)$$

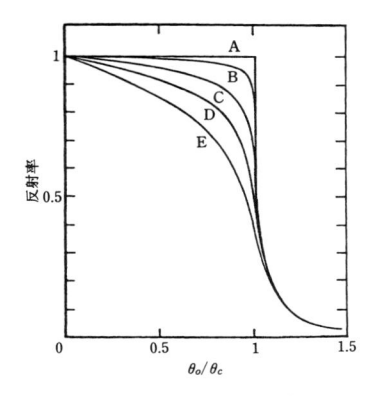

図 2.12 物質表面における X 線の反射率 $|E_m/E_0|^2$ の視斜角 θ_0/θ_c に対する変化 (A) $\beta/\delta=0$, (B) 0.01, (C) 0.04, (D) 0.08, (E) 0.14 [43].

図 2.12 に示すように，反射率は，吸収のないときは視斜角が臨界角内では 1 になり，臨界角を越えると急激に小さくなる．吸収が大きくなる（β/δ が大になる）とともに反射率は低下する．この全反射を利用した鏡が X 線スペクトルの短波長側をカットするローパス・フィルターとして用いられ，また湾曲面状の鏡が X 線の収束のために用いられる．

全反射は各種の解析法に効果的に利用される．例えば，微小角入射 X 線回折，インプレーン回折，微小角入射 X 線小角散乱，微小角入射 X 線散漫散乱，全反射 XAFS，全反射蛍光 X 線分析などである．

2.2.5 波束と群速度

これまで単色な波を扱ってきたが，実際に実現できるのは単色に近い波である．それは波数 k が平均値 $\bar{k}$ を中心に狭い幅 Δk にある波の重ね合わせで，時刻を固定してみると空間の一部に限られて存在する．このような波は**波束** (wave packet) とよばれる．k の値は密に分布しているので，波束はつぎのように積分で表わされる．

$$E(x,t) = \int a(k) \exp\{i(kx - \omega t)\} dk \tag{2.86}$$

ここで振幅 $a(k)$ は k の限られた範囲でだけ値をもつ．

いま分散性の媒質を考え，それが分散関係 $\omega = \omega(k)$ をもつとして

$$\omega(k) = \omega(\bar{k}) + \left(\frac{d\omega}{dk}\right)_k (k - \bar{k}) + \cdots \tag{2.87}$$

のように展開し，高次の項は無視できるとする．(2.87) を (2.86) に代入して

$$E(x,t) = \left[\int a(k) \exp\left\{i(k - \bar{k})\left(x - \left(\frac{d\omega}{dk}\right)_{\bar{k}} t\right)\right\} dk\right] \\ \times \exp\{i\left(\bar{k}x - \omega(\bar{k})\right)t\} \tag{2.88}$$

となる．この波束は $\bar{k}$, $\omega(\bar{k})$ をもつ平面波であって，その振幅は $x - (d\omega/dk)_{\bar{k}}t = $ 一定のところで同じ値をもつ．そのようなところは速度

$$\boxed{v_g = \left(\frac{d\omega}{dk}\right)_{\bar{k}}} \tag{2.89}$$

で進行する．すなわち波束は形を変えずに v_g の速度で進み，振幅が最大のところも v_g で進む．その速度は**群速度** (group velocity) とよばれる．これはエネルギーの流れを表わしている．3次元空間を伝わる波の場合には

$$v_g = \mathrm{grad}_{\bar{k}}\omega(\boldsymbol{k}) \tag{2.90}$$

のように表わされる．

分散性媒質中で位相速度は

$$\boxed{v_p = \frac{\omega}{k} = \frac{c}{n}} \tag{2.91}$$

である（(2.3) 参照）．可視光では $n > 1$ であるので，$v_p < c$ である．それに対してX線では $n < 1$ であるので，$v_p > c$ すなわち媒質中でのX線の位相速度は真空中での光速度よりも大きい．相対論での光速度は群速度をさしており，実際の媒質中でのX線の群速度は $d\omega/dk$ から得られ，c よりも小さい．

2.2.6　偏光 [44)]

X線はまた光と同じように横波である．X線の電場ベクトルをX線の進行方向に垂直な面内に投影したとき，電場ベクトルの先端の軌跡が直線の場

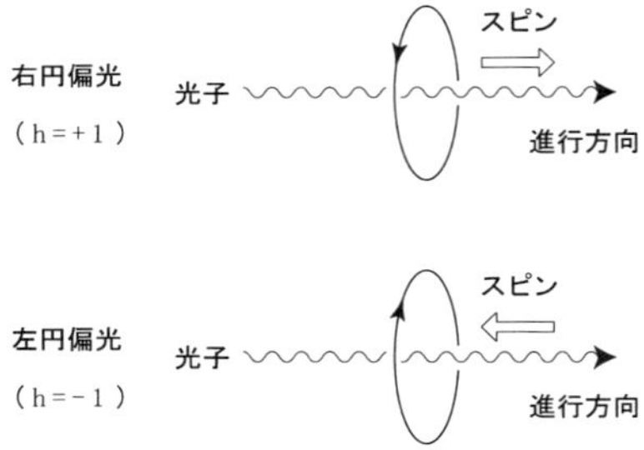

図 2.13 ヘリシティ

合，**直線偏光** (linearly polarized light) という．電場ベクトルの先端が楕円や円の軌跡を描くときは，それぞれ**楕円偏光** (elliptically polarized light)，**円偏光** (circularly polarized light) という．X 線の進行方向に正対して見る（z 軸の正方向に伝播する X 線を z 軸の負方向を向いて見る）とき，電場ベクトルの先端が時間とともに時計まわりに回転する場合，右まわり楕円（円）偏光，あるいは簡単に右楕円（円）偏光とよび，反時計まわりの場合，左まわり楕円（円）偏光，あるいは簡単に左楕円（円）偏光とよぶ．これは，図 2.13 のように**ヘリシティ** (helicity) h を用いて，言い表わすこともできる．右円偏光は光子のスピンの向きがその進行方向と一致しており，$h = +1$ である．左円偏光は光子のスピンの向きがその進行方向と逆で，$h = -1$ である．また，電場ベクトルが刻々に不規則な変化を示すが時間的に平均するとあらゆる方向を均等に向いている場合，X 線は偏ってなく，**非偏光**（自然光）という．偏光成分だけの場合は完全偏光，偏光成分と非偏光成分が混じった場合は**部分偏光** (partially polarized light) とよばれる．X 線管からの X 線は，その発生機構からみて，特性 X 線は偏っていないが，連続 X 線では若干偏っている．特にターゲットが薄膜であれば目立つ．

可視光領域では左右の円偏光に対して物質の屈折率と吸収係数が異なる**光学活性** (optical activity) の現象がよく観測される．前者は**旋光性** (opical rotary power) とよばれ，直線偏光の入射に対して偏光面が回転する．後者は**円偏光二色性** (circular dichroism) とよばれる．X 線領域では物質の誘電率はふつうスカラー量として扱われ，したがって屈折率なども同様である．

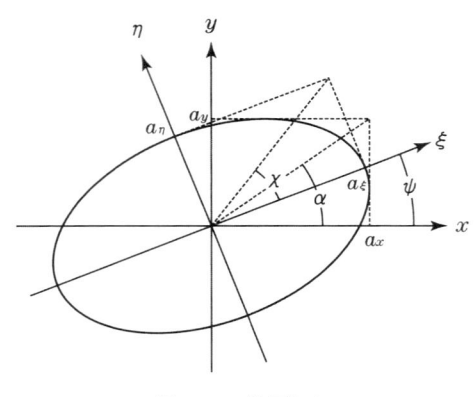

62　第 2 章　X 線とその光学的性質

図 2.14　楕円偏光

しかし誘電率にはテンソル成分がごくわずかに含まれる場合がある．特に吸収端の近傍に X 線のエネルギーを選んで共鳴効果を利用したり，磁性体で電子スピンが関わるような場合には光学活性が微小ではあるが観測されることがある．

(1) 偏光の定義

z 方向に進む光の電場ベクトルを直交する x, y 成分に分けて書くと，

$$E_x = \mathrm{Re}\left[a_x \exp\{i(kz - \omega t + \delta_x)\}\right] = a_x \cos(kz - \omega t + \delta_x), \\ E_y = \mathrm{Re}\left[a_y \exp\{i(kz - \omega t + \delta_y)\}\right] = a_y \cos(kz - \omega t + \delta_y). \tag{2.92}$$

ここで a_x と a_y はそれぞれ x, y 成分の振幅，δ_x と δ_y は初期位相である．

(楕円偏光)

(2.92) から空間と時間に依存する項を消去すれば，

$$\left(\frac{E_x}{a_x}\right)^2 + \left(\frac{E_y}{a_y}\right)^2 - 2\frac{E_x E_y}{a_x a_y}\cos\delta = \sin^2\delta. \tag{2.93}$$

ここで

$$\delta = \delta_y - \delta_x. \tag{2.94}$$

電場ベクトルの先端の軌跡は，図 2.14 に示すように xy 面内で楕円状になり，楕円偏光である．楕円の主軸の方向に ξ 軸，η 軸をとり，主軸の半分の

長さを a_ξ, a_η とし，ξ 軸の x 軸からの傾き角を ψ とする．また

$$\frac{a_y}{a_x} = \tan\alpha \ \left(0 \leq \alpha \leq \frac{\pi}{2}\right), \quad \pm\frac{a_\eta}{a_\xi} = \tan\chi \ \left(-\frac{\pi}{4} \leq \chi \leq \frac{\pi}{4}\right) \quad (2.95)$$

とおく．このとき

$$a_\xi^2 + a_\eta^2 = a_x^2 + a_y^2,$$
$$\tan 2\psi = \tan 2\alpha \cdot \cos\delta, \quad \sin 2\chi = \sin 2\alpha \cdot \sin\delta \quad (2.96)$$

の関係が得られる．

(直線偏光/円偏光)

(2.94) の δ が特別の値をもつ場合，直線偏光と円偏光になる．
直線偏光：$\delta = m\pi \ (m = 0, \pm 1, \pm 2, \cdots)$ のとき

$$\frac{E_y}{E_x} = (-1)^m \frac{a_y}{a_x} \quad (2.97)$$

円偏光：$\delta = m\pi/2 \ (m = \pm 1, \pm 3, \pm 5, \cdots)$，$a_x = a_y = a$ のとき

$$E_x^2 + E_y^2 = a^2 \quad (2.98)$$

ここで，$\delta = \pi/2 + 2m\pi \ (m = 0, \pm 1, \pm 2, \cdots)$ では右円偏光，$\delta = -\pi/2 + 2m\pi \ (m = 0, \pm 1, \pm 2, \cdots)$ では左円偏光である．

一方，(2.92) で実数をとらずに複素数表示を用いると，つぎのようになる．

$$\frac{E_y}{E_x} = \frac{a_y}{a_x} e^{i(\delta_y - \delta_x)} = \frac{a_y}{a_x} e^{i\delta} \quad (2.99)$$

直線偏光：$E_y/E_x = (-1)^m a_y/a_x$，右円偏光：$E_y/E_x = e^{i\frac{\pi}{2}} = i$，左円偏光：$E_y/E_x = e^{-i\frac{\pi}{2}} = -i$．

(2) 偏光状態の表示

(ジョーンズ・ベクトル)

偏光状態はジョーンズ・ベクトルによって表わすことができ，ふつう完全偏光に対して用いられる．z 方向に進む光の電場ベクトル（複素数表示）を x, y 成分に分け，列ベクトルで表わすと，

直線偏光

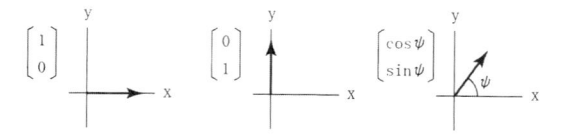

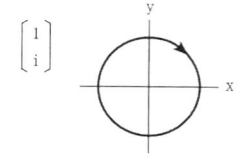

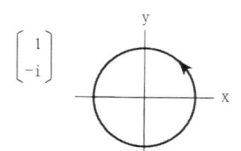

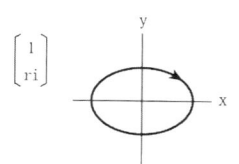

$\begin{bmatrix} 1 \\ 0 \end{bmatrix}$ $\begin{bmatrix} 0 \\ 1 \end{bmatrix}$ $\begin{bmatrix} \cos\psi \\ \sin\psi \end{bmatrix}$

右円偏光　**左円偏光**

$\begin{bmatrix} 1 \\ i \end{bmatrix}$ $\begin{bmatrix} 1 \\ -i \end{bmatrix}$

右楕円偏光　**左楕円偏光**

$\begin{bmatrix} 1 \\ ri \end{bmatrix}$ $\begin{bmatrix} 1/r \\ -i \end{bmatrix}$

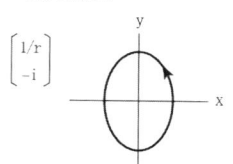

図 **2.15** 偏光状態のジョーンズ・ベクトルによる表示

$$\begin{bmatrix} E_x \\ E_y \end{bmatrix} = \begin{bmatrix} a_x \exp\{i(kz - \omega t + \delta_x)\} \\ a_y \exp\{i(kz - \omega t + \delta_y)\} \end{bmatrix} = \exp\{i(kz - \omega t + i\delta_x)\} \begin{bmatrix} a_x \\ a_y e^{i\delta} \end{bmatrix} \tag{2.100}$$

偏光状態を表わす単位強度のベクトル，すなわち

$$\frac{1}{\sqrt{a_x^2 + a_y^2}} \begin{bmatrix} a_x \\ a_y e^{i\delta} \end{bmatrix}$$

がジョーンズ・ベクトル (Jones vector) とよばれる．なお，両成分の共通因子を省くこともある．直線偏光，円偏光と楕円偏光のジョーンズ・ベクトルを図 2.15 に示す．図の楕円偏光では，$a_y/a_x = r$ としている．

(ストークス・パラメーター)

偏光状態は**ストークス** (Stokes)・**パラメーター**によっても表わされる．これは水平方向の直線偏光度 P_L，斜め $45°$ 直線偏光度 P_{45} と円偏光度 P_C と

の3つのパラメーターからなる．(2.100) の表式の E_x, E_y, a_x, a_y, δ とつぎのような関係がある．

$$P_L = \frac{|E_x|^2 - |E_y|^2}{|E_x|^2 + |E_y|^2} = \frac{a_x^2 - a_y^2}{a_x^2 + a_y^2}$$

$$P_{45} = \frac{2\mathrm{Re}(E_x E_y^*)}{|E_x|^2 + |E_y|^2} = \frac{2a_x a_y \cos\delta}{a_x^2 + a_y^2}$$

$$P_C = \frac{2\mathrm{Im}(E_x E_y^*)}{|E_x|^2 + |E_y|^2} = \frac{2a_x a_y \sin\delta}{a_x^2 + a_y^2} \qquad (2.101)$$

P_L は $-1 \le P_L \le 1$ の範囲にあって，$P_L = 1$ は x 方向（水平方向）に偏った直線偏光，$P_L = -1$ は y 方向（垂直方向）に偏った直線偏光である．P_{45} は $-1 \le P_{45} \le 1$ の範囲にあって，$P_{45} = 1$ は斜め $45°$ の直線偏光，$P_{45} = -1$ は斜め $-45°$ の直線偏光である．P_C は $-1 \le P_C \le 1$ の範囲にあって，$P_C = 1$ は右まわり円偏光，$P_C = -1$ は左まわり円偏光である．P_L, P_{45} と P_C の間には $P_L^2 + P_{45}^2 + P_C^2 \le 1$ の関係がある．この式で等号は完全偏光を表わす．不等号は部分偏光を表わし，$P = (P_L^2 + P_{45}^2 + P_C^2)^{\frac{1}{2}}$ を偏光度（偏光の純度）という．

2.2.7　コヒーレンス [45, 46]

X線源の個々の発光点から相ついで放射されるX線は，継続時間のごく短い**波連** (wave train) である．波連はある位相関係をもつ波のつらなりであるが，波連間の位相関係は全くランダムである．このようなX線で干渉実験を行ない，干渉効果を観測するには，X線の波動場にある程度の秩序性をもたせる必要がある．この秩序性は**コヒーレンス** (coherence) とよばれ，時間的，空間的な相関によって表わされる．つまり干渉現象はコヒーレンスの概念と結びつけて議論される．

(1) ヤングの干渉実験と複素コヒーレンス度

点光源からの単色のX線を用いれば，完全にコヒーレントな干渉実験ができる．しかし実際には光源に大きさがあり，またX線の波長に幅があるので，部分的にコヒーレントになる．ここでヤング (Young) の2つのスリット

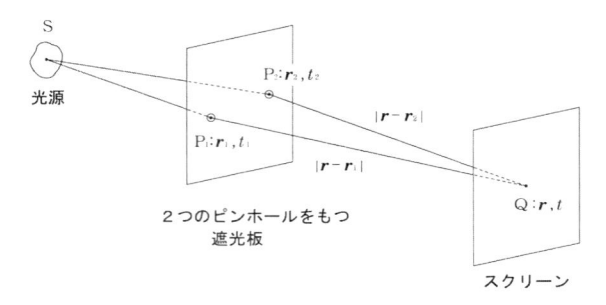

図 2.16 ヤングの実験

による干渉実験を考える．図 2.16 の実験配置において有限の大きさをもつ準単色 ($\Delta\nu/\nu \ll 1$) の光源 S から放射された X 線波が，1 枚目のスクリーン（不透明板）上の 2 つのピンホール P_1, P_2 を通り，2 枚目のスクリーン上の点 Q に達して干渉するとする．位置 $\boldsymbol{r}$ にある点 Q における時刻 t での X 線の強度は，位置 $\boldsymbol{r}_j (j=1,2)$ にある点 P_j における時刻 $t_j = t - |\boldsymbol{r} - \boldsymbol{r}_j|/c$ での X 線の電場 $E(\boldsymbol{r}_j, t_j)$（偏光を無視してスカラーとする）が伝播して，つぎのように与えられる．

$$I(\boldsymbol{r}, t) = |E(\boldsymbol{r}_1, t_1) + E(\boldsymbol{r}_2, t_2)|^2 \tag{2.102}$$

ここで伝播にかかわる幾何学的な因子などは省略している．熱的光源のようなカオス（確率論的な取り扱いができる無秩序な系）の光源からの光では振幅，位相がランダムに変わるので，実際に観測できるのはつぎのように時間平均（$\langle \cdots \rangle$ によって表わす）になる．

$$\begin{aligned} I(\boldsymbol{r}) &= \langle |E(\boldsymbol{r}_1, t_1)|^2 \rangle + \langle |E(\boldsymbol{r}_2, t_2)|^2 \rangle \\ &\quad + 2\mathrm{Re}\langle E^*(\boldsymbol{r}_1, t_1) E(\boldsymbol{r}_2, t_2) \rangle \end{aligned} \tag{2.103}$$

第 1 項と第 2 項はそれぞれ P_1 と P_2 のピンホールだけが開いているときの Q での X 線の強度である．波動場が定常的 (stationary) であると，時間の原点に関係しないので，第 3 項は t_1, t_2 によらず，$t_2 - t_1$ すなわち P_1, P_2 から Q に X 線が達するのに要する時間の差による．$t_2 - t_1 = \tau$ として，つぎのようにおく．

$$\boxed{\Gamma_{12}(\tau) = \langle E^*(\boldsymbol{r}_1, t) E(\boldsymbol{r}_2, t+\tau) \rangle} \tag{2.104}$$

これは時空間の 2 点 $(\boldsymbol{r}_1, t_1)$ と $(\boldsymbol{r}_2, t_2)$ における波動場の 1 次の相関を表わし，**相互相関関数** (cross-correlation function) または**相互コヒーレンス関数** (mutual coherence function) とよばれる．特に $\Gamma_{11}(\tau)$ と $\Gamma_{22}(\tau)$ は**自己相関関数** (auto-correlation function) または**自己コヒーレンス関数** (self coherence function) とよばれる．それらが $\tau = 0$ のときの $\Gamma_{11}(0)$ と $\Gamma_{22}(0)$ はそれぞれ (2.103) の第 1 項と第 2 項に等しい．$\Gamma_{12}(\tau)$ を規格化した

$$\boxed{\gamma_{12}^{(1)}(\tau) = \frac{\Gamma_{12}(\tau)}{\sqrt{\Gamma_{11}(0)\Gamma_{22}(0)}} \equiv \frac{\langle E^*(\boldsymbol{r}_1, t)E(\boldsymbol{r}_2, t+\tau)\rangle}{\{\langle |E(\boldsymbol{r}_1, t)|^2\rangle \langle |E(\mathrm{r}_2, t)|^2\rangle\}^{1/2}}} \quad (2.105)$$

は**複素コヒーレンス度** (complex degree of coherence) とよばれる．ここでは $\gamma_{12}(\tau)$ に特に 1 次であることを示すために添字 (1) をつけてある．このようにヤングの 2 つのスリットによる干渉実験には複素コヒーレンス度が関係している．複素コヒーレンス度の絶対値 $|\gamma_{12}|$ はコヒーレンス度とよばれ，Q に到達する 2 つの X 線のコヒーレンスの程度を表わす．$|\gamma_{12}| = 1$ のとき完全にコヒーレント (coherent)，$0 < |\gamma_{12}| < 1$ のとき部分的にコヒーレント (partially coherent)，$|\gamma_{12}| = 0$ のとき完全にインコヒーレント (incoherent) である．(2.103) は，(2.105) を用いて，

$$I(\boldsymbol{r}) = \langle |E(\boldsymbol{r}_1, t)|^2\rangle + \langle |E(\boldsymbol{r}_2, t)|^2\rangle + 2\sqrt{\langle |E(\boldsymbol{r}_1, t)|^2\rangle \langle |E(\boldsymbol{r}_2, t)|^2\rangle}\,\mathrm{Re}\gamma_{12}^{(1)}(\tau) \quad (2.106)$$

と書き換えられる．

図 2.16 のスクリーン上に干渉縞が生ずると，その**可視度** (visibility) は

$$V = \frac{I_{max} - I_{min}}{I_{max} + I_{min}} \quad (2.107)$$

で定義される．ここで $I_{\max}$ と $I_{\min}$ は点 Q 近傍での強度の極大値と極小値である．V は 0 から 1 までの値をとる．いま $\gamma_{12}(\tau)$ の位相を $\phi_{12}(\tau)$ とすれば $\mathrm{Re}\gamma_{12}(\tau) = |\gamma_{12}(\tau)|\cos\phi_{12}(\tau)$ であるので (2.106)，(2.107) を用いて

$$V = \frac{2\sqrt{\langle |E(\boldsymbol{r}_1, t)|^2\rangle \langle |E(\boldsymbol{r}_2, t)|^2\rangle}}{\langle |E(\boldsymbol{r}_1, t)|^2\rangle + \langle |E(\boldsymbol{r}_2, t)|^2\rangle}|\gamma_{12}(\tau)| \quad (2.108)$$

のようになって，可視度から $|\gamma_{12}|$ が求まる．さらに干渉縞の位置から $\phi_{12}(\tau)$ が求まるので，$\gamma_{12}(\tau)$ は測定から決まる量である．

(2) 時間的コヒーレンスと空間的コヒーレンス

複素コヒーレンス度 $\gamma_{12}^{(1)}(\tau)$ は 2 つの時空点での場の相関の程度を示すが,特に同一位置における時間的な相関関数 $\gamma_{11}^{(1)}(\tau)$ は**時間的コヒーレンス** (temporal coherence) を表わし,同一時刻における空間的な相関関数 $\gamma_{12}^{(1)}(\tau_0)$ は**空間的コヒーレンス** (spatial coherence) を表わす(以後 $\tau_0 = 0$ とおく).パワースペクトル(強度のスペクトル)の等しい 2 つのビームを重ね合わせたときに,その光のパワースペクトルも同じ分布をもつ場合,クロススペクトル純粋性 (cross spectral purity) があるという.この条件が満たされるとき,複素コヒーレンス度は時間部分と空間部分の積として

$$\boxed{\gamma_{12}^{(1)}(\tau) = \gamma_{11}^{(1)}(\tau)\gamma_{12}^{(1)}(0)} \tag{2.109}$$

が成り立つ.

(時間的コヒーレンス)

時間的コヒーレンスは光源のスペクトルによって決まる.**ウィナー - キンチン** (Wiener-Khintchine) **の定理**によれば,$\gamma_{11}^{(1)}(\tau)$ はパワースペクトルとフーリエ変換の関係にある.パワースペクトルが中心振動数 ν_0,標準偏差 σ_ν のガウス分布の場合,

$$\boxed{\gamma_{11}^{(1)}(\tau) = \exp(-2\pi^2\sigma_\nu^2\tau^2)\exp(-2\pi i\nu_0\tau)} \tag{2.110}$$

が得られる.

このように時間的コヒーレンスは単色性がよいほど高い.波連の続く時間の間は波の位相関係が保たれ,その継続時間 τ_c が**可干渉時間**(コヒーレンス時間, coherence time)とよばれる.τ_c の大きさは光源のスペクトルの幅 $\Delta\nu$ と形で決まる.矩形のスペクトルでは

$$\tau_c = \frac{1}{\Delta\nu} \tag{2.111}$$

であり,ガウス形では

$$\tau_c = \sqrt{\frac{2\ln 2}{\pi}}\frac{1}{\Delta\nu} = \frac{0.664}{\Delta\nu} \simeq \frac{1}{2}\frac{1}{\Delta\nu}. \tag{2.112}$$

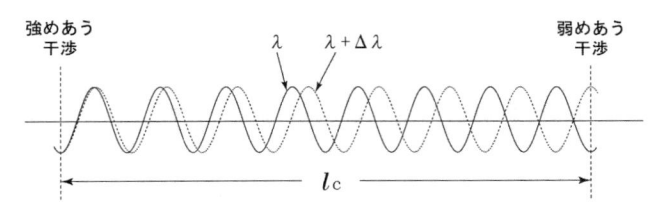

図 **2.17** 縦方向のコヒーレンス長

最後の式は数係数を大雑把に近似したもので，不確定性関係 ($\Delta t \cdot \Delta E \gtrsim \hbar/2$) の極限値を与えている．

波連の長さは**可干渉距離**あるいは**縦方向のコヒーレンス長** (longitudinal coherence length, temporal coherence length) とよばれ，

$$l_c = c\tau_c \tag{2.113}$$

であり，(2.112) の場合

$$\boxed{l_c = \frac{1}{2}\frac{\lambda^2}{\Delta\lambda}}. \tag{2.114}$$

これはつぎのようにも考えられる．図 2.17 において，コヒーレンス長 l_c が波長 λ の波で N 周期分に相当する，すなわち $l_c = N\lambda$ とする．その波と $\lambda + \Delta\lambda$ の波との干渉をみると，はじめ位相が一致して強めあう干渉をしていたものが，そのあと $\lambda + \Delta\lambda$ の波が N 周期より $1/2$ 周期だけ少ないところまできて弱めあう干渉になるとすると $l_c = (N - 1/2)(\lambda + \Delta\lambda)$ となる．したがって，この 2 つの式から $l_c = \lambda^2/2\Delta\lambda$ が得られる．なお，ここで示されたコヒーレンス長の数係数は定義によって異なり，かなり任意性がある．

特性 X 線の場合，CuKα_1 線 ($\lambda = 0.154\,\text{nm}$, $\Delta\lambda/\lambda = 3.3 \times 10^{-4}$) では $l_c = 0.23\,\mu\text{m}$, AlKα_1 線 ($\lambda = 0.834\,\text{nm}$, $\Delta\lambda/\lambda = 2.9 \times 10^{-4}$) では $l_c = 1.4\,\mu\text{m}$ である．これらは波の周期数にして 1500 前後であり，ほかの特性線でも同じぐらいである．結晶などによって分光してスペクトル幅を狭くすれば，可干渉距離は長くなり，時間的コヒーレンスを高くすることができる．CuKα_1 線では，$\Delta\lambda/\lambda = 1.0 \times 10^{-6}$ にすれば，$l_c = 77\,\mu\text{m}$ になる．

(空間的コヒーレンス)

　空間的コヒーレンスは光源の空間的な強度分布によって決まる．**ファンシッター - ツェルニケ** (van Cittert-Zernike) **の定理**によれば，大きさをもつ準単色光源によって照らされた平面上の 2 点における $\gamma_{12}^{(1)}(0)$ は，光源と同じ大きさ，同じ形の開口によって生ずる回折図形の振幅に比例する．その際，開口上での光源の振幅分布は光源上の強度分布に比例するようにとられる．光源の強度分布が標準偏差 σ_x, σ_y のガウス分布をしている場合，

$$\gamma_{12}^{(1)}(0) = \exp\left(-\frac{\sigma_x^2 k_x^2}{2}\right) \exp\left(-\frac{\sigma_y^2 k_y^2}{2}\right) \tag{2.115}$$

が得られる．したがってインコヒーレントな X 線源でも光源のサイズが小さければ，空間的にコヒーレントな領域をつくることができる．また光軸上にピンホールあるいはスリットを置き，そこを 2 次光源とすれば，強度は減るが，空間的にコヒーレントな領域をつくることができる．

　いま，半径 a の円形で一様な強度分布をもつ光源の場合を考える．光源から R だけ離れた面上では，円孔の回折の式から

$$\left|\gamma_{12}^{(1)}(0)\right| = \left|\frac{2J_1(v)}{v}\right| \tag{2.116}$$

となる．ここでその面上での中心からの距離を r として $v = (2\pi/\lambda)(a/R)r$, $J_1(v)$ は第 1 種ベッセル関数である．$v = 0$ のとき $\left|\gamma_{12}^{(1)}(0)\right| = 1$ で，それから減少するが，$v = 1$ すなわち $r = 0.16\lambda R/a$ のところでは，まだ $\left|\gamma_{12}^{(1)}(0)\right| = 0.88$ と高いコヒーレンスをもっている．それは例えば，半径 $a = 0.5\,\mu$m の光源から $R = 1$ m 離れたところで，CuKα 線では半径 $r = 49\,\mu$m, AlKα 線では $r = 270\,\mu$m の円形の領域である．

　一般に，空間的にコヒーレントな領域の大きさは**横方向のコヒーレンス長** (transverse coherence length) d_c で表わされる．実際的な目安として，直径 $2a$ の円状あるいは幅 $2a$ のスリット状の光源の場合，$\left|\gamma_{12}^{(1)}(0)\right|$ が 0.5 程度より高いコヒーレンスをもつ領域の大きさは，おおまかに

$$d_c \approx \frac{\lambda}{2}\frac{R}{a} = \frac{1}{2}\frac{\lambda}{\Delta\theta} \tag{2.117}$$

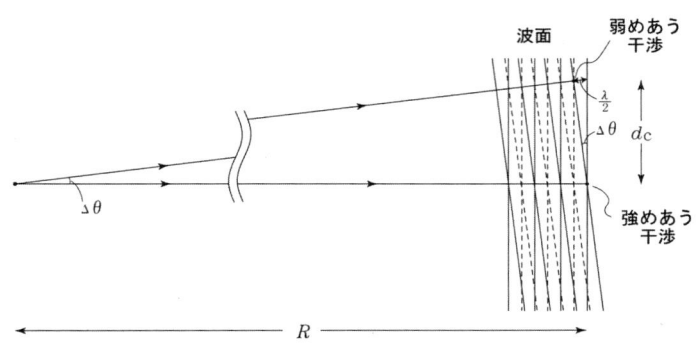

図 2.18 横方向のコヒーレンス長

である．ここで $\Delta\theta$ は光源を見込む半角で，$\Delta\theta = a/R$ である．これらは数係数を除いて不確定性関係 ($\Delta x \cdot \Delta p_x \gtrsim \hbar/2$) の極限値を与えている．なお，(2.117) を図 2.18 で示せば，光源から真直ぐに進む平面波がそれと角 $\Delta\theta = a/R$ だけ斜めに進む平面波と干渉すると，距離 R の位置で強めあう干渉から半波長ずれて弱めあう干渉までの横方向の長さが d_c である．

第3章

X線と物質の相互作用

　X線が物質に入射すると，図 3.1 に示すような諸現象が生ずる[16]．入射線は方向を大きく変えて回折や散乱を受ける．入射方向では吸収を受けて，一部は透過する．微小角だけ屈折する場合もある．表面にすれすれに入射すると全反射を生ずる．一方，光電効果により物質内原子の内殻電子がたたき出され，光電子となる．その内殻準位の脱励起の過程で蛍光X線とオージェ電子が放出される．また内殻励起には局所的に光化学反応や原子移動を誘起する効果がある．

　このようなX線と物質との相互作用に基づく散乱，吸収と 2 次放射をまとめたものが表 3.1 である．原子内電子によるトムソン散乱が最もよく用

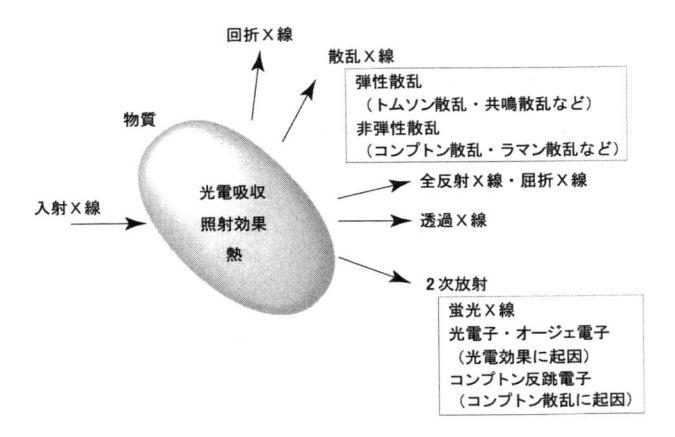

図 **3.1**　X線が物質に入射したときに生ずる諸現象

表 3.1 X線の散乱・吸収・2次放射の分類

散乱体	散乱		吸収	2次放射
	弾性	非弾性		
電子	トムソン散乱	コンプトン散乱 (非共鳴)ラマン散乱 フォノン散乱	光電吸収	光電子／蛍光X線(特性X線)・オージェ電子 反跳電子
	共鳴散乱	共鳴ラマン散乱	共鳴吸収	
磁性電子	磁気散乱	磁気コンプトン散乱		
	磁気共鳴散乱		磁気共鳴吸収	
原子核	核共鳴散乱	核共鳴非弾性散乱	核共鳴吸収	内部転換電子／特性X線・オージェ電子

いられる相互作用で，結晶や非晶質固体・液体・融体の原子レベルでの構造が調べられる．結晶内の原子配置を決めるのに必要な回折波の位相は，例えば原子の吸収端近傍での異常散乱を利用すれば求まる．散乱前後で X 線エネルギーが変わる非弾性散乱で最も強いのはコンプトン散乱である．吸収端近傍での吸収微細構造から吸収原子のまわりの局所的な原子構造，電子状態が解析できる．一方，光電子分光により物質の電子状態が調べられ，蛍光 X 線分析により微量元素分析，状態分析が行なわれる．

磁性体に含まれる磁性電子でも，ふつうの非磁性電子の場合に対応して，磁気散乱，磁気共鳴散乱，磁気コンプトン散乱がある．それらと磁気共鳴吸収に基づく磁気円二色性 (MCD) から磁気構造や磁性電子の運動状態について，中性子散乱・中性子分光と相補的な知見が得られる．

さらに原子核との微小な相互作用もあり，核共鳴散乱により核物性の研究が行なわれる．

この章では，これらの現象の概略を説明する．

3.1 X線の電子・原子による散乱

(散乱断面積の定義)

一般に，散乱過程で散乱の大きさを表わすのに散乱断面積が用いられる．

3.1 X線の電子・原子による散乱　75

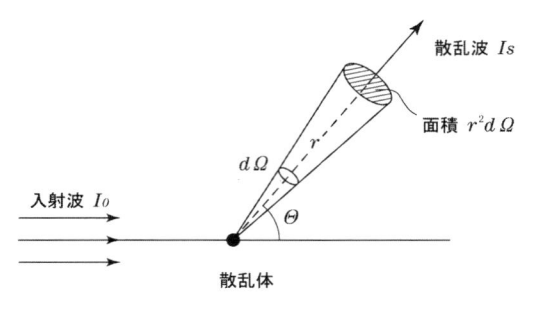

図 3.2 微分散乱断面積を定義する図

図 3.2 において入射強度 I_0 はサイクル平均をとったポインティング・ベクトルの大きさである (2.2.1 参照). その代りに, 進行方向に垂直な単位面積, 単位時間あたりに通過する光子数であるフラックスでもよい. 散乱体から特定の方向への散乱についてみると, 距離 r のところで立体角要素 $d\Omega$ によって張られる面積は $r^2 d\Omega$ であるから, そこでの単位面積, 単位時間あたりの散乱強度を I_s とすれば, $d\Omega$ 中に散乱される波の強度は $I_s r^2 d\Omega$ である. それと単位面積, 単位時間あたりの入射強度 I_0 との比が, 入射光のうち, そこに散乱される割合を表わし, **微分散乱断面積** (differential scattering cross section)

$$d\sigma = \frac{I_s r^2 d\Omega}{I_0} \tag{3.1}$$

を与える. これは名のとおり面積の次元をもっている. I_s は散乱体からの距離の 2 乗に逆比例して減少するので, $d\sigma$ は r に依存しない. (3.1) は,

$$\frac{d\sigma}{d\Omega} = \frac{I_s r^2}{I_0} \tag{3.2}$$

あるいは

$$I_s = I_0 \frac{1}{r^2} \frac{d\sigma}{d\Omega} \tag{3.3}$$

と表わされる. (3.1) を全立体角にわたって積分したものが, **全散乱断面積** (total scattering cross section)

$$\sigma = \frac{\int I_s r^2 d\Omega}{I_0} \tag{3.4}$$

であり，単に散乱断面積ともよばれる．

3.1.1 電子による散乱

(1) 電気双極子放射

　原子内の束縛された電子による X 線の散乱強度は，古典的なモデルを用いてつぎのように得られる．X 線が入射すると，その振動電場によって電子に強制振動が誘起される．電子は中性の平衡位置からずれ，原子核との間に分極が生ずる．この振動する電気双極子から放射される電磁波が散乱 X 線である（後述のように，振動電場により誘起される電子の振動電流密度が，電磁場を放射すると考えてもよい）．図 3.3 のように，束縛された電子を原点 O におき，入射 X 線の進行方向に z 軸をとる．x 軸方向に偏った振動電場 $E_{in} = E_0 e^{-i\omega t}$ が加わると，電子に強制振動が誘起される．電子の平衡位置からの変位を x とすると，運動方程式は

$$m\left(\frac{d^2 x}{dt^2} + \gamma \frac{dx}{dt} + \omega_s^2 x\right) = -eE_0 e^{-i\omega t} \tag{3.5}$$

となる．右辺は電子が入射 X 線の電場から受ける力であって，強制振動を表わしている．電子の電荷は $-e$ ($e > 0$) としている．この右辺には本来，入射波の振動電場と振動磁場からのローレンツ力 $-e(\boldsymbol{E}_0 + \boldsymbol{v} \times \boldsymbol{B}_0)e^{-i\omega t}$

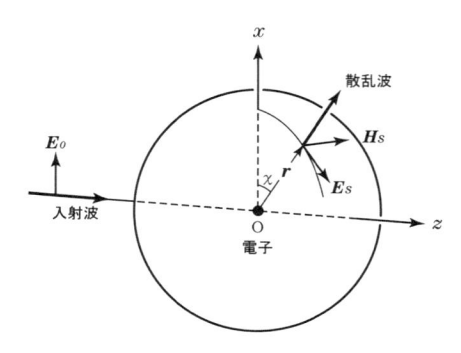

図 3.3 X 線の電子による散乱（χ は電子の振動方向と散乱波の進行方向のなす角である）

が働くが，$\bm{v}\times\bm{B}_0$ の項は $\bm{B}_0=(\hat{\bm{k}}_0\times\bm{E}_0)/c$ の関係から $\bm{E}_0$ に比べて v/c のオーダーであって，v が非相対論的な速さの場合はふつう無視される．左辺第2項は電子が電磁波を放射してエネルギーを失う，いわゆる放射減衰に対応した摩擦力であって，γ は減衰因子である．これにより減衰振動となる．左辺第3項は電子雲から受ける束縛力であって，ω_s は電子の振動の固有角振動数である．変位 x は $e^{-i\omega t}$ の時間依存性をもつので，$x=x_0 e^{-i\omega t}$ とおいて (3.5) の解を求めれば

$$x = \frac{eE_0 e^{-i\omega t}}{m(\omega^2 - \omega_s^2 + i\gamma\omega)} \tag{3.6}$$

となる．したがって，この電子に関する**電気双極子モーメント**(dipole moment) は

$$p = -ex = -\frac{e^2 E_0 e^{-i\omega t}}{m(\omega^2 - \omega_s^2 + i\gamma\omega)} \tag{3.7}$$

となる．電子の振動の速さ $\dot{x}$ が，光の速さに比べて十分に小さければ，原点にあるこの電気双極子から放射される電磁波の電場と磁場は，十分に遠方の**波動帯** (wave zone) とよばれる領域の位置 $\bm{r}$ において，$1/r^2$，$1/r^3$ に比例する項を無視し，$1/r$ に比例する項だけを残すと，

$$\bm{E}_{rad} = \frac{\bm{r}\times(\bm{r}\times\ddot{\bm{p}})}{4\pi\varepsilon_0 c^2 r^3} \tag{3.8}$$

$$\bm{H}_{rad} = \frac{\varepsilon_0 c \bm{r}\times\bm{E}_s}{r} = -\frac{\bm{r}\times\ddot{\bm{p}}}{4\pi c r^2} \tag{3.9}$$

で与えられ，電磁波は球面波状になる．ここで $\ddot{\bm{p}}=-e\,d^2\bm{x}/dt^2$ は時刻 $\tau = t - r/c$ のときの値で，τ を遅延時間という．電磁波が伝播するのに要する時間 r/c を考慮して，観測点での時刻 t における電磁場は，原点を時刻 τ に出射したものになる．(3.8) は (3.7) を用いて

$$\bm{E}_{rad} = r_e \frac{\omega^2}{\omega^2 - \omega_s^2 + i\gamma\omega} \frac{1}{r} \hat{\bm{r}}\times(\hat{\bm{r}}\times\bm{E}_0) e^{-i\omega t} \tag{3.10}$$

となる．ここで r_e は**古典電子半径** (classical electron radius) あるいはトムソン散乱長とよばれ，

$$r_e = \frac{e^2}{4\pi\varepsilon_0 mc^2} = 2.8179\,[\text{fm}] = 2.8179 \times 10^{-5}\,[\text{Å}] \qquad (3.11)$$

で与えられる ($m = 0.91095 \times 10^{-30}$ kg：電子の質量, $e = 1.6022 \times 10^{-19}$ C：電子の電荷, $\varepsilon_0 = 8.8542 \times 10^{-12}$ F/m：真空の誘電率). また $\hat{\boldsymbol{r}} = \boldsymbol{r}/r$ である. $\boldsymbol{E}_{rad}$ から $e^{-i\omega t}$ を除いた振幅を $\boldsymbol{E}_s$ と表わすと, $\boldsymbol{E}_s$ は $\hat{\boldsymbol{r}}$ と $\boldsymbol{E}_0$ の張る面内にある. $\boldsymbol{E}_s \equiv E_s \boldsymbol{\varepsilon}_s$, $\boldsymbol{E}_0 \equiv E_0 \boldsymbol{\varepsilon}_0$ ($\boldsymbol{\varepsilon}_s, \boldsymbol{\varepsilon}_0$：それぞれ $\boldsymbol{E}_s$, $\boldsymbol{E}_0$ の偏光ベクトル) とし, $\hat{\boldsymbol{r}} \times (\hat{\boldsymbol{r}} \times \boldsymbol{\varepsilon}_0) = (\hat{\boldsymbol{r}} \cdot \boldsymbol{\varepsilon}_0)\hat{\boldsymbol{r}} - (\hat{\boldsymbol{r}} \cdot \hat{\boldsymbol{r}})\boldsymbol{\varepsilon}_0 = -\boldsymbol{\varepsilon}_0$ を考慮し, さらに $\boldsymbol{E}_s$ の式に内積として $\boldsymbol{\varepsilon}_s$ を乗ずれば,

$$\boxed{\boldsymbol{E}_s = -r_e \frac{\omega^2}{\omega^2 - \omega_s^2 + i\gamma\omega} \frac{\boldsymbol{\varepsilon}_0 \cdot \boldsymbol{\varepsilon}_s}{r} \boldsymbol{E}_0} \qquad (3.12)$$

が得られる. この式が原子に強く束縛された電子による散乱振幅である.

(2) 散乱強度と偏光因子

(3.12) からつぎの式が得られる.

$$|\boldsymbol{E}_s|^2 = r_e^2 \frac{\omega^4}{(\omega^2 - \omega_s^2)^2 + \gamma^2 \omega^2} \frac{P}{r^2} |\boldsymbol{E}_0|^2 \qquad (3.13)$$

ここで

$$P = (\boldsymbol{\varepsilon}_0 \cdot \boldsymbol{\varepsilon}_s)^2 \qquad (3.14)$$

は**偏光因子** (polarization factor) である.

散乱波と入射波の強度をそれぞれ I_s と I_0 すれば, (2.43) を参照して

$$I_s = I_0 \frac{|\boldsymbol{E}_s|^2}{|\boldsymbol{E}_0|^2} \qquad (3.15)$$

であり, (3.13) を代入してつぎのようになる.

$$I_s = I_0 r_e^2 \frac{\omega^4}{(\omega^2 - \omega_s^2)^2 + \gamma^2 \omega^2} \frac{P}{r^2} \qquad (3.16)$$

入射 X 線のエネルギーが電子の束縛エネルギーに比べて十分に大きい場合には, 原子内電子を自由な電子とみなしてよい. このとき $\omega_s = 0$, $\gamma = 0$

であるので，(3.12) は $r=1$，$P=1$，$E_0=1$ とすれば，散乱波の振幅の大きさは

$$E_s = -r_e \tag{3.17}$$

となる．自由電子の場合につくマイナスの符号は，散乱波の位相が入射波のそれに対して位相が π ラジアンだけずれていることを意味する．また1個の自由電子による散乱波の強度 I_e は，(3.16) で I_s を I_e に書き換え，$\omega_s = 0$，$\gamma = 0$ とすれば，距離 r のところで

$$\boxed{I_e = I_0 \frac{P r_e^2}{r^2}} \tag{3.18}$$

によって与えられる．

(3) 偏光因子

電子の振動方向（入射波の振動電場に平行）と散乱波の進行方向のなす角 χ を用いると，(3.14) の偏光因子 P は

$$\boxed{P = \sin^2 \chi} \tag{3.19}$$

と表わされる．散乱強度の角分布が sin 2乗型になるのは，電気双極子放射の特徴である．散乱強度は図 3.4 のように電子の振動方向 ($\chi = 0$) ではゼロで，振動と直角方向 ($\chi = \pi/2$) で最大になる．

入射波の進行方向と散乱波の進行方向（観測方向）を含む面は**散乱面**とよばれる．図 3.5 で入射波が z 軸方向に進み，散乱波の進行方向が $x-z$ 面内にあるとすると，$x-z$ 面が散乱面である．入射波の電場 $\boldsymbol{E}_0$ が $x-y$ 面内にあって x 軸から角 Φ 傾いており，散乱波の散乱角が Θ であるとすると，偏光因子 (3.19) は

$$P = \sin^2 \Phi + \cos^2 \Theta \cos^2 \Phi \tag{3.20}$$

となる．図 3.6 に示すように，偏光ベクトル $\boldsymbol{\varepsilon}_0$ の方向が散乱面に垂直であるとき，$\boldsymbol{\varepsilon}_s$ の方向も散乱面に垂直である．この場合，入射波は σ 偏光（⊥偏光）であるといい，$\Phi = \pi/2$ で $P = 1$ となる．一方，$\boldsymbol{\varepsilon}_0$ の方向が散乱面

図 3.4 電気双極子放射の強度の角分布

図 3.5 角 Φ, χ, Θ の図示

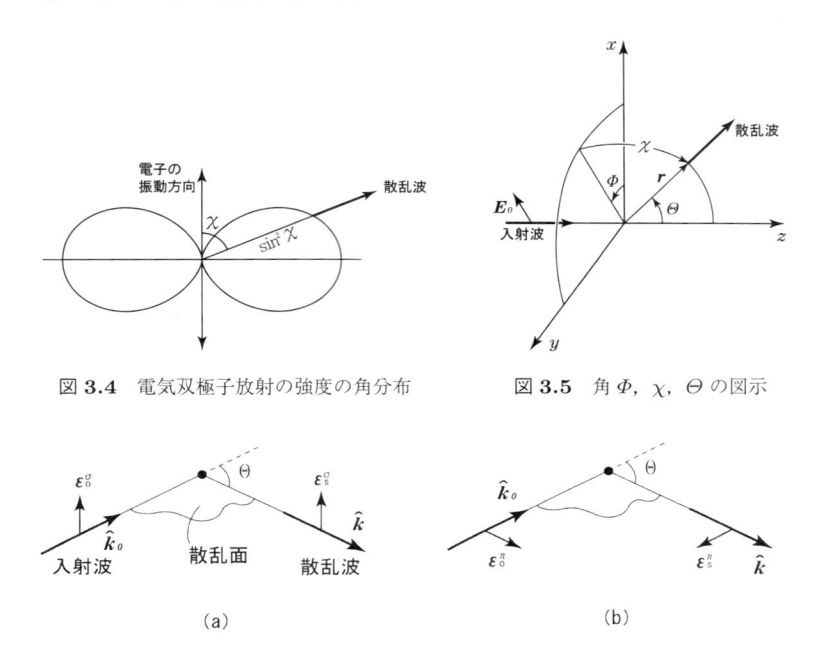

図 3.6 直線偏光 X 線と散乱面との関係 ($\hat{\boldsymbol{k}}_0 = \boldsymbol{k}_0/k$, $\hat{\boldsymbol{k}} = \boldsymbol{k}/k$) (a) σ 偏光, (b) π 偏光 入射する直線偏光 X 線の電場ベクトルの方向は, それぞれ散乱面に垂直と平行である.

内にあるとき, $\boldsymbol{\varepsilon}_s$ の方向も散乱面内にある. この場合, 入射波は π 偏光 (// 偏光) であるといい, $\Phi = 0$ で $P = \cos^2 \Theta$ となる. なお, σ 偏光と π 偏光は光学における s 偏光と p 偏光にそれぞれ対応する (s, p はドイツ語の senkrecht, parallele の頭文字からきている).

光学では p 偏光の入射線に対して物質の反射率が極小になる入射角があり, それが**ブリュースター角** (Brewster angle) とよばれる. X 線の場合, それに対応する角度は π 偏光に対して $\Theta = \pi/2$ である. これは結晶で回折面の指数と X 線の波長を選ぶことによりブラッグ角 $\pi/2$ 付近にもってくればよい. この現象は, π 偏光の入射線によって物質中に生ずる電気双極子の振動方向が反射線の方向に一致するので, 反射線方向に双極子からの放射がないことからも分かる.

上記は入射波が偏っている直線偏光の場合であるが, 入射波が偏っていない場合, つまり入射波の進行方向に垂直な面内で $\boldsymbol{\varepsilon}_0$ があらゆる方向をとる

とき，偏光因子は (3.20) で角 Φ について平均をとり

$$P = \frac{1 + \cos^2 \Theta}{2} \qquad (3.21)$$

になる．

(4) 散乱断面積

トムソン散乱の微分断面積は (3.1)，(3.18) から

$$d\sigma_T = P r_e^2 d\Omega \qquad (3.22)$$

である．(3.21) を用いて (3.22) を全立体角について積分すれば，トムソン散乱の全断面積は

$$\sigma_T = \frac{8\pi}{3} r_e^2 = 6.7 \times 10^{-29} \, [\text{m}^2] \qquad (3.23)$$

となる．$\omega \approx \omega_s$ の強制振動を起こす場合のトムソン散乱の全断面積は (3.16) から

$$\sigma = \sigma_T \frac{\omega^4}{(\omega^2 - \omega_s^2)^2 + \gamma^2 \omega^2} \qquad (3.24)$$

となり，$\omega = \omega_s$ でピークをもつ．

(5) 分散効果

(3.12) において $y - z$ 面（赤道面）内の散乱波に着目すると，$\varepsilon_0 \cdot \varepsilon_0 = 1$ である．束縛された電子の散乱振幅 E_s は入射波の振幅 E_0 との比で表わせば，$r = 1$ のところで

$$\frac{E_s}{E_0} = -r_e \frac{\omega^2}{\omega^2 - \omega_s^2 + i\gamma\omega} \qquad (3.25)$$

したがって束縛された電子の散乱因子 f_s は $-r_e$ を単位として

$$f_s = \frac{\omega^2}{\omega^2 - \omega_s^2 + i\gamma\omega} \qquad (3.26)$$

となる．ふつう $\gamma \ll \omega_s$ が満たされるので，この場合について考えると，$\omega \ll \omega_s$ のとき $f_s < 0$ で，散乱波は入射波と同位相であるが，正常な散乱条件とみなされる $\omega \gg \omega_s$ のとき $f_s > 0$ で，逆位相になる．これは単振子を強制振動させる場合と同じで，ω_s より小さい振動数で振子を押せば，外力とほぼ同じ位相で動くが，大きい振動数で押すと，抵抗にあってエネルギーの消耗が生じ，位相がほぼ π だけ遅れるのに対応している．結局，ω がゼロから増していくと，散乱波の位相のずれはゼロから単調に変化していき，$\omega = \omega_s$ で $-\pi/2$ を通り，$-\pi$ に近づいていく．(3.26) の f_s は $\gamma \ll \omega_s$ では

$$f_s = 1 + \frac{\omega_s^2}{\omega^2 - \omega_s^2 + i\gamma\omega} \tag{3.27}$$

のように書ける．この第 2 項が分散効果を表わし，分散項を $f_s' + if_s''$ とおけば

$$f_s' = \frac{\omega_s^2(\omega^2 - \omega_s^2)}{(\omega^2 - \omega_s^2)^2 + \gamma^2\omega^2} \tag{3.28}$$

$$f_s'' = -\frac{\omega_s^2\gamma\omega}{(\omega^2 - \omega_s^2)^2 + \gamma^2\omega^2} \tag{3.29}$$

となる．この 1 個の電子の 1 振動子モデルの場合における f_s' と f_s'' の振動数依存性を図 3.7 に示す．ここで $\gamma = 0.1\omega_s$ としている．f_s' の振動数による変化は分散曲線を表わし，f_s'' のそれは共鳴吸収に対応している．ちょう

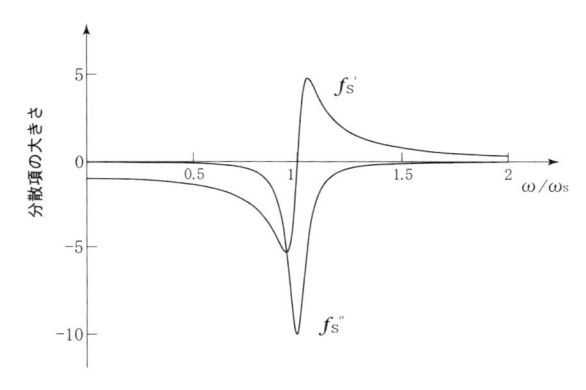

図 3.7 1 電子の散乱因子の分散項 f_s' と f_s'' の振動数依存性

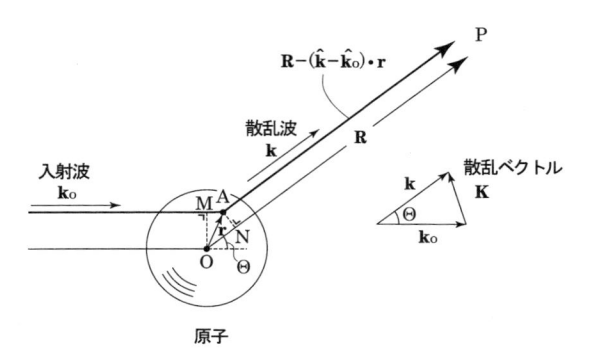

3.1 X線の電子・原子による散乱　83

図 3.8 X線の原子による散乱

ど共鳴が起きている $\omega = \omega_s$ では，$f'_s = 0$ で，散乱因子は純虚数になる．このとき位相のずれは $-\pi/2$ で，共鳴吸収は最大になる．

3.1.2 原子による散乱

いま，図 3.8 のように波数ベクトル $\boldsymbol{k}_0$ をもつ平面波

$$\boldsymbol{E} = \boldsymbol{E}_0 \exp\{i(\boldsymbol{k}_0 \cdot \boldsymbol{r} - \omega t)\} \tag{3.30}$$

が原子に入射する場合を考える．原子の中心を原点 O にとり，原点から $\boldsymbol{r}$ だけ離れた点 A における電子密度（電子の数密度）を $\rho(\boldsymbol{r})$ とする（電荷密度は $e\rho(\boldsymbol{r})$）．点 A の微小体積要素 $d\boldsymbol{r}$ の中にある電子 $\rho(\boldsymbol{r})d\boldsymbol{r}$ によって散乱された波数ベクトル $\boldsymbol{k}$ の波が，遠く離れた $\overrightarrow{\mathrm{OP}} = \boldsymbol{R}$ にある点 P で観測されるとする．点 P に至る点 O を通る光路に対して点 A を通る光路は，光路差 $\overline{\mathrm{ON}} - \overline{\mathrm{MA}} = (\hat{\boldsymbol{k}} - \hat{\boldsymbol{k}}_0) \cdot \boldsymbol{r}$ あるいはそれに $2\pi/\lambda$ を乗じた位相差 $(\boldsymbol{k} - \boldsymbol{k}_0) \cdot \boldsymbol{r}$ を生ずる．$\boldsymbol{k} - \boldsymbol{k}_0$ は**散乱ベクトル** (scattering vector) とよばれ，$\boldsymbol{K}$ で表される．

$$\boldsymbol{K} = \boldsymbol{k} - \boldsymbol{k}_0 \tag{3.31}$$

その大きさは

$$K = \frac{4\pi}{\lambda} \sin \frac{\Theta}{2} \tag{3.32}$$

である．ここで Θ は散乱角である．K は (長さ)$^{-1}$ の次元をもつ．なお，ド・ブロイの関係式から，この散乱は $\hbar\boldsymbol{K}$ の運動量移行を伴なっているといえる．

点 A の微小体積要素から散乱される波を原子全体にわたって積分すれば，原子による散乱波

$$\boldsymbol{E}_s = -r_e \boldsymbol{E}_0 \frac{e^{ikR}}{R} \int \rho_{\mathrm{atom}}(\boldsymbol{r}) e^{-i\boldsymbol{K}\cdot\boldsymbol{r}} d\boldsymbol{r} \tag{3.33}$$

が得られる．ここで積分の前の因子は 1 電子による球面波状の散乱波を表わしており ((3.12) 参照)，フーリエ変換の形をした積分の部分は

$$\boxed{f(\boldsymbol{K}) = \int \rho_{\mathrm{atom}}(\boldsymbol{r}) e^{-i\boldsymbol{K}\cdot\boldsymbol{r}} d\boldsymbol{r}} \tag{3.34}$$

と表わされ，**原子散乱因子** (atomic scattering factor) あるいは**原子形状因子** (atomic form factor) とよばれる．f は無次元量で，吸収を考えないときは実数である．原子による散乱の振幅は $-r_e f$ であり，散乱強度は

$$\boxed{I = I_e f^2 = I_0 \frac{r_e^2}{R^2} P f^2} \tag{3.35}$$

となる ((3.18) 参照)．微分散乱断面積で表わすと，(3.2) からつぎのようになる．

$$\frac{d\sigma}{d\Omega} = P r_e^2 f^2 \tag{3.36}$$

（球対称の電子密度分布）

結晶中では，$\rho(\boldsymbol{r})$ は結合状態によってわずかに異なり，球対称からずれるが，ここでは原子の電子密度分布を球対称として f の式を求めてみる．$\rho(\boldsymbol{r})$ は $\boldsymbol{r}$ の大きさ r だけの関数になる．$\boldsymbol{K}$ の方向を極軸，$\boldsymbol{K}$ と $\boldsymbol{r}$ のなす角を α とすれば，球面座標 (r, α, β) では，

$$\begin{aligned} f(\boldsymbol{K}) &= \int_{r=0}^{\infty} \int_{\alpha=0}^{\pi} \int_{\beta=0}^{2\pi} \rho(r) \exp(-iKr\cos\alpha) r^2 \sin\alpha \, d\beta d\alpha dr \\ &= \int_0^{\infty} 4\pi r^2 \rho(r) \frac{\sin Kr}{Kr} dr \end{aligned} \tag{3.37}$$

となる．f は X 線の波長が変わっても散乱ベクトルの大きさが同じであれば，同じ値をもつ．

電子密度分布は原子内電子の波動関数 $\Psi(\boldsymbol{r})$ から $\rho(\boldsymbol{r}) = |\Psi(\boldsymbol{r})|^2$ で求められる．H, He$^+$, Li^{2+} のような 1 電子の原子やイオンの場合はシュレディンガー方程式で解析的な解が求まり，波動関数は

$$\Psi(\boldsymbol{r}) = \frac{1}{\sqrt{\pi a^3}} e^{-r/a}, \quad a = \frac{a_0}{Z} \tag{3.38}$$

で与えられる．a_0 はボーア軌道半径（水素原子の半径）で，$a_0 = 4\pi\varepsilon_0\hbar^2/(me^2)$．それらの原子散乱因子は

$$f = \int_0^\infty \frac{4\pi r^2}{\pi a^3} \frac{\sin Kr}{Kr} e^{-2r/a} dr = \left(1 + \frac{a^2 K^2}{4}\right)^{-2} \tag{3.39}$$

と得られる．

多電子原子の波動関数 $\Psi(\boldsymbol{r})$ はハートリー–フォック (Hartree-Fock) の方法やトーマス–フェルミ (Thomas-Fermi) の方法などによって計算され，それをもとに f が計算される．ハートリーの方法に基づいて計算された K$^+$ イオンの例を示す．K$^+$ イオンに含まれる電子は K 殻 (1s^2) の 2 個，L 殻 (2s^{2}2p^6) の 8 個と M 殻 (3s^{2}3p^6) の 8 個である．各電子の電子密度分布を $\rho_j^e(\boldsymbol{r})$，その散乱因子を f_j^e とすれば

$$\rho(\boldsymbol{r}) = \sum_j \rho_j^e(\boldsymbol{r}) \tag{3.40}$$

$$f = \sum_j f_j^e = \sum_j \int_0^\infty 4\pi r^2 \rho_j^e(\boldsymbol{r}) \frac{\sin Kr}{Kr} dr \tag{3.41}$$

となる．図 3.9 (a) は各電子の動径方向の電子密度分布 $4\pi r^2 \rho_j^e(\boldsymbol{r})$，図 3.9 (b) はその散乱因子 f_j^e である．電子密度分布が空間的に点状，すなわち δ 関数であると仮定すれば，フーリエ変換の結果として散乱因子は散乱角に対して一定となる．図に見られるように，最も内殻の，原子の中心近くにある 1s 電子の散乱因子は $K \equiv 4\pi \sin(\Theta/2)/\lambda$ に対してほとんど減少しない．一方，電子密度分布が空間的に広がるにつれて，散乱因子の散乱角に対する減少の仕方は著しくなる．外殻の 3p 電子などでは K に対して大きく減少している．

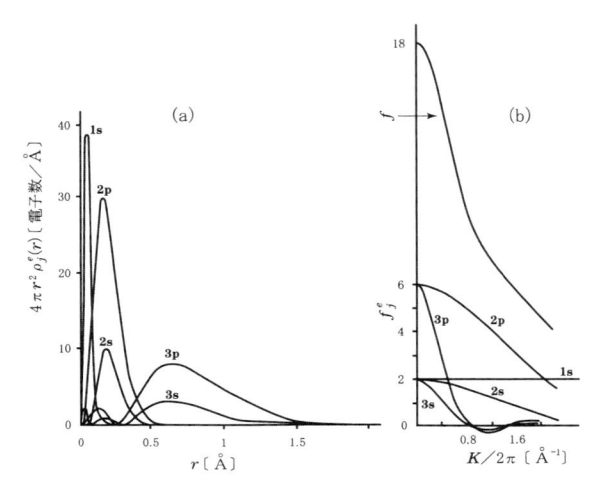

図 3.9 (a) K$^+$ イオンの各電子の動径方向密度分布 $4\pi r^2 \rho_j(r)$　(b) K$^+$ イオンの各電子の散乱因子 f_j^e と原子散乱因子 f　[4]

　図 3.10 は Cl などいくつかの元素の f の $\sin(\Theta/2)/\lambda = K/4\pi$ による変化を表わす曲線である．原子番号の大きい原子ほど大きい値をもつ．また，K の関数として単調に減少する．これは K が増すにしたがい，原子内の各電子による散乱波の位相がずれて，振幅が多少打ち消しあうことによる．$K = 0$，すなわち散乱角がゼロのときは，各電子による散乱波の位相にずれはないので，

$$f(0) = \int \rho(\boldsymbol{r})d\boldsymbol{r} = Z \tag{3.42}$$

となる．Z は原子（あるいはイオン）に属する電子の総数である．

(f の値の引用)

　各種の孤立原子やイオンに対する f の値は，"International Tables for Crystallography" [47] に $\sin(\Theta/2)/\lambda$（$= s$ とおく）の関数として離散的に与えられている．また，その内挿による誤差を少なくするとともに，計算機処理に便利にするために，4 個のガウス関数の和の形でつぎのように表わされる [48]．

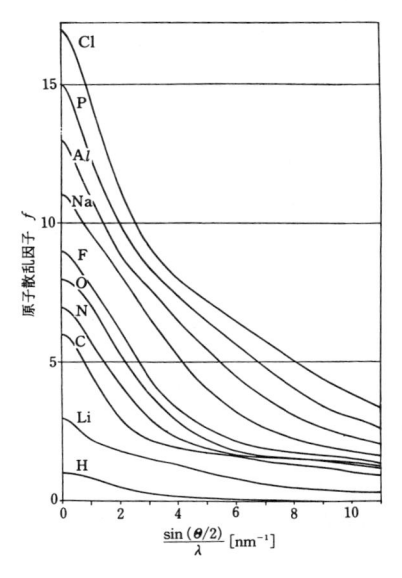

3.1 X線の電子・原子による散乱　87

図 3.10　いろいろな原子の原子散乱因子

$$f(s) = \sum_{i=1}^{4} a_i \exp(-b_i s^2) + c \tag{3.43}$$

ここで，パラメーター a_i，b_i と c は与えられた表の値 f に一致するように決められる．

3.1.3　異常分散

X線の振動数が原子の吸収端のそれに近いときには，散乱能や屈折率が大きく変化する．このような現象は共鳴効果によるもので，**異常分散** (anomalous dispersion) とよばれる．それに伴う散乱と吸収がそれぞれ**共鳴散乱** (resonant scattering) （あるいは**異常散乱** (anomalous scattering)）と共鳴吸収である．3.1.2 では原子内電子は自由であるとして扱っているが，電子は束縛されているから，(3.25) のように束縛された電子に対する散乱振幅は自由な電子に対する散乱振幅 $-r_e$ に $\omega^2/(\omega^2 - \omega_s^2 + i\gamma\omega)$ の因子が乗ぜられる．X線の吸収端は一端に限界のあるバンド状であるから，実際は，こ

のように 1 つの電子が 1 つの振動数 ω_s をもつ振動子としてではなく，各電子は吸収端の振動数（j 番目の電子では ω_j）から高振動数側に連続的に分布する振動数 ω_s をもつ多数の仮想的な振動子の集まりとしてふるまうと考える必要がある．その振動子の分布関数は**振動子強度** (oscillator strength) とよばれる．振動子密度は $dg/d\omega_s$ であるから，例えば K 殻電子に関わる振動子強度は

$$g_\mathrm{K} = \int_{\omega_\mathrm{K}}^{\infty} \left(\frac{dg}{d\omega}\right)_\mathrm{K} d\omega \tag{3.44}$$

と表わされる．ここで ω_K は K 殻の吸収端の振動数である．したがって原子散乱因子はつぎのように表わされる．

$$\boxed{f = \sum_j \int_{\omega_j}^{\infty} \frac{\omega^2}{\omega^2 - \omega_s^2 + i\gamma\omega} \left(\frac{dg}{d\omega_s}\right)_j d\omega_s} \tag{3.45}$$

ここで和 j はすべての吸収端にわたってとる．

このように入射 X 線の振動数が原子の吸収端に近いときは，原子内電子が束縛されている影響で (3.34) の実数の原子散乱因子（特に f^0 と書く）は修正を受け，

$$\boxed{f = f^0 + f' + if''} \tag{3.46}$$

の形の複素数になる．$f' + if''$（f', f'' は実数）は**異常分散項**とよばれる．本書では入射波を $\boldsymbol{E}_0 \exp\{i(\boldsymbol{k}_0 \cdot \boldsymbol{r} - \omega t)\}$ と表わすことにしているので，時間依存性 $e^{-i\omega t}$ と整合させるには f の虚数部は $f'' < 0$ となる．（なお，入射波を $\boldsymbol{E}_0 \exp\{i(-\boldsymbol{k}_0 \cdot \boldsymbol{r} + \omega t)\}$ のように表わす場合は $f'' > 0$ である．計算された値は表に与えられているが，$f'' > 0$ としている場合が多い [49,50]．）図 3.11 に示すように，f の虚数部 f'' は波長が吸収端より大きいところではゼロである．f'' は散乱波に位相差を生じさせるとともに，吸収に関わる．また，f' は共鳴の中心付近では小さくなるので f の実部 $f^0 + f'$ も同様の変化をする．

散乱波の位相について考えてみる．f を $f = |f|\exp(i\phi)$, $\tan\phi = f''/(f^0 + f')$（$\phi < 0$）のように表わすと，散乱波の位相因子は (3.25),

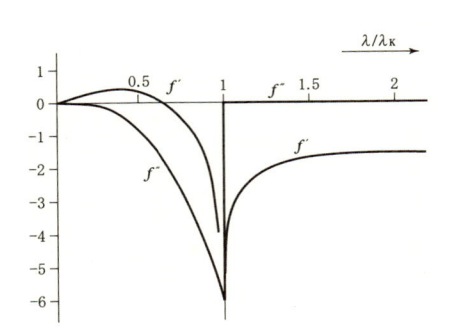

図 3.11 Fe 原子の K 吸収端 λ_K 付近での異常分散

(3.26) から分かるように，$-\exp(i\phi) \equiv \exp i(\pi + \phi)$ である．したがって，複素平面上でみると，入射波ベクトルが正の実数軸上にあるのに対して，散乱波ベクトルは負の実数軸上から上側に角 $|\phi|$ だけずれたところにくる．この関係を保ちながら，$\exp(-i\omega t)$ に従って右まわりに回転する．すなわち，散乱波の位相は入射波に比べ，π だけの遅れから $|\phi|$ だけ進んで，結局 $\pi - |\phi|$ の遅れになる．

異常分散は主として原子核に近い K 殻の電子により起こるので，その空間的な広がりが小さいため，f'，f'' は散乱角にあまりよらない．これらの値は吸収端を少し離れれば，f^0 にくらべて小さくなり，ふつうは無視してよい．しかし，電子の分布に関して精密な議論をするときには重要になり，また結晶構造解析において位相を決めるとき，構成原子の吸収端に近い波長を選び，異常分散項を積極的に利用することもある．

ここで，(3.45) の f の K（あるいは Q）と ω への依存性を明示すると

$$f(\boldsymbol{K},\omega) = f^0(\boldsymbol{K}) + f'(\omega) + if''(\omega) \tag{3.47}$$

のように表わされる．

(クラマース–クローニッヒの関係式)

線型応答理論によれば，応答関数をフーリエ変換したものは，因果律（ある原因から生ずる影響は光速度より速くは伝わらない）からその実数部と虚数部が**クラマース–クローニッヒ** (Kramers-Kronig) **の関係式**によって結ばれている．$f'(\omega)$ と $f''(\omega)$ については

$$f'(\omega) = \frac{2}{\pi} P \int_0^\infty \frac{\omega' f''(\omega')}{\omega'^2 - \omega^2} d\omega' \tag{3.48}$$

$$f''(\omega) = -\frac{2\omega}{\pi} P \int_0^\infty \frac{f'(\omega')}{\omega'^2 - \omega^2} d\omega' \tag{3.49}$$

と表わされる．ここで P は積分の主値をとる．すなわち

$$P \int_0^\infty d\omega' \equiv \lim_{\varepsilon \to 0} \left(\int_0^{\omega-\varepsilon} d\omega' + \int_{\omega+\varepsilon}^\infty d\omega' \right)$$

を意味する．$f'(\omega)$ と $f''(\omega)$ はどちらかが全振動数領域にわたって分かっていれば，他方がこの関係式から求められる．

3.1.4 異常分散を考慮した屈折率

屈折率が散乱因子を含む具体的な式を求めてみる．束縛電子が入射電磁波によって振動するときの変位の大きさは，(3.6) から

$$x_0 = \frac{eE_0}{m(\omega^2 - \omega_s^2 + i\gamma\omega)} \tag{3.50}$$

であり，電気双極子モーメントの大きさは $-ex$ である．単位体積中の電気双極子の数を n_s とすれば，電気分極の大きさは

$$P = -n_s e x_0 = \frac{-n_s e^2 E_0}{m(\omega^2 - \omega_s^2 + i\gamma\omega)} \tag{3.51}$$

である．この式に (2.23) の

$$P = \varepsilon_0 \chi E_0 \tag{3.52}$$

の関係と束縛電子の散乱因子 f_s (3.26) を用いると，

$$\chi = -\frac{r_e}{\pi} \lambda^2 n_s f_s \tag{3.53}$$

が得られる．χ は複素数であって，誘起される分極は位相がずれて振動することを示している．ε と $\tilde{n}$ は (2.56)，(2.55) を用いて，つぎのように表わされる．

$$\frac{\varepsilon}{\varepsilon_0} = 1 + \chi = 1 - \frac{r_e}{\pi} \lambda^2 n_s f_s \tag{3.54}$$

$$\tilde{n} \approx 1 + \frac{\chi}{2} = 1 - \frac{r_e}{2\pi}\lambda^2 n_s f_s = 1 - \frac{2\pi r_e n_s c^2}{\omega^2 - \omega_s^2 + i\gamma\omega} \tag{3.55}$$

いま，複素屈折率 $\tilde{n}$ の実数部 n に着目する．ω が増すとともに n が増すとき，**正常分散**とよばれる．しかし，共鳴角振動数 ω_s の付近では，ω が増すとともに n が減るという**異常分散**が起こる．なお，X 線領域では内殻電子が原子核に対して変位する電子分極が生ずるが，極端紫外線領域では外殻電子が関わる．

上述の電子の単振動に基づく式は，実際には正確な値が得られている原子散乱因子を用いた形で表わされる．j 種原子の原子散乱因子 $f_j = f_j^0 + f_j' + if_j''$ において前方散乱 $(K = 0)$ を考えているので，$f_j^0 = Z_j$ (j 種原子の電子数) である．異常分散項 $f_j' + if_j''$ は，ほとんど散乱角によらない．単位体積中に含まれる j 種原子の数を n_j とすれば，複素屈折率は

$$\tilde{n} = 1 - \frac{r_e}{2\pi}\lambda^2 \sum_j n_j (Z_j + f_j' + if_j'') \tag{3.56}$$

(2.46) の δ と β はつぎのように表わされる $(f_j'' < 0)$．

$$\delta = \frac{r_e}{2\pi}\lambda^2 \sum_j n_j(Z_j + f_j'), \quad \beta = -\frac{r_e}{2\pi}\lambda^2 \sum_j n_j f_j'' \tag{3.57}$$

したがって，吸収係数は (2.53) を用いて，つぎのように表わされる．

$$\mu = 2\lambda r_e \sum_j n_j (-f_j'') \tag{3.58}$$

なお，単位体積中の j 種原子の数 n_j は，j 種原子の原子数比 x_j を用いれば，$n_j = N_A \rho x_j / \sum_j x_j M_j$ と表わされる ($N_A = 6.0220 \times 10^{23}$/mol：アボガドロ定数 (1 モルの原子数)，$\rho$: 密度，$M_j$: j 種原子の原子量)．単一原子では，その原子量を M として単位体積中の原子の数は $n = N_A \rho / M$ となる．

結晶の場合には，単位格子の体積を v_c として複素屈折率 $\tilde{n}$ (3.56) は

$$\tilde{n} = 1 - \frac{r_e \lambda^2}{2\pi v_c} F_0, \quad F_0 = \sum_j (Z_j + f_j' + if_j'') \tag{3.59}$$

と表わされる．ここで F_0 は散乱角ゼロの前方散乱の結晶構造因子である．また，吸収係数はつぎのように表わされる (2.2.2 参照)．

$$\mu = \frac{2\lambda r_e}{v_c} \sum_j (-f_j'') \tag{3.60}$$

ここで和は単位格子中の原子についてとられる．

3.2 X線の回折

　結晶では原子または原子の集団が周期的に配列し，空間格子をつくっている．その間隔はふつう数Åである．波長がそれと同じ程度あるいはそれより短いX線が入射すると，結晶格子が回折格子の役目をして，特定の方向へ散乱される波が互いに強めあう．この干渉現象を**回折**といい，1912年にラウエによって発見された．X線回折を利用すれば，結晶内の原子配置が決められる．この結晶構造解析はブラッグ父子によって初期の開拓的研究が行われた．なお，「回折」の用語は「反射」と混用されることが多い．「ブラッグ散乱」とよばれることもある．

　図 3.12 のように，面間隔が d の格子面に波長 λ の X 線が入射するとする．まず 1 枚の格子面についてみると，入射線と回折線がこの格子面となす角が等しければ，各散乱波の位相はそろっており，波は干渉し互いに強めあう．つぎに，平行な異なった格子面により等角の反射を受けた波の間の干渉を考える．異なった面による散乱波は，隣り合う面からの散乱波の光路差 $2d\sin\theta$ が波長の整数倍 $n\lambda$ に等しければ，すなわち

$$\boxed{2d\sin\theta_B = n\lambda} \tag{3.61}$$

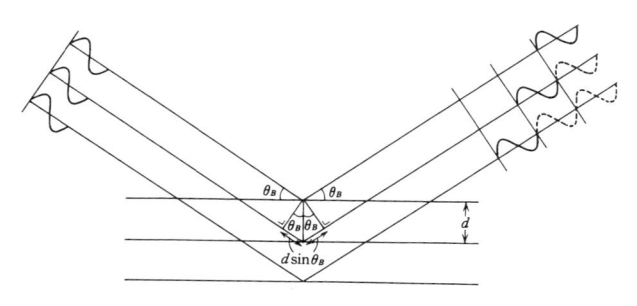

図 3.12　ブラッグ条件（$2d\sin\theta_B = \lambda$ の場合）

3.2 X線の回折

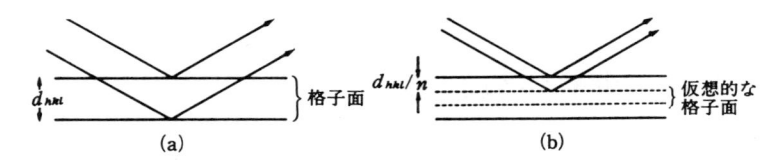

図 3.13 ブラッグ反射の次数 (a) (hkl) 面による n 次の反射 (b) $(nh\,nk\,nl)$ 面による 1 次の反射

であれば，位相がそろって波は強め合い，回折が起こる．これがブラッグ条件（回折条件）とよばれる．θ_B をブラッグ角（回折角），n をブラッグ反射の次数という．なお，1 つの格子面の原子の真下につぎの面の原子がなく，ずれている場合でも，同じように回折が起こる．また，ブラッグ条件から分かるように，波長が $n\lambda \leq 2d$ でなければ，回折は起こらない．

(3.61) の面間隔 d_{hkl} の格子面 (hkl) よる n 次のブラッグ反射は

$$2\frac{d_{hkl}}{n}\sin\theta_B = \lambda \tag{3.62}$$

と書き換えると，面間隔が $d_{hkl}/n = d_{nh\,nk\,nl}$ の仮想的な面 $(nh\,nk\,nl)$ による 1 次のブラッグ反射とも考えられる（図 3.13）．そこで

$$2d_{nh\,nk\,nl}\sin\theta_B = \lambda \tag{3.63}$$

と書ける．

(3.61) のブラッグ条件は厳密には X 線の結晶中での屈折を考慮する必要があり，そのときのブラッグ角を θ'_B とすると，表面と回折面が平行な場合

$$2d\sin\theta'_B\left(1 - \frac{\delta}{\sin^2\theta'_B}\right) = n\lambda \tag{3.64}$$

となる．ここで (2.46) の δ を用いている．またブラッグ角のずれは $\theta'_B - \theta_B = 2\delta/\sin 2\theta_B$ である．

なお「(hkl) 面による反射」は，面指数の括弧をとって「hkl 反射」ともいわれる．

3.3 X線の非弾性散乱

トムソン散乱のように散乱の前後でX線のエネルギーが変わらないとき，**弾性散乱** (elastic scattering) とよばれ，エネルギーが変わるときは**非弾性散乱** (inelastic scattering) とよばれる．

トムソン散乱は電子によるX線波の散乱として考えられるが，電子によるX線散乱の一部は，電子とX線光子の粒子的な衝突によって起こる．自由な電子に対するX線光子の散乱では，X線光子は電子に運動量のみならず，エネルギーも一部を移す．この現象をコンプトン効果といい，散乱は**コンプトン散乱** (Compton scattering) とよばれる．エネルギー $\hbar w_0$ と運動量 $\hbar \bm{k}_0$ をもつX線光子が，最初静止している電子と図 3.14 のように「弾性的に」衝突後，エネルギー $\hbar w_s$ と運動量 $\hbar \bm{k}_s$ をもつX線光子になるとすれば（添字 0，s は散乱の前後を示す），エネルギーと運動量の保存則

$$\hbar\omega_0 = \hbar\omega_s + \frac{p_s^2}{2m} \tag{3.65}$$

$$\hbar\bm{k}_0 = \hbar\bm{k}_s + \bm{p}_s \tag{3.66}$$

が成り立つ．ここで $\bm{p}_s$ は反跳電子の運動量である．(3.65) と (3.66) から散乱角を Θ として近似的に

$$w_s = \frac{w_0}{1 + (\hbar w_0/mc^2)(1-\cos\Theta)} \tag{3.67}$$

あるいは

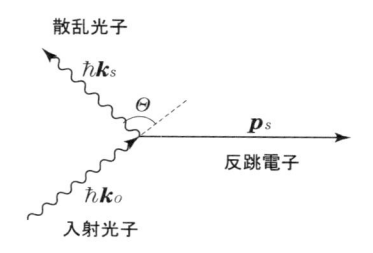

図 3.14 コンプトン散乱　電子は入射X線光子との衝突前に静止しているとする．

が得られる．$h/(mc) = 0.00243\,\mathrm{nm}$ はコンプトン波長とよばれ，波長変化の最大値の 1/2 である．波長変化は散乱角が大きい後方散乱ほど著しい．

相対論的量子力学の取り扱いによる，偏りのない入射 X 線のコンプトン散乱の微分断面積は**クライン (Klein)–仁科**の式として知られ，

$$\frac{d\sigma_c}{d\Omega} = \frac{r_e^2}{2}\frac{w_s^2}{w_0^2}\left(\frac{w_0}{w_s} + \frac{w_s}{w_0} - \sin^2\Theta\right) \tag{3.69}$$

で与えられる．$\hbar w_0/(mc^2) \to 0$ の極限では $w_s = w_0$ の弾性散乱になり，前方散乱 ($\Theta = 0$) でトムソン散乱の微分断面積 (3.36) に帰着する．コンプトン散乱の全断面積 σ_c は (3.69) を積分してつぎの式が得られる．

$$\sigma_c = \sigma_T \frac{3}{4}\left[\frac{1+\alpha}{\alpha^2}\left\{\frac{2(1+\alpha)}{1+2\alpha} - \frac{\ln(1+2\alpha)}{\alpha}\right\} + \frac{\ln(1+2\alpha)}{\alpha} - \frac{1+3\alpha}{(1+2\alpha)^2}\right] \tag{3.70}$$

ここで σ_T はトムソン散乱の全断面積 (3.23)，$\alpha = \hbar w/(mc^2)$ である．

コンプトン散乱に対して固体内電子についても，束縛のゆるい外殻の電子は自由電子近似で扱われ，原子番号の小さい軽元素ほど散乱への寄与が大きい．電子は衝突前に運動量分布をもつので，散乱線はドップラー効果を受けてエネルギーに幅を生ずる．この非弾性散乱のエネルギーの精密測定から固体内電子の運動量分布の情報が得られる．また円偏光 X 線を用いると，磁性体中の磁性電子によるコンプトン散乱，すなわち**磁気コンプトン散乱**によって磁性電子の運動量分布，磁気モーメントなどを知ることができる．

一方，軽元素の束縛の強い内殻電子に対しては**ラマン散乱** (Raman scattering) が生ずる．X 線光子から電子へのエネルギーの移行は，最小が結合エネルギー分である．この散乱では運動量の保存が原子核を含めて考えられるから，ラマン散乱スペクトルはシャープなエッジから低エネルギー側がバンド状になる．その部分に微細構造があり，軟 X 線による軽元素の XAFS (3.5.2 参照) と同じ情報をもつ．図 3.15 はダイヤモンドからの X 線非弾性散乱スペクトルの例である．

これらの非弾性散乱の様式は，散乱体中の電子の結合エネルギーを反映する平均軌道半径 a と散乱による運動量移行の大きさ q の積 qa をつくり，そ

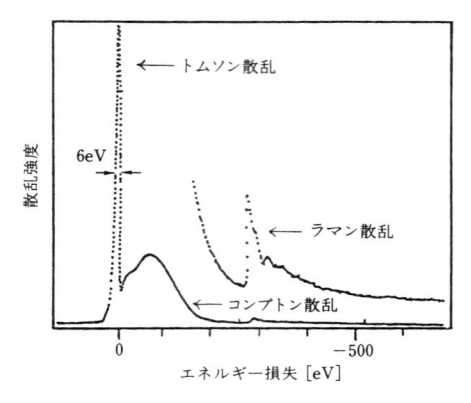

図 3.15 観測されたダイヤモンドからの X 線非弾性散乱スペクトル（入射 X 線 8.4 keV，散乱角 60°）[51]

れを電子の束縛の程度を表わす指標として分類できる[52]．$qa \gg 1$ では電子は比較的自由な状態とみなせてコンプトン散乱になり，$qa \lesssim 1$ では強く束縛された状態でラマン散乱になる．それらの中間の $qa \gtrsim 1$ の弱く束縛された状態での散乱は**コンプトン–ラマン散乱**とよばれる．例えば，CuKα 線に対して Li の 1s 電子は散乱角が小さいときはラマン散乱であるが，大きくなるとコンプトン–ラマン散乱になる．2s 電子は散乱角の大小によらずコンプトン散乱になる．

これらのほかに，固体内の電子の集団運動を量子化したものをプラズモンというが，それを X 線光子が励起する場合もあり，それによる散乱は**プラズモン散乱** (plasmon scattering) とよばれる．この散乱によるエネルギー損失は ~ 10 eV で，断面積はごく小さい．

また，結晶の格子振動による X 線の散乱は**熱散漫散乱** (thermal diffuse scattering) とよばれ，ブラッグ角に極大をもってなだらかに分布する．これは格子振動を量子化したフォノンと X 線光子とのエネルギーのやりとりに基づいており，1 回の散乱でのエネルギー損失は meV 程度とごくわずかであるので，準弾性散乱である．超高分解能分光器を用いれば，フォノンのピークを測定することができる．

3.4 光電効果と 2 次放射

X 線の物質との相互作用には，上述の散乱（弾性散乱と非弾性散乱）の他に光電効果がある．γ 線のような高エネルギー光子では電子対生成も起こる．

光電効果 (photoelectric effect) は，低エネルギー光子に一般的な現象であるが，X 線光子も原子内の束縛された電子にエネルギーを与えて電子を外に飛び出させ，X 線光子自身は消滅してしまう．運動量の保存則が原子核を含めた系で成り立ち，束縛の強い電子ほど効果が大きいので，K 殻電子による光電効果が全体の約 80% を占め，ついで L 殻電子が関わる．この光電効果によって放出される電子を **X 線光電子** (X-ray photoelectron) という．

原子番号 Z の原子の K 殻電子の結合エネルギーは近似的に

$$E_K \approx \frac{e^2 Z^2}{2 a_0} = \frac{mc^2}{2} \alpha^2 Z^2 \tag{3.71}$$

である（$a_0 = 4\pi\varepsilon_0 \hbar^2/(me^2) = 0.529\,\text{Å}$：ボーア軌道半径，$\alpha = e^2/(4\pi\varepsilon_0 \hbar c) = 1/137$：微細構造定数）．X 線エネルギー $\hbar\omega$ が結合エネルギー E_K よりも十分に大きいとき，K 殻電子による光電効果の断面積は原子あたり

$$\sigma_{ph} = \sigma_T \cdot \frac{64}{\alpha^3 Z^2} \left(\frac{E_K}{\hbar\omega}\right)^{\frac{7}{2}} = \sigma_T \cdot 4\sqrt{2}\,\alpha^4 Z^5 \left(\frac{mc^2}{\hbar\omega}\right)^{\frac{7}{2}} \tag{3.72}$$

で与えられる．ここで σ_T はトムソン散乱の断面積である．(3.72) のように σ_{ph} は原子番号の 5 乗に比例し，X 線エネルギーの 7/2 乗に逆比例する．

図 3.16 のように X 線によって K 殻電子がたたき出される **励起** (excitation) の過程についてみれば，K 光電子が放出されるが，X 線光子のエネルギー $\hbar\omega$ のうち一部が K 殻電子の結合エネルギー（イオン化エネルギー）E_K のために費やされるので，

$$\text{K 光電子の運動エネルギー} = \hbar\omega - E_K \tag{3.73}$$

である．

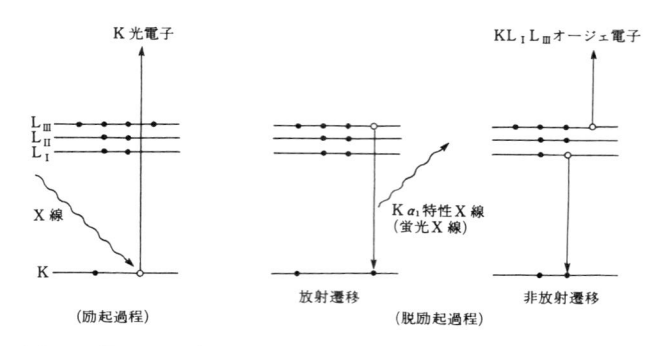

図 3.16 原子の X 線による励起過程と脱励起過程（X 線によって K 殻電子がたたき出される場合）

　一方，**脱励起** (de-excitation) の緩和過程では，電子を失ったあとの殻の空孔に外側の殻の束縛の弱い電子が遷移する．その際，遷移は放射（輻射）遷移と非放射（非輻射）遷移の 2 つのモードが競合する．重い原子ほど前者が起こる確率が大きい．放射遷移では遷移に関わる 2 つの電子の結合エネルギーの差，すなわち遷移エネルギーが特性 X 線として放射される．X 線による励起で生ずる特性 X 線は特に**蛍光 X 線** (fluorescent X-rays) とよばれる．図 3.16 の場合，

$$K\alpha_1 蛍光 X 線のエネルギー = E_K - E_{L_{III}} \tag{3.74}$$

である．非放射遷移では外側の殻の電子が遷移するときに X 線を放射せず，その付近の別の電子がクーロン相互作用を通して遷移エネルギーをもらい，原子外に放出される．この放出される電子を**オージェ電子** (Auger electron) という．図 3.16 の場合，K 殻の空孔へ L_I 殻電子が遷移し，L_{III} 殻電子が放出されるので，KL_IL_{III} オージェ電子と名づけられる．この運動エネルギーは遷移エネルギー $E_K - E_{L_I}$ から原子がイオン化した状態での L_{III} 殻電子の結合エネルギー $E'_{L_{III}}$ を引いたものであるが，この結合エネルギーは原子のそれ E_L に近いので，

$$\begin{aligned}KL_IL_{III} オージェ電子の運動エネルギー &= (E_K - E_{L_I}) - E'_{L_{III}} \\ &\fallingdotseq E_K - 2E_L\end{aligned} \tag{3.75}$$

となる．

3.4 光電効果と2次放射

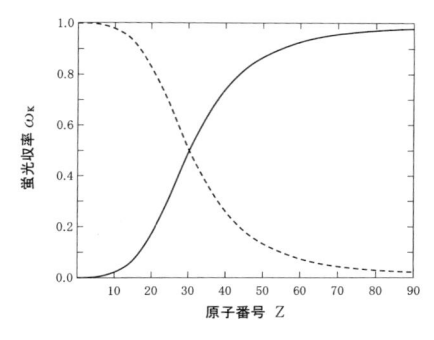

図 3.17 K 線の蛍光収率 ω_{K} の原子番号による変化（実線） 点線はオージェ電子収率.

　内殻空孔が脱励起過程で埋まり蛍光 X 線が放出される確率は**蛍光収率** (fluorescence yield) とよばれる．K 殻空孔が Kα, Kβ などの蛍光 X 線の放出によって緩和される蛍光収率 ω_{K} は

$$\omega_{\mathrm{K}} = \frac{1}{1 + a_{\mathrm{K}} Z^{-4}}, \quad a_{\mathrm{K}} = 1.12 \times 10^6 \tag{3.76}$$

の実験式で表わされる．図 3.17 に示すように，$Z < 10$ では $\omega_{\mathrm{K}} < 0.01$ で，オージェ電子収率がほとんど 1 である．Z が増すに従い，ω_{K} は増大し，$Z = 33$ (As) 付近で 0.5 になる．

　これらの 2 次放射は物質の評価に用いられる．X 線光電子は **X 線光電子分光法** (X-ray photoelectron spectroscopy, XPS) あるいは **ESCA**（エスカ，electron spectroscopy for chemical analysis）として利用される．これは軟 X 線による内殻励起で生じた光電子の運動エネルギーの測定から固体表面層にある元素の同定や結合状態の解析が行なわれる．蛍光 X 線は蛍光 X 線分析法として物質中の元素分析に利用される．なお，オージェ電子は電子を入射線とする**オージェ電子分光法** (Auger electron spectroscopy) が表面層元素の同定や結合状態の解析に用いられている．

　なお**電子対生成** (pair creation) は光子のエネルギーが電子の静止エネルギー mc^2 の 2 倍の 1.02 MeV を越えるとき，原子核の電場のもとで，光子のエネルギーが電子と陽電子に変換される現象である．発生した陽電子は物質中の電子と結合して再び光子になる（陽電子消滅）．

3.5 X線の吸収

3.5.1 吸収係数

エネルギー E の X 線が物質中を透過するとき，X 線強度の減少の割合は透過した距離に比例する．そこで物質層の厚さ dz によって強度 $I(E)$ が $dI(E)$ だけ減少するとすれば，

$$-dI(E)/I(E) = \mu dz \tag{3.77}$$

と表わされる．これを積分すれば，

$$\boxed{I(E) = I_0(E) \exp\{-\mu(E)z\}} \tag{3.78}$$

あるいは

$$\mu(E)z = \ln\{I_0(E)/I(E)\} \tag{3.79}$$

となる．ここで $I_0(E)$ の入射強度が物質の厚さ z を透過して強度 $I(E)$ になるとしている．$\mu\,[\mathrm{m}^{-1}]$ は**線吸収係数** (linear absorption coefficient) とよばれる．$1/\mu\,[\mathrm{m}]$ だけ透過すると，もとの強度の $1/e\,(= 0.368)$ に減ることを表わしている．また強度が半分に減る物質の厚さは $0.693/\mu$ で，半価層とよばれる．μ は波長と物質によって決まるが，同じ物質でも凝集状態によって異なる．μ を密度 ρ で割った $\mu/\rho\,[\mathrm{m}^2\mathrm{kg}^{-1}]$ は物質の状態に関係せず一定になり，**質量吸収係数** (mass absorption coefficient) とよばれる．これを用いれば，(3.78) は

$$I = I_0 \exp\left(-\frac{\mu}{\rho}\rho z\right) \tag{3.80}$$

と書ける．

混合物あるいは化合物の質量吸収係数は，各成分の質量吸収係数と重量比を用いて表すことができる．混合物については

$$\frac{\mu}{\rho} = \frac{(\mu_1/\rho_1)x_1 + (\mu_2/\rho_2)x_2 + \cdots}{100}. \tag{3.81}$$

ここで，$x_1, x_2, \ldots$ はそれぞれの元素の重量百分率である．化学式 $A_xB_y\ldots$ の化合物については，

$$\frac{\mu}{\rho} = \frac{(\mu_A/\rho_A)ax + (\mu_B/\rho_B)by + \cdots}{ax + by + \cdots}. \tag{3.82}$$

ここで，$a, b, \ldots$ はそれぞれ元素 A, B, ... の原子量である．

（吸収に対する各種の相互作用の寄与）

吸収には X 線の各種の相互作用が寄与するが，その主なものはトムソン散乱，コンプトン効果と光電効果である．前述のような各断面積 σ_T，σ_C と σ_{ph} を用いれば，全吸収断面積はかなり粗い近似であるが，

$$\boxed{\sigma = Z(\sigma_T + \sigma_C) + \sigma_{ph}} \tag{3.83}$$

と表わされる．物質の単位体積中の原子数を n とし，その物質の面積 S，厚さ dz のところに A 個の X 線光子が入射すると，1 個の原子と相互作用する確率は $A\sigma/S$ で，原子数が $nSdz$ 個あるので，X 線光子が dA 個だけ減少したとすると

$$-d\mathrm{A} = n\sigma \mathrm{A} dz \tag{3.84}$$

である．したがって (3.77) を参照して σ は線吸収係数と

$$\boxed{\mu = n\sigma} \tag{3.85}$$

の関係がある．図 3.18 にこれらの大きさが広範囲の X 線エネルギーによって変化する様子を示す．数十 keV あたりまでは光電効果に基づく吸収（光電吸収）が支配的で，トムソン散乱の寄与も大きい．エネルギーが高くなるとコンプトン効果の占める割合が大きくなる．さらに 1 MeV を越えると (3.83) に電子対生成の断面積が加わり，主要な寄与をする．

これらの吸収は，真の吸収と散乱による吸収に分けられる．真の吸収では，光電効果による吸収の場合，X 線光子が物質中の電子にエネルギーを与えて X 線光子自身は消滅する．散乱による吸収では，X 線が物質中の電子によって散乱されて，入射方向の X 線強度が弱まり，見かけ上吸収されたようになる．真の吸収と散乱による吸収に対する寄与は，X 線の波長が長く，

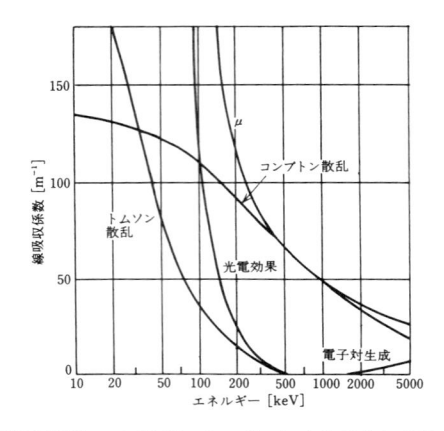

図 3.18 鉄の線吸収係数 μ の X 線エネルギーによる変化と各種の相互作用の寄与

物質を構成する原子の原子番号が大きいほど，前者が圧倒的に大きい．逆に短波長で，軽元素に対しては，後者の寄与が出てくる．

3.5.2 吸収曲線

光電効果が主として寄与する吸収係数の X 線波長に対する依存性の例を図 3.19 に示す．このような吸収曲線には光電効果により生ずる**吸収端**(absorption edge) とよばれる不連続なところがある．波長を短くすると，K, L 殻などの電子をたたき出すことができるようなエネルギーに達したところで，K, L 吸収端などが現われる．つまり吸収端で吸収は急激に大きくなり，高エネルギー側に裾を引いた形になる．これに要するエネルギーは，各殻の電子の結合エネルギーに対応している．吸収端の波長 λ_{abs} は結合エネルギー E_B と

$$\frac{hc}{\lambda_{abs}} = E_B \tag{3.86}$$

の関係がある．図 3.16 のエネルギー準位からわかるように，K 吸収端は 1 つであるが，L 吸収端は L_I, L_{II}, L_{III} の 3 つの微細構造をもつ．なお，吸収曲線の斜線の部分では，曲線の形は近似的に

$$\frac{\mu}{\rho} \propto Z^4 \lambda^3 \tag{3.87}$$

3.5 X線の吸収

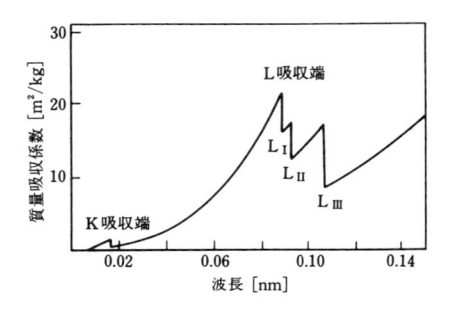

図 3.19 質量吸収係数 μ/ρ のX線波長による変化（白金の場合）

に従っている．もっと詳しい吸収曲線のプロファイルはビクトリーン (Victoreen) によって実験的につぎのように与えられている[53]．

$$\frac{\mu}{\rho} \propto C\lambda^3 - D\lambda^4 + \frac{N}{\rho}\sigma_C \tag{3.88}$$

C, D は Z の関数で，吸収端で大きく変わる．σ_C はコンプトン散乱の断面積 (3.70) である．これらの数値は表に与えられている[40]．物質が単体の場合，$N/\rho = N_A Z/M$ である（N: 物質の単位体積中の電子数，N_A: アボガドロ定数，M: 原子量）．

吸収曲線の吸収端近傍で吸収端より波長の短いほうに振動的な微細構造が見られる．吸収端から数十 eV 以内の微細構造は **XANES**（ゼーンズ，X-ray absorption near edge structure, X線近吸収端構造）とよばれ，物質の電子構造と光電子の散乱に関係している．数十 eV から 1000 eV くらいの広い範囲にわたって現われる微細構造は **EXAFS**（イグザフス，extended X-ray absorption fine structure, 広域X線吸収微細構造）とよばれる．これは吸収原子の内殻から放出された光電子の波が，周囲の原子によって散乱されてもとに戻ってきた波と干渉し，吸収遷移確率が増減することによって生ずる．この振動部分から特定の吸収原子とそれに隣接する原子との原子間距離や配位数に関する情報が得られ，局所構造解析法として特に非晶質物質，生体物質などの構造研究に役立つ．なお，XANES と EXAFS をまとめて **XAFS**（ザフス，X-ray absorption fine structure, X線吸収微細構造）と総称される．

3.6 原子核との相互作用

原子核の電荷による X 線の散乱も，電子の電荷によるトムソン散乱と同様に考えることができる．電荷を Ze（Z: 原子番号），質量を AM_p（A: 質量数，M_p: 陽子の質量）とすれば，核トムソン散乱の散乱断面積はトムソン散乱の断面積 (3.23) に対応して

$$\sigma_T^n = \frac{8\pi}{3}\left(\frac{Z^2 e^2}{4\pi\varepsilon_0 AM_p c^2}\right)^2 = 2.1\times 10^{-35}\frac{Z^4}{A^2}\ [\mathrm{m^2}] \qquad (3.89)$$

となる．Fe 原子核では $\sigma_T^n = 3.0\times 10^{-33}\,\mathrm{m^2}$ で，散乱振幅で表わせば $6.4\times 10^{-3}r_e$ である．Fe 原子のトムソン散乱の断面積 $\sigma_T = 4.5\times 10^{-26}\,\mathrm{m^2}$ と較べると 7×10^{-6} 倍にすぎない．このように原子核は重いので，強制振動を受けにくく，核トムソン散乱は無視できる．

一方，エネルギー選択性をもつ放射光を用いれば，例えば ^{57}Fe 安定同位体にある低い核励起準位 (14.4 keV) の励起を観測することができる．この場合，励起に利用できるエネルギー幅は励起準位の自然幅 (4.7×10^{-8} eV) に対応して極めて狭い．しかし，その共鳴条件を満たすエネルギー範囲内で**核共鳴散乱** (nuclear resonant scattering) の断面積はかなり大きく，$\sigma_r^n = 3\times 10^{-24}\,\mathrm{m^2}$ であって，その極めて狭いエネルギー範囲で電子によるトムソン散乱と比較すると，約 40 個分の電子に相当する．

3.7 原子と X 線電磁場の相互作用の量子論的な取り扱いのあらまし

X 線の回折・散乱現象は古典論に基づいて説明できることが多い．しかし，もともと近似であって適用範囲には限界があり，量子論による厳密な解析が必要な場合もある．量子論はまた，X 線の物質との相互作用の素過程を全体的に理解するのに役立つので，ここでその要点を述べる[54]．X 線の電磁場（輻射場）と原子，特に電子系との相互作用を議論するのに，電磁場は古典論的に扱うが電子系は量子力学的に扱う半古典論と，さらに電磁場も量

3.7 原子とX線電磁場の相互作用の量子論的な取り扱いのあらまし

子力学的に扱う完全な量子論がある．

原子内の電子系のハミルトニアン（ハミルトン関数）は古典力学では

$$\mathcal{H} = \sum_j \frac{1}{2M} \boldsymbol{p}_j^2 + \mathcal{H}_e \tag{3.90}$$

のように与えられる．ここで $\boldsymbol{p}_j$ は j 番目の電子の運動量，$\sum_j$ は電子についての和である．第1項と第2項はそれぞれ電子系の運動エネルギーとポテンシャルエネルギーを表わす．これに電磁場が存在すると，電磁場のベクトルポテンシャル $\boldsymbol{A}(\boldsymbol{r}_j, t)$（$\boldsymbol{r}_j$: j 番目の電子の位置）により (3.90) において第1項中の $\boldsymbol{p}_j$ が $\boldsymbol{p}_j + e\boldsymbol{A}(\boldsymbol{r}_j, t)$ となり，また電磁場のエネルギー $\mathcal{H}_r$ が加わり，全系のハミルトニアンは

$$\mathcal{H} = \sum_j \frac{1}{2m} \{\boldsymbol{p}_j + e\boldsymbol{A}(\boldsymbol{r}_j, t)\}^2 + \mathcal{H}_e + \mathcal{H}_r \tag{3.91}$$

となる．さらにこれを書き換えて，

$$\mathcal{H} = \sum_j \frac{1}{2m} \boldsymbol{p}_j^2 + \sum_j \frac{e}{m} \boldsymbol{p}_j \cdot \boldsymbol{A}(\boldsymbol{r}_j, t) + \sum_j \frac{e^2}{2m} \boldsymbol{A}^2(\boldsymbol{r}_j, t) + \mathcal{H}_e + \mathcal{H}_r \tag{3.92}$$

において電子系を量子力学的に取り扱って量子力学的ハミルトニアンとするには，$\boldsymbol{p}_j$ と $\boldsymbol{A}(\boldsymbol{r}_j, t)$ を演算子とみなせばよく，$\boldsymbol{p}_j$ の対応関係は $\boldsymbol{p}_j \leftrightarrow -i\hbar\mathrm{grad}$ である．なお，演算子 $\boldsymbol{p}_j$ と $\boldsymbol{A}(\boldsymbol{r}_j, t)$ は一般には可換ではないが，ここでは $\mathrm{div}\boldsymbol{A}(\boldsymbol{r}_j, t) = 0$ とするクーロンゲージをとっているので $\boldsymbol{p}_j \cdot \boldsymbol{A}(\boldsymbol{r}_j, t) = \boldsymbol{A}(\boldsymbol{r}_j, t) \cdot \boldsymbol{p}_j$ である．

(3.92) から電子系と電磁場との相互作用のハミルトニアンは

$$\mathcal{H}' = \sum_j \frac{e}{m} \boldsymbol{p}_j \cdot \boldsymbol{A}(\boldsymbol{r}_j, t) + \sum_j \frac{e^2}{2m} \boldsymbol{A}^2(\boldsymbol{r}_j, t) \tag{3.93}$$

で，摂動ハミルトニアンである．相互作用のない非摂動のハミルトニアンは

$$\mathcal{H}_0 = \mathcal{H} - \mathcal{H}' = \sum_j \frac{1}{2m} \boldsymbol{p}_j^2 + \mathcal{H}_e + \mathcal{H}_r \tag{3.94}$$

で，電子系と電磁場のエネルギーの和を表わす．なお，電子スピンがかかわる磁気散乱や磁気コンプトン散乱を扱う場合には (3.93) にそのハミルトニアンが加わる．

(3.93) の相互作用のもとで電子系と電磁場の状態はつぎのシュレディンガー (Schrödinger) 方程式に従って時間的に変化する．

$$i\hbar\frac{\partial \psi}{\partial t} = (\mathcal{H}_0 + \mathcal{H}')\psi \tag{3.95}$$

ここで ψ は状態を表わす波動関数で，電磁場を古典論的に扱う場合は電子系の波動関数を表わす．

時間に依存する摂動論によれば，1次の摂動のもとで系の始状態 i から終状態 f への遷移はつぎの行列要素で決まる．

$$\langle f \mid \mathcal{H}' \mid i \rangle \equiv \int \psi_f^* \mathcal{H}' \psi_i d\boldsymbol{r} \tag{3.96}$$

単位時間あたりの i から f への**遷移確率** (transition probability) は，終状態が連続的に分布するとし，単位エネルギーあたりの状態密度を $\rho(E_f)$ とすれば，

$$\omega = \frac{2\pi}{\hbar}|\langle f \mid \mathcal{H}' \mid i \rangle|^2 \rho(E_f) \tag{3.97}$$

によって与えられ，**フェルミの黄金律** (Fermi's golden rule) とよばれる．ここで，i と f の間ではエネルギーが保存される．2次の摂動も考慮すると，その行列要素は

$$\sum_n \frac{\langle f \mid \mathcal{H}' \mid n \rangle \langle n \mid \mathcal{H}' \mid i \rangle}{E_i - E_n}$$

で与えられる．ここで $i \to f$ の遷移は仮想的な中間状態 n を経由する．この中間状態ではエネルギーが保存されなくてよいが，$E_n \simeq E_i$ の状態が主要になる．この2次の摂動まで含めた場合の遷移確率は

$$w = \frac{2\pi}{\hbar}\left|\langle f \mid \mathcal{H}' \mid i \rangle + \sum_n \frac{\langle f \mid \mathcal{H}' \mid n \rangle \langle n \mid \mathcal{H}' \mid i \rangle}{E_i - E_n}\right|^2 \rho(E_f) \tag{3.98}$$

となる．

3.7 原子とX線電磁場の相互作用の量子論的な取り扱いのあらまし　107

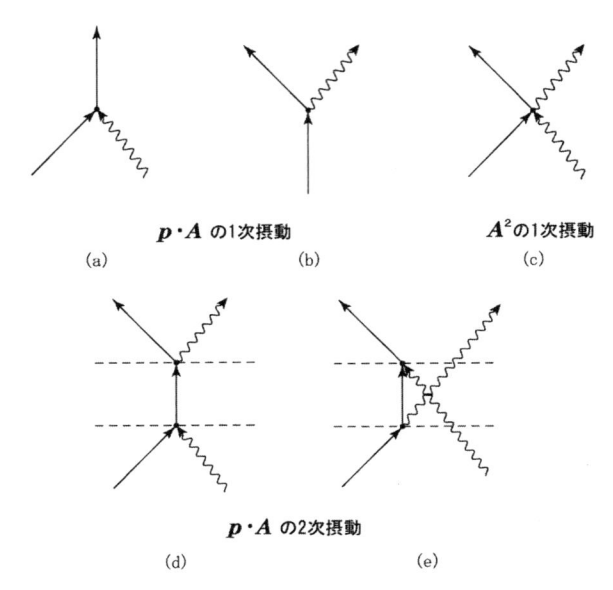

図 3.20 原子内の電子系とX線電磁場の相互作用のダイヤグラム (a): 1 光子の吸収 (b): 1 光子の放出 (c): 1 光子の吸収・1 光子の放出 (d), (e): 中間状態を介した 1 光子の吸収・1 光子の放出

　電子系のみならず電磁場も量子化すると，ベクトルポテンシャル A は光子の消滅演算子と生成演算子の 1 次結合によって表わされる．この場合，(3.95) の波動関数 ψ は電子系と電磁場を含めた全体の波動関数を表わすことになる．

　原子内の電子系とX線電磁場の相互作用は (3.98) の 1 次摂動と 2 次摂動で表わされるが，それらは図 3.20 のようなダイヤグラムを用いると理解しやすい．ダイヤグラムで電子の伝播は実線で，光子の伝播は波線で表わしている．時間は下から上へ進むとしているので，始状態は下側，終状態は上側である．

(1) $p \cdot A$ の 1 次摂動

　相互作用のハミルトニアン (3.93) の $p \cdot A$ の項は A を 1 次の形で含むので，それによる 1 次摂動は 1 つの光子の吸収あるいは放出が関わる 1 次光

学過程である．散乱体は強く束縛された電子であり，吸収端近傍で測定される．図 3.20(a) は，光子が吸収されて，電子が励起される光電吸収や光電子放出を表わしている．一方，図 3.20(b) は電子が脱励起されて，光子が放出されるという X 線放射を表わしており，蛍光 X 線の放射が対応する．この場合，励起する光と放射される光との間に位相関係はない．

(2) $\boldsymbol{A}^2$ の 1 次摂動

(3.93) の $\boldsymbol{A}^2$ の項は $\boldsymbol{A}$ を 2 次の形で含むので，それによる 1 次摂動は 2 つの光子が関わる 2 次光学過程である．図 3.20(c) は 1 つの光子が吸収されて，同時に（中間状態を経ずに）1 つの光子が放出されるという X 線の散乱を表わしている．これには比較的自由なあるいは弱く束縛された電子が関係し，弾性散乱のトムソン散乱や非弾性散乱のコンプトン散乱，コンプトン–ラマン散乱などが対応する．

(3) $\boldsymbol{p}\cdot\boldsymbol{A}$ の 2 次摂動

(3.93) の $\boldsymbol{p}\cdot\boldsymbol{A}$ の項による 2 次摂動は，(2) の場合と同じく 2 つの光子が関わる 2 次光学過程である．このダイヤグラムには図 3.20(a)，(b) を組み合わせた 2 つの型の図 3.20(d)，(e) がある．これらは中間状態を経て 1 つの光子を吸収し，1 つの光子を放出するという X 線の散乱を表わしており，(d) は光子の吸収が光子の放出に先行して起こり，(e) は光子の放出が光子の吸収に先行して起こる．これらの散乱過程では入射する光と出射する光には位相相関がある．これらの散乱には強く束縛された電子が関係し，弾性散乱の X 線共鳴散乱（異常散乱）や非弾性散乱の X 線ラマン散乱などが対応する．

第 4 章

運動学的回折理論
—モザイク結晶による回折

　ふつうに取り扱う結晶は粒界,転位などの格子欠陥を多く含み,3 次元的な周期性が乱れている.それをモデル化したものが**モザイク結晶**で,図 4.1 のように多数の周期性の乱れのない微小領域(モザイク片)がわずかな方位のずれの分布をもって集合していると考える.モザイク結晶では X 線が互いに干渉し合える領域が小さいので,入射線は結晶中では 1 回だけ散乱を受ける.このような場合に成り立つのが**運動学的回折理論** (kinematical theory of diffraction) である.たいていの無機,有機結晶にはこの理論が適用される.さらに非晶質固体や液体の場合にも成り立つ汎用性の高い理論である.この理論によれば,回折波の振幅は物質内の電子密度分布のフーリエ変換に比例する.これを利用して結晶構造の決定や構造の周期性からの乱れの解析などが行なわれる.

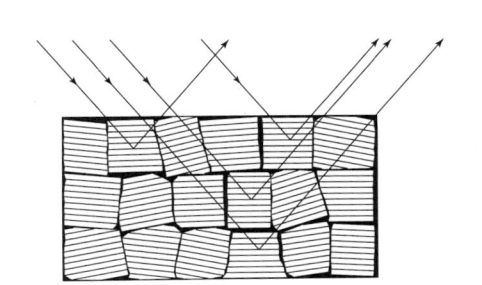

図 4.1 結晶のモザイク構造 モザイク片間の傾きは誇張して描いている.1 回散乱だけが生じる.

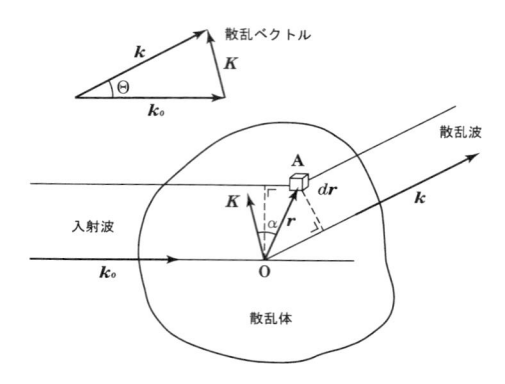

図 **4.2** X 線の物質によるトムソン散乱

4.1 干渉性散乱の一般式

　結晶に限らず任意の形態をもつ物質による X 線のトムソン散乱を考える．その際，運動学的回折理論では，X 線は物質中で 1 回だけ散乱を受け，また入射線は物質中で回折のために弱まることはないと仮定される．なお運動学的回折理論は，散乱理論において相互作用が十分に弱いときに用いられる**ボルン (Born) 近似**に対応している．物質からの散乱波の振幅は物質に含まれる各電子からの散乱波の振幅を，電子の位置による波の位相のずれを考慮して，加え合わせたものになる．すなわち，物質の各部分から生じた散乱波は異なる位相をもって互いに干渉しあい，その結果，散乱波の強度は方向によって異なってくる．

　いま，波長 λ の入射波と散乱波の波数ベクトルを $\boldsymbol{k}_0, \boldsymbol{k}\,(k_0 = k = 2\pi/\lambda)$ とするとき，$\boldsymbol{k} - \boldsymbol{k}_0$ は**散乱ベクトル** (scattering vector) とよばれる．それを $\boldsymbol{K}$ で表わすと（$\boldsymbol{Q}$ あるいは $\boldsymbol{q}$ で表わすこともある），図 4.2 の幾何学的関係から

$$\boldsymbol{K} = \boldsymbol{k} - \boldsymbol{k}_0, \tag{4.1}$$

その大きさは

$$K = \frac{4\pi}{\lambda}\sin\frac{\Theta}{2} \tag{4.2}$$

である. ここで Θ は散乱角である. K は [長さ]$^{-1}$ の次元をもつ. なお, ド–ブロイの関係式から $\hbar \boldsymbol{K}$ が散乱に伴なう運動量移行 (momentum transfer) であることを示している.

図 4.2 のように, 散乱体中の任意の点を座標の原点にとる. 原点から $\boldsymbol{r}$ だけ離れた点 A における電子密度（あるいは電荷密度）を $\rho(\boldsymbol{r})$ とする. 点 A からの散乱波は原点からの散乱波との間に位相差 $(\boldsymbol{k}-\boldsymbol{k}_0)\cdot\boldsymbol{r}$ あるいは $\boldsymbol{K}\cdot\boldsymbol{r}$ を生じる（位相差は光路差に $2\pi/\lambda$ を乗じたもの). 点 A の微小体積要素 $d\boldsymbol{r}$（$d\boldsymbol{v}$ と表わすこともある）中に電子が存在する確率を $\rho(\boldsymbol{r})d\boldsymbol{r}$ とすれば, その部分から散乱される波の振幅は, 電子の位置による位相のずれを考慮して, $\rho(\boldsymbol{r})e^{-i\boldsymbol{K}\cdot\boldsymbol{r}}d\boldsymbol{r}$ に比例する.

したがって, 散乱体からの散乱波の振幅は, それを散乱体全体にわたって積分した

$$\int \rho(\boldsymbol{r})e^{-i\boldsymbol{K}\cdot\boldsymbol{r}}d\boldsymbol{r} \equiv A(\boldsymbol{K}) \tag{4.3}$$

に 1 個の電子による散乱振幅 $-r_e$ を乗じたもので表わされる. $A(K)$ は散乱体の電子密度分布をフーリエ変換したもので, **構造因子** (structure factor) あるいは **構造振幅** (structure amplitude) とよばれる. これは散乱体の構造に関係し, 構造解析における基本的な量である.

このような散乱過程を表わす X 線電場の振幅は, 散乱体内にとった原点から遠く離れた観測点にいたる位置ベクトルを $\boldsymbol{r}$ として, $\boldsymbol{r}$ の位置で

$$E(\boldsymbol{r}) = \varepsilon_0 e^{i\boldsymbol{k}_0\cdot\boldsymbol{r}} + \{-r_e\boldsymbol{\varepsilon}_0\cdot\boldsymbol{\varepsilon}_s A(\boldsymbol{K})\}\frac{\boldsymbol{\varepsilon}_s e^{i\boldsymbol{k}\cdot\boldsymbol{r}}}{r} \tag{4.4}$$

のようになる（3.1.1 参照). 第 1 項が入射波で, 振幅の大きさを 1 としている. 第 2 項は散乱波で, 散乱体から球面波状に広がる. 散乱波の強度は第 2 項の 2 乗であるから

$$I(\boldsymbol{K}) = I_0 \frac{P r_e^2}{r^2}|A(\boldsymbol{K})|^2 \tag{4.5}$$

となる. ここで入射波の強度を I_0 とし, 偏光を考慮している ($P \equiv (\boldsymbol{\varepsilon}_0\cdot\boldsymbol{\varepsilon}_s)^2$ は偏光因子). 微分散乱断面積を用いて表わすと ((3.2) 参照), つぎのようになる.

$$\frac{d\sigma}{d\Omega} = P r_e^2 |A(\boldsymbol{K})|^2 \tag{4.6}$$

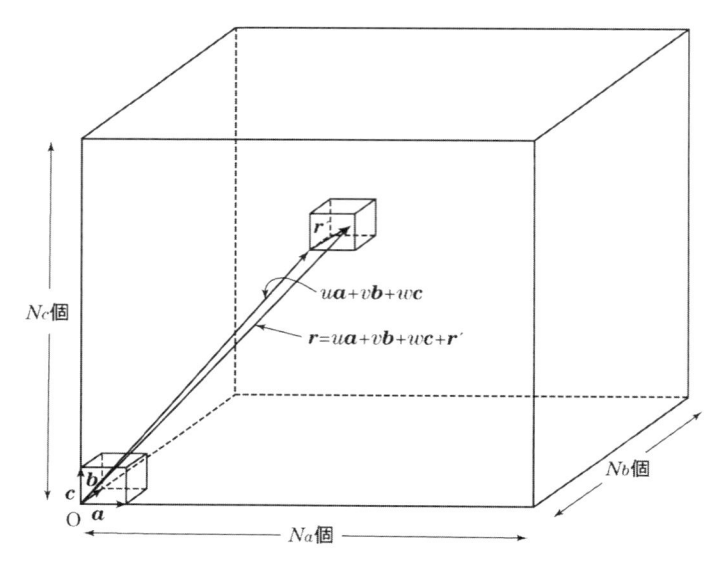

112 第4章 運動学的回折理論—モザイク結晶による回折

図 4.3 平行六面体の結晶における単位格子の積み重ね

(4.5) の散乱波の強度は 1 個の電子による散乱強度 I_e ((3.18) 参照) を用いれば,

$$I(\boldsymbol{K}) = I_e|A(\boldsymbol{K})|^2 = I_e \left| \int \rho(\boldsymbol{r}) e^{-i\boldsymbol{K}\cdot\boldsymbol{r}} d\boldsymbol{r} \right|^2 \tag{4.7}$$

のように書き表わされる.この式は,散乱体が固体,液体あるいは気体でも成り立つ一般的な式で,運動学的回折理論の基礎を与えるものである.

4.2 結晶による回折

4.2.1 結晶構造因子

結晶では,電子密度分布 $\rho(\boldsymbol{r})$ は 3 次元的な周期性をもっている.結晶格子の基本ベクトルを $\boldsymbol{a}$, $\boldsymbol{b}$, $\boldsymbol{c}$ とし,図 4.3 のように,原点から $u\boldsymbol{a}+v\boldsymbol{b}+w\boldsymbol{c}$ の位置にある格子点 (u,v,w) に注目し,原点からその格子点が属する単位格子内の 1 点までのベクトルを $\boldsymbol{r} = u\boldsymbol{a}+v\boldsymbol{b}+w\boldsymbol{c}+\boldsymbol{r}'$ とすれば,$\rho(\boldsymbol{r}) = \rho(\boldsymbol{r}')$ が成り立つ.そこで (3.3) において散乱体を結晶とすれば,結晶全体の構造

因子は

$$A(\boldsymbol{K}) = \int \rho_{\text{crystal}}(\boldsymbol{r})e^{-i\boldsymbol{K}\cdot\boldsymbol{r}}d\boldsymbol{r}$$
$$= \sum_u \sum_v \sum_w \exp\{-i\boldsymbol{K}\cdot(u\boldsymbol{a}+v\boldsymbol{b}+w\boldsymbol{c})\}\int \rho_{\text{cell}}(\boldsymbol{r}')\exp(-i\boldsymbol{K}\cdot\boldsymbol{r}')d\boldsymbol{r}' \tag{4.8}$$

となる．和は結晶内の全格子点についてとる．積分は1つの単位格子内で行なえばよく，これは各格子点に

$$F(\boldsymbol{K}) = \int \rho_{\text{cell}}(\boldsymbol{r})e^{-i\boldsymbol{K}\cdot\boldsymbol{r}}d\boldsymbol{r} \tag{4.9}$$

に比例する散乱振幅をもった散乱体があるのと同等である．この $F(\boldsymbol{K})$ は**結晶構造因子** (crystal structure factor) あるいは**単位格子構造因子** (unit cell structure factor) とよばれ，単位格子内の電子密度分布あるいは原子の配置によって決まる量である．

結晶内の原子の電子密度分布は，原子間の結合のために自由な原子の場合と同じではないが，結合にはおもに外殻電子だけが関係するから大きな違いはないと見てよい．そこで結晶内の電子密度分布を自由な原子の電子密度分布の重ね合わせで表わすとする．単位格子内の j 番目の原子は，単位格子の原点から $\boldsymbol{r}_j$ の位置にあるとして，j 番目の原子に伴なう電子密度分布を $\rho_j(\boldsymbol{r}-\boldsymbol{r}_j)$ で表わすと，単位格子内の電子密度分布は

$$\rho_{\text{cell}}(\boldsymbol{r}) = \sum_j \rho_j(\boldsymbol{r}-\boldsymbol{r}_j) \tag{4.10}$$

となる．和は単位格子内の原子についてとる．そうすると，結晶構造因子は (4.9) から

$$F(\boldsymbol{K}) = \sum_j \int \rho_j(\boldsymbol{r}-\boldsymbol{r}_j)\exp(-i\boldsymbol{K}\cdot\boldsymbol{r})d\boldsymbol{r}$$
$$= \sum_j \exp(-i\boldsymbol{K}\cdot\boldsymbol{r}_j)\int \rho_j(\boldsymbol{r}')\exp(-i\boldsymbol{K}\cdot\boldsymbol{r}')d\boldsymbol{r}'$$
$$= \sum_j f_j(\boldsymbol{K})\exp(-i\boldsymbol{K}\cdot\boldsymbol{r}_j) \tag{4.11}$$

となる．ここで $r - r_j = r'$ とおき，j 番目の原子の原子散乱因子 ((3.34) 参照) を $f_j(K)$ としている．このように結晶構造因子は，単位格子内の各原子の原子散乱因子を，r_j の位置にある原子に対しては $K \cdot r_j$ の位相差が生ずることを考慮して加え合わせたものである．

4.2.2 ラウエ関数とラウエ条件

(4.8) の格子点についての和の部分を $G(k)$ とおく．もし結晶の外形を図 4.3 のように平行六面体として，3 辺が a, b, c の軸に平行で，各軸方向の単位格子のくり返し数を N_a, N_b, N_c とすると，

$$\begin{aligned}
G(K) &= \sum_u \sum_v \sum_w \exp\{-iK \cdot (ua + vb + wc)\} \\
&= \sum_{u=0}^{N_a-1} \exp(-iuK \cdot a) \sum_{v=0}^{N_b-1} \exp(-ivK \cdot b) \sum_{w=0}^{N_c-1} \exp(-iwK \cdot c) \\
&= \exp\left(-i(N_a-1)K \cdot a/2\right) \sin\left(N_a K \cdot a/2\right) / \sin\left(K \cdot a/2\right) \\
&\quad \exp\left(-i(N_b-1)K \cdot b/2\right) \sin\left(N_b K \cdot b/2\right) / \sin\left(K \cdot b/2\right) \\
&\quad \exp\left(-i(N_c-1)K \cdot c/2\right) \sin\left(N_c K \cdot c/2\right) / \sin\left(K \cdot c/2\right) \quad (4.12)
\end{aligned}$$

のように表わされる．散乱強度を問題にするときは，$|G|^2$ が必要で，

$$\boxed{|G(K)|^2 = \frac{\sin^2(N_a K \cdot a/2)}{\sin^2(K \cdot a/2)} \frac{\sin^2(N_b K \cdot b/2)}{\sin^2(K \cdot b/2)} \frac{\sin^2(N_c K \cdot c/2)}{\sin^2(K \cdot c/2)}} \quad (4.13)$$

となる．これは**ラウエ関数** (Laue function) とよばれる．結局，結晶全体の構造因子は (4.8) から

$$A(K) = G(K)F(K) \quad (4.14)$$

であり，散乱強度は

$$\boxed{I(K) = I_e |G(K)|^2 |F(K)|^2} \quad (4.15)$$

で表わされる．

ラウエ関数の特性を 1 次元の場合で見てみる．$\sin^2(N_a K \cdot a/2)/\sin^2(K \cdot a/2)$ は横軸を $K \cdot a$ にとって図 4.4 のように表わされる．$K \cdot a = 2\pi h$

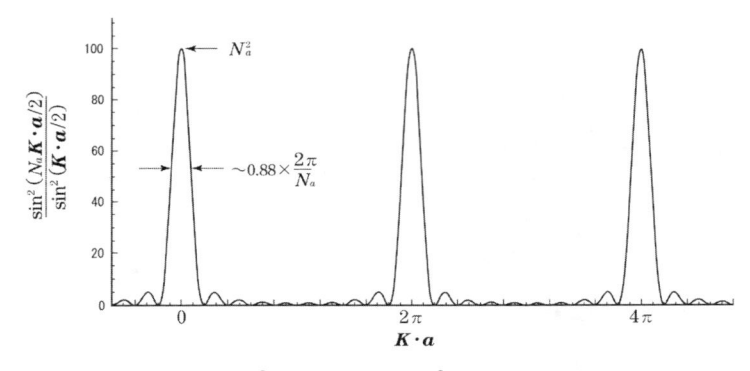

図 4.4　ラウエ関数 $\sin^2(N_a \boldsymbol{K}\cdot\boldsymbol{a}/2)/\sin^2(\boldsymbol{K}\cdot\boldsymbol{a}/2)$　$N_a = 10$ の場合

(h は 0 または正, 負の整数)のとき主極大をもち, 主極大から両側に $\pm 2\pi/N_a$, $\pm 4\pi/N_a$, $\pm 6\pi/N_a$ などのところでゼロになり, それらの間に小さな副極大をもつ. 主極大の高さは N_a^2, 半値幅は約 $0.88 \times 2\pi/N_a$ である. N_a が大きくなると主極大の高さは著しく大きくなり, その幅は狭くなる. 副極大の高さは, 例えば $N_a = 10$ のとき第 1 副極大は主極大の 4.9%, 第 2 副極大は 2.0% であって, N_a が大きくなるとほとんど無視することができる. これらのことから (4.13) のラウエ関数は, $N_a \cdot N_b \cdot N_c$ がすべて大きいふつうの結晶の場合には, h, k, l を 0 または正, 負の整数として

$$\boldsymbol{K}\cdot\boldsymbol{a} = 2\pi h, \;\; \boldsymbol{K}\cdot\boldsymbol{b} = 2\pi k, \;\; \boldsymbol{K}\cdot\boldsymbol{c} = 2\pi l \tag{4.16}$$

のときだけ鋭い極大をもち, 極大値は

$$|G(\boldsymbol{K})|^2 = (N_a N_b N_c)^2 = N^2 \tag{4.17}$$

となる. $N_a N_b N_c$ は結晶内の単位格子の総数 N である. (4.16) は**ラウエ条件**とよばれる.

ラウエ条件を $\boldsymbol{a}$, $\boldsymbol{b}$ で張られる 2 次元格子で図示すると図 4.5 のようになる. (4.16) の第 1 式は $\boldsymbol{a}$ の 1 次元の原子列からの回折を表わし, 回折線は $\boldsymbol{a}$ の原子列を軸とする円錐の母線上にある. 同様に第 2 式には $\boldsymbol{b}$ の原子列を軸とする円錐が対応する. 両方の条件を満たすのは, この 2 つの円錐の交線で, 2 次元格子の表, 裏に対応した 2 方向である. さらに 3 次元の空間格子では第 3 式が加わって, 回折線の方向は 1 つに限られる.

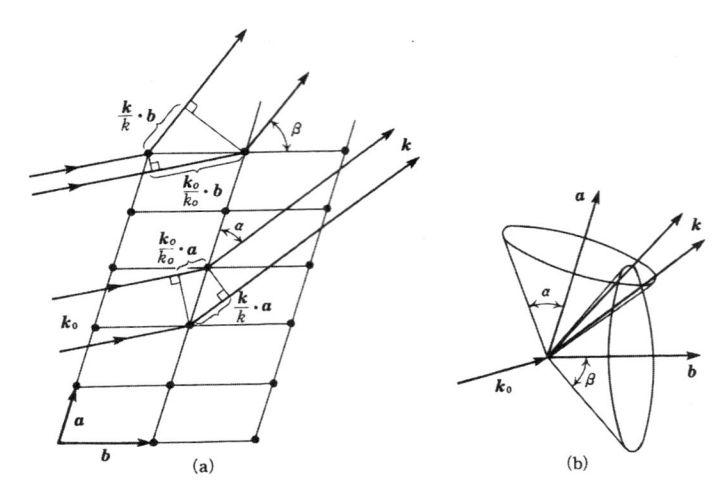

116　第 4 章　運動学的回折理論——モザイク結晶による回折

図 4.5　2 次元格子による回折　(a) a および b の原子列での回折　(b) 回折線の方向

4.3　逆格子

4.3.1　逆空間と逆格子ベクトル

　回折現象を論ずるときには，逆格子の考えを用いるのが便利である．逆格子は結晶格子の周期性を反映しており，周期場に関する一般的な議論では必ず出てくる重要な概念である．

　回折条件を幾何学的に考える際に，結晶に関しては格子面を指定する必要がある．そこで (1) 格子面 (hkl) の向きを表わすには，ある原点から引いた格子面の法線の方向を用いる．(2) 格子面の面間隔 d_{hkl} は，その法線の長さが面間隔の逆数の 2π 倍，$2\pi/d_{hkl}$ に等しくなるようにとって表わす．このようにして格子面を法線の先端点で代表させることができる．結晶中の各格子面を代表する点の集合は格子を形成する．その空間は長さの逆数の次元をもつので，長さの次元をもつ実空間と対比して**逆空間** (reciprocal space) とよばれ，形成された格子は**逆格子** (reciprocal lattice) とよばれる．各点は**逆格子点** (reciprocal lattice point) といい，座標は (h, k, l) である．結局，

4.3 逆格子　117

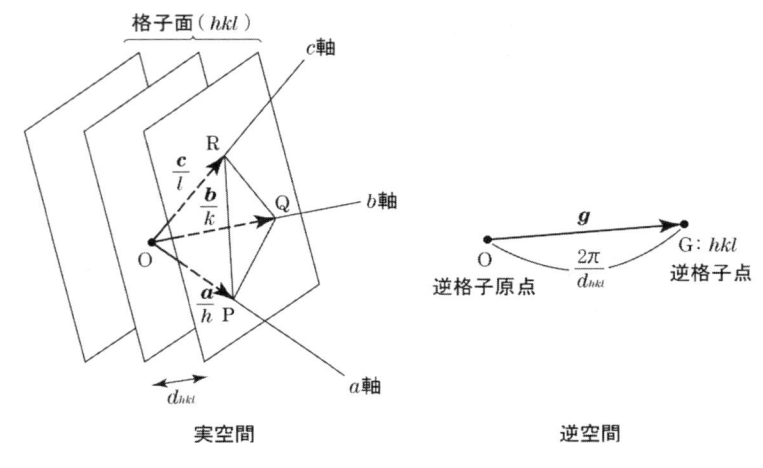

図 4.6 格子面（実空間）とその逆格子点（逆空間）

逆空間の原点から各逆格子点に至る逆格子ベクトルの方向と長さによって，格子面の向きと面間隔が表示される．

ここで，逆格子ベクトルの数学的な表示を考えてみる．図 4.6 のように，(hkl) 面のうち原点 O に最も近い面は結晶軸 $\boldsymbol{a}, \boldsymbol{b}, \boldsymbol{c}$ とそれぞれ $a/h, b/k, c/l$ で交わる．格子面の法線はこの面上のベクトル $\overrightarrow{PQ}, \overrightarrow{QR}$ に垂直，すなわちベクトル積

$$\overrightarrow{PQ} \times \overrightarrow{QR} = \left(\frac{\boldsymbol{b}}{k} - \frac{\boldsymbol{a}}{h}\right) \times \left(\frac{\boldsymbol{c}}{l} - \frac{\boldsymbol{b}}{k}\right) = \frac{\boldsymbol{b} \times \boldsymbol{c}}{kl} + \frac{\boldsymbol{c} \times \boldsymbol{a}}{lh} + \frac{\boldsymbol{a} \times \boldsymbol{b}}{hk} \quad (4.18)$$

に平行である．これに $2\pi hkl/v_c$ を乗じたものが (hkl) 面の逆格子ベクトル $\boldsymbol{g}$ になる．すなわち，

$$\boldsymbol{g} = 2\pi h \frac{\boldsymbol{b} \times \boldsymbol{c}}{v_c} + 2\pi k \frac{\boldsymbol{c} \times \boldsymbol{a}}{v_c} + 2\pi l \frac{\boldsymbol{a} \times \boldsymbol{b}}{v_c} \quad (4.19)$$

ここで v_c は単位格子の体積で，つぎのように表わされる．

$$v_c = \boldsymbol{a} \cdot (\boldsymbol{b} \times \boldsymbol{c}) = \boldsymbol{b} \cdot (\boldsymbol{c} \times \boldsymbol{a}) = \boldsymbol{c} \cdot (\boldsymbol{a} \times \boldsymbol{b}) \quad (4.20)$$

$\boldsymbol{g}$ が (4.19) のように与えられるのは，つぎのことから分かる．(hkl) 面の面間隔 d_{hkl} は格子面の法線方向の単位ベクトル $\boldsymbol{g}/|\boldsymbol{g}|$ 上に，例えば $\overrightarrow{OP}(= \boldsymbol{a}/h)$ を射影した長さであって

$$d_{hkl} = \frac{\bm{a}}{h} \cdot \frac{\bm{g}}{|\bm{g}|} \left(= \frac{\bm{b}}{k} \cdot \frac{\bm{g}}{|\bm{g}|} = \frac{\bm{c}}{l} \cdot \frac{\bm{g}}{|\bm{g}|} \right) \tag{4.21}$$

となり，これに (4.19) を代入すれば，$\bm{a} \cdot (\bm{c} \times \bm{a}) = \bm{a} \cdot (\bm{a} \times \bm{b}) = 0$ を用いて

$$|\bm{g}| = \frac{2\pi}{d_{hkl}} \tag{4.22}$$

が導かれるからである．

いま，結晶格子の基本ベクトル $\bm{a}$, $\bm{b}$, $\bm{c}$ に対して逆格子の基本ベクトル $\bm{a}^*$, $\bm{b}^*$, $\bm{c}^*$ をつぎのように定義する．

$$\boxed{\bm{a}^* = 2\pi \frac{\bm{b} \times \bm{c}}{v_c}, \quad \bm{b}^* = 2\pi \frac{\bm{c} \times \bm{a}}{v_c}, \quad \bm{c}^* = 2\pi \frac{\bm{a} \times \bm{b}}{v_c}} \tag{4.23}$$

(なお，結晶学では波数を $k = 1/\lambda$ と定義し，それに対応して 2π をつけないで逆格子が定義されることが多い．その場合，(4.19)～(4.28) に現われる 2π はすべて 1 に読み替える．) 逆格子の格子定数は結晶格子のそれ (図 1.1) と同じように軸長 a^*, b^*, c^* と軸角 α^*, β^*, γ^* である．(hkl) 面に対応する逆格子点 $G : hkl$ に至る逆格子ベクトルは (4.19) から

$$\boxed{\bm{g} = h\bm{a}^* + k\bm{b}^* + l\bm{c}^*} \tag{4.24}$$

と書ける．$\bm{a}^*$, $\bm{b}^*$, $\bm{c}^*$ と $\bm{a}$, $\bm{b}$, $\bm{c}$ の間には，$\bm{a}^*$ が $\bm{b}$, $\bm{c}$ に垂直であるなどの一種の直交関係がある．すなわち，

$$\begin{aligned} \bm{a}^* \cdot \bm{a} &= \bm{b}^* \cdot \bm{b} = \bm{c}^* \cdot \bm{c} = 2\pi \\ \bm{a}^* \cdot \bm{b} &= \bm{a}^* \cdot \bm{c} = \bm{b}^* \cdot \bm{c} = \bm{b}^* \cdot \bm{a} = \bm{c}^* \cdot \bm{a} = \bm{c}^* \cdot \bm{b} = 0 \end{aligned} \tag{4.25}$$

立方，正方，斜方晶系の結晶のように 3 軸が垂直な場合，逆格子も直交軸をもち，

$$\begin{aligned} &\bm{a}^*//\bm{a}, \ \bm{b}^*//\bm{b}, \ \bm{c}^*//\bm{c} \\ &|\bm{a}^*| = \frac{2\pi}{|\bm{a}|}, \ |\bm{b}^*| = \frac{2\pi}{|\bm{b}|}, \ |\bm{c}^*| = \frac{2\pi}{|\bm{c}|} \end{aligned} \tag{4.26}$$

などの関係がある．

(4.23) により実空間の格子から逆空間の逆格子が得られたが，さらに逆格子の "逆格子" をつくれば，実空間の格子に戻る．すなわち (4.23) に対応してつぎの関係も成り立つ．

$$a = 2\pi \frac{b^* \times c^*}{v_c^*}, \quad b = 2\pi \frac{c^* \times a^*}{v_c^*}, \quad c = 2\pi \frac{a^* \times b^*}{v_c^*} \tag{4.27}$$

ここで v_c^* は逆格子の単位格子の体積で

$$v_c^* = a^* \cdot (b^* \times c^*) = b^* \cdot (c^* \times a^*) = c^* \cdot (a^* \times b^*)$$
$$v_c \cdot v_c^* = (2\pi)^3 \tag{4.28}$$

なお，面指数 (hkl) の格子面には，逆空間で原点から逆格子ベクトル g の位置にある逆格子点 $h\,k\,l$ が対応するが，仮想的な面 $(nh\,nk\,nl)$ に対しては，$n g$ の位置にある逆格子点 $nh\,nk\,nl$ が対応する（3.3 参照）．

ラウエ条件 (4.16) は，逆格子ベクトル (4.24) とベクトル間の関係式 (4.25) を用いて，

$$\boxed{K (= k - k_0) = g} \tag{4.29}$$

と書くことができる．これは散乱波の波数ベクトル k と入射波のそれ k_0 の差，すなわち散乱ベクトル K が，ある逆格子ベクトル g に一致するとき，回折が起こることを示している．このときピーク強度は (4.15) から

$$\boxed{I(g) = I_e N^2 |F(g)|^2} \tag{4.30}$$

となる．

4.3.2 逆格子の作図

結晶格子の基本ベクトル a, b, c から (4.23) にしたがって逆格子の基本ベクトル a^*, b^*, c^* が決められる．それらのベクトルの先端の座標が (100)，(010)，(001) である．また，ある格子面に着目すれば，逆格子の原点からその格子面の垂線の方向に平行に (4.22) の長さをとって逆格子点が決められる．つぎに逆格子を作図する例を示す．

(1) 単純立方晶格子（図 4.7）

結晶格子の基本ベクトルは直交軸をつくるので，逆格子の基本ベクトルも直交軸となり，(4.26) のごく簡単な関係をもつ．

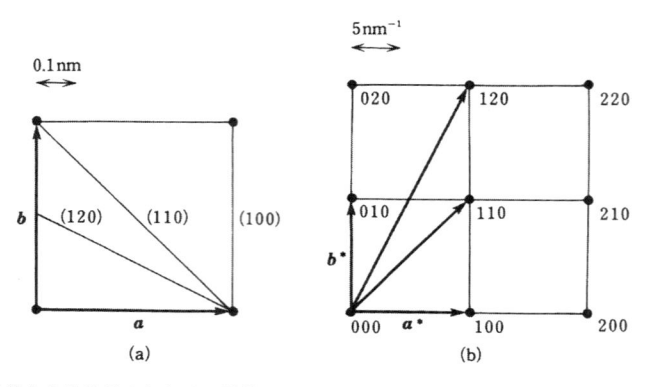

図 4.7 単純立方晶格子 (a) とその逆格子 (b)　c と c^* は紙面に垂直（格子定数を 0.5 nm としている）．

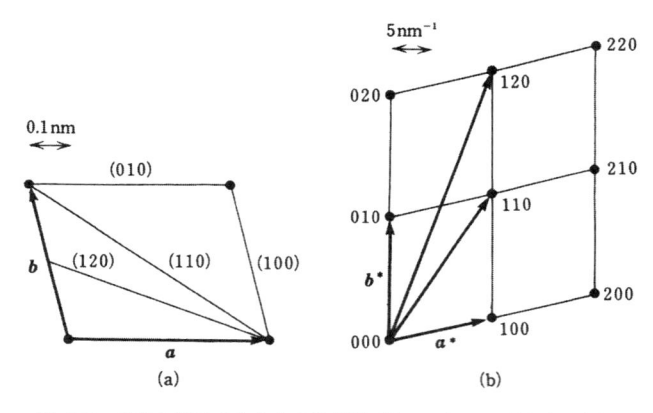

図 4.8 単斜晶格子 (a) とその逆格子 (b)　c と c^* は紙面に垂直．

(2) 単斜晶格子（図 4.8）

単斜晶系では 3 軸の長さがすべて異なり，a, b の 2 軸が c 軸に対して垂直である．そこで a^*, b^* は a, b の張る面内にある．

(3) 面心立方晶格子（図 4.9）

面心立方晶の単位格子は菱面体（図 1.16 参照）であり，それからつくられる逆格子も菱面体の形をとる．この逆格子の各点の指数は分かりづらいので，指数を付け替えて図 4.9(b) が得られる．あるいはつぎのようにしても

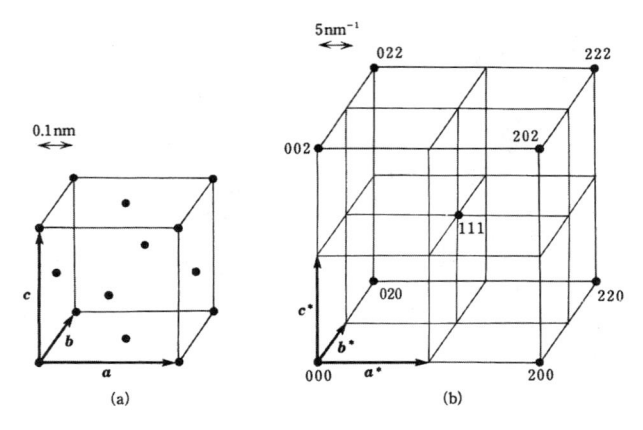

図 4.9　面心立方晶格子 (a) とその逆格子 (b)

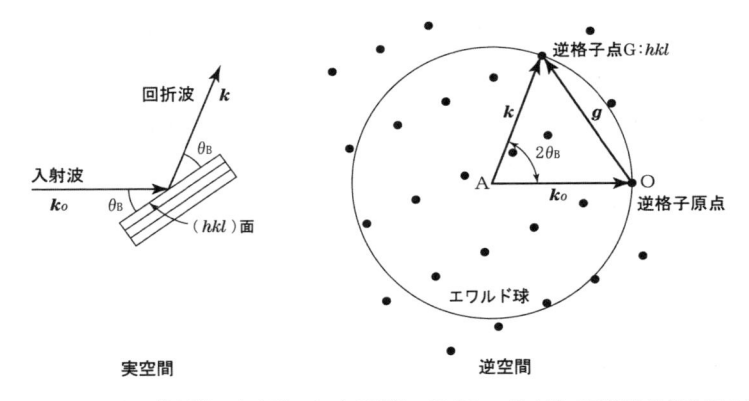

図 4.10　エワルドの作図法　実空間における配置に対応して逆空間で回折条件が作図される．

よい．面心に原子があるにもかかわらず単純立方格子のごとく扱い，逆格子をつくる．そのうえで，面心立方格子の消滅則（4.4.2 参照）に基づいて，逆格子点の中から回折を生じない逆格子点を除くことにより体心立方の形の逆格子が得られる．

4.3.3　エワルドの作図法

(4.29) のラウエ条件は逆空間で幾何学的に表わすことができる．図 4.10

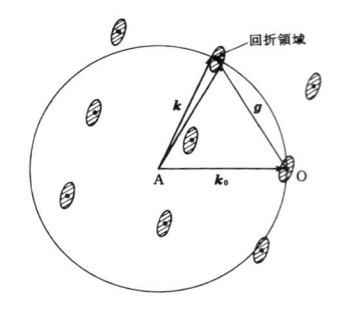

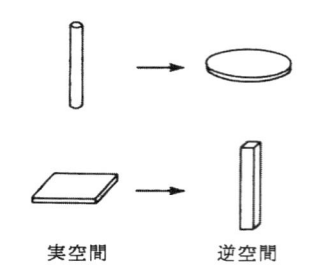

図 4.11 逆格子点が広がった回折領域をもつ場合の回折線の角度広がり

図 4.12 結晶の外形による逆格子点の広がりの模式図

に実空間での回折条件が，逆空間でどのように対応するかを示している．その際，実空間と逆空間で X 線の進行方向などの方位は保存させる．作図法は，(1) 結晶の逆格子を描く．(2) その原点 O から $-\boldsymbol{k}_0$ なるベクトルを引き，点 A を決める．すなわち $\boldsymbol{k}_0$ の始点 A を，$\overrightarrow{\mathrm{AO}}$ が入射方向に向き，$\overrightarrow{\mathrm{AO}}$ の長さが $2\pi/\lambda$ になるように決める．(3) 点 A を中心とし半径 $2\pi/\lambda$ の円を描く．この円は 3 次元的には球であり，**エワルド球**あるいは**反射球**とよばれる．(4) 逆格子点がこの球の上に乗るとき，ラウエ条件 (4.29) が満たされる．すなわち，逆格子点 G で代表される格子面 (hkl) は回折の条件を満たし，$\overrightarrow{\mathrm{AG}}$ の方向へ回折が起こる．このようなラウエ条件の幾何学的な表示は**エワルドの作図法** (Ewald construction) とよばれる．この作図によって実際の実験法に則して簡単に回折条件を知ることができる．

図 4.10 から $\angle \mathrm{GAO} = 2\theta_B$，$\overline{\mathrm{OG}} = 2\pi/d_{hkl}$ であるから $4\pi \lambda \times \sin\theta_B = 2\pi/d_{hkl}$ となり，これはブラッグ条件にほかならない．

回折線の強度式 (4.30) には $|F(\boldsymbol{g})|^2$ の項が含まれているので，強度について考える場合には逆格子点に $|F(\boldsymbol{g})|^2$ の重みをつければよい．

結晶が小さいときは，ラウエ関数 (4.13) が示すように回折線は角度広がりをもつ．この様子は図 4.11 のように，逆格子点に $|G(\boldsymbol{K})|^2$ に応じて広がった回折領域をもたせることで表わすことができる．回折線は点 A から回折領域をエワルド球が横切る切口の方向へ向かうので，角度広がりをもつ．この回折領域はすべての逆格子点に同じようにつく．結晶がある方向に薄けれ

ば，逆格子点はその方向に伸びる（図 4.12）．すなわち，結晶が針状のときは，逆格子点はそれに垂直な方向に広がった薄板状になる．また，薄板状のときは板面に垂直な方向に伸びた針状になる．この広がりは光学における散乱体の外形によるフラウンホーファー回折に相当する．この $|G(\boldsymbol{K})|^2$ の広がりから，微小結晶や薄膜結晶の外形や大きさの情報が得られる．

4.4 回折強度

4.4.1 各種の結晶格子に対する結晶構造因子

(4.11) の結晶構造因子 F は一般に散乱ベクトル $\boldsymbol{K}$ の関数であるが，結晶による回折強度は (4.16) のラウエ条件から $\boldsymbol{K} = \boldsymbol{g}$ のとびとびの方向だけで大きな値をもつ．したがって F も実際にはそのところだけを計算すればよい．

単位格子中に n 個の原子があるとし，j 番目の原子の位置を a, b, c を単位として $x_j, y_j, z_j (0 \leq x_j, y_j, z_j \leq 1)$ で表わせば，その位置ベクトルは

$$\boldsymbol{r}_j = x_j \boldsymbol{a} + y_j \boldsymbol{b} + z_j \boldsymbol{c} \tag{4.31}$$

である．これと (4.11) から

$$F(\boldsymbol{g}) = \sum_{j=1}^{n} f_j(\boldsymbol{g}) \exp(-i\boldsymbol{g} \cdot \boldsymbol{r}_j) \tag{4.32}$$

$$= \sum_{j=1}^{n} f_j(\boldsymbol{g}) \exp\{-2\pi i(hx_j + ky_j + lz_j)\} \tag{4.33}$$

となる．(4.32) で $-\boldsymbol{g} \cdot \boldsymbol{r}_j = \phi_j$ とおけば，f_j を実数として

$$F(\boldsymbol{g}) = \sum_{j=1}^{n} f_j(\boldsymbol{g}) e^{i\phi_j} \tag{4.34}$$

$$= \sum_{j=1}^{n} f_j(\boldsymbol{g}) \cos \phi_j + i \sum_{j=1}^{n} f_j(\boldsymbol{g}) \sin \phi_j \tag{4.35}$$

のように書き換えて，横軸を実数軸に，縦軸を虚数軸にとって複素平面に図示したのが図 4.13 である．個々の原子からの寄与は，原子散乱因子 f_j と位

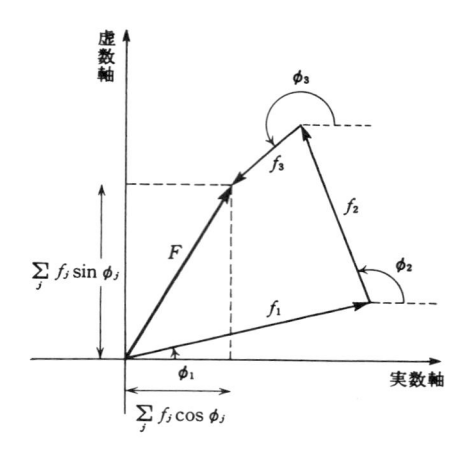

図 4.13 結晶構造因子 F の幾何学的表現 (4.34) で $n=3$ の場合．

相角 ϕ_j を考慮してベクトル的に加えられる．結局，

$$F(\boldsymbol{g}) = |F(\boldsymbol{g})| \exp\{i\phi(\boldsymbol{g})\} \tag{4.36}$$

の形にまとめられる．$F(\boldsymbol{g})$ の値は単位格子の原点のとり方で変わるが，実測にかかる $|F(\boldsymbol{g})|^2$ の値は不変である．単位格子中の原子が 1 種類だけのときは

$$F(\boldsymbol{g}) = f(\boldsymbol{g}) \sum_{j=1}^{n} \exp\{-2\pi i(hx_j + ky_j + lz_j)\} \tag{4.37}$$

となる．なお $F(\boldsymbol{g})$ と $f(\boldsymbol{g})$ は，それぞれ $F(hkl), f(hkl); F_{\boldsymbol{g}}, f_{\boldsymbol{g}}; F_{hkl}, f_{hkl}$ のようにも表わされる．

いくつかの結晶格子（原子位置に関しては 1.3 を参照）について $F(\boldsymbol{g})$ を求めてみる．その際 $e^{n\pi i} = e^{-n\pi i} = (-1)^n$（$n$ は整数）を使う．

(1) 単純格子：単位格子に原子が 1 個含まれるとする．

$$F_{hkl} = f \tag{4.38}$$

(2) 体心格子：単位格子に同種原子が 2 個含まれるとする．

$$F_{hkl} = f\{1 + e^{-\pi i(h+k+l)}\} \tag{4.39}$$

$$= \begin{cases} 2f & \cdots h+k+l = \text{偶数 } (h,k,l \text{ のすべて} \\ & \qquad \text{または 1 つだけが偶数) のとき} \\ 0 & \cdots h+k+l = \text{奇数のとき} \end{cases}$$

このように結晶の対称性によって回折が生じない場合がある（消滅則 4.4.2 参照）．

(3) **面心格子**：単位格子に同種原子が 4 個含まれるとする．

$$F_{hkl} = f\{1 + e^{-\pi i(h+k)} + e^{-\pi i(k+l)} + e^{-\pi i(l+h)}\} \tag{4.40}$$

$$= \begin{cases} 4f & \cdots h,k,l \text{ がすべて偶数またはすべて奇数のとき} \\ 0 & \cdots h,k,l \text{ に偶数と奇数が混じっているとき} \end{cases}$$

(4) **ダイヤモンド型立方格子**：単位格子に同種原子が 8 個含まれているとする．$0, 0, 0$ と $\frac{1}{4}, \frac{1}{4}, \frac{1}{4}$ に原点をもつ 2 つの面心立方格子を重ねたものであるから，

$$F_{hkl} = f\{1 + e^{-\pi i(h+k)} + e^{-\pi i(k+l)} + e^{-\pi i(l+h)}\}\{1 + e^{-\frac{\pi}{2}i(h+k+l)}\} \tag{4.41}$$

となる．これはやはり面心立方格子であるから，(3) の場合の消滅則（h, k, l に偶数と奇数が混じっているときは，回折が起きない）をもつが，消える回折線はさらに増える．すなわち，h, k, l がすべて偶数またはすべて奇数のときの回折に対して

$$F_{hkl} = 4f\{1 + e^{-\frac{\pi}{2}i(h+k+l)}\} \tag{4.42}$$

$$= \begin{cases} 8f & \cdots h+k+l = 4m \\ 4(1 \mp i)f & \cdots h+k+l = 4m \pm 1 \\ 0 & \cdots h+k+l = 4m+2 \end{cases}$$

$$(m \text{ は } 0 \text{ または正，負の整数)}$$

なお，一般に対称中心をもつ格子の場合，対称中心を原点にとれば，F の値は実数になる．実際，ダイヤモンド型格子では，対称中心 $\frac{1}{8}, \frac{1}{8}, \frac{1}{8}$ を原点にとれば

$$\begin{aligned} F_{hkl} = {} & f\{1 + e^{-\pi i(h+k)} + e^{-\pi i(k+l)} + e^{-\pi i(l+h)}\} \\ & \times \{e^{\frac{\pi}{4}i(h+k+l)} + e^{-\frac{\pi}{4}i(h+k+l)}\} \end{aligned} \tag{4.43}$$

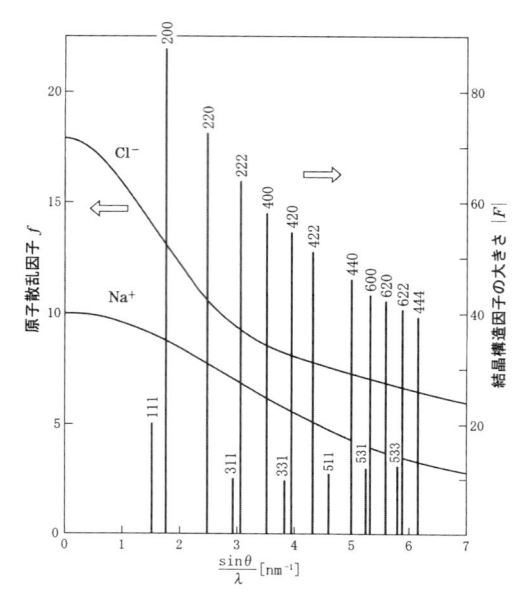

図 4.14 Na$^+$, Cl$^-$ イオンの原子散乱因子と NaCl の結晶構造因子の大きさ

となり，F の値はすべて実数で表わされる．

(5) 塩化ナトリウム型立方格子：0, 0, 0 に原点をもつ Na$^+$ イオンの面心立方格子と $\frac{1}{2}, \frac{1}{2}, \frac{1}{2}$ に原点をもつ Cl$^-$ イオンの面心立方格子の重ね合わせとする．各イオンの原子散乱因子を f_{Na^+}, f_{Cl^-} とすると，

$$F_{hkl} = \{1 + e^{-\pi i(h+k)} + e^{-\pi i(k+l)} + e^{-\pi i(l+h)}\}\{f_{\text{Na}^+} + f_{\text{Cl}^-}e^{-\pi i(h+k+l)}\}$$

(4.44)

$$= \begin{cases} 4(f_{\text{Na}^+} + f_{\text{Cl}^-}) & \cdots h, k, l \text{ がすべて偶数のとき} \\ 4(f_{\text{Na}^+} + f_{\text{Cl}^-}) & \cdots h, k, l \text{ がすべて奇数のとき} \\ 0 & \cdots h, k, l \text{ に偶数と奇数が混じっているとき} \end{cases}$$

図 4.14 に Na$^+$ イオンと Cl$^-$ イオンの f の値を $\sin\theta/\lambda$ の関数として表わし，また (4.44) から計算した $|F|$ の値を示してある．この型の結晶で，

KCl, CsI のように 2 つの原子散乱因子の大きさが，ほとんど同じ場合には，h, k, l がすべて奇数の回折もほぼ消滅する．

4.4.2 消滅則

前述のように，各逆格子点には $F(\boldsymbol{g})$ の重みがついていると考えられるが，結晶格子の対称性によって $F(\boldsymbol{g})$ がゼロになることがある．つまり格子が体心，面心，底心であるか，また，らせん軸，映進面の有無など結晶のもつ対称性によって，それぞれに特有な指数の $F(\boldsymbol{g})$ がゼロになる．これは回折の幾何学的条件が満たされても，その方向には回折線は現われないということであり，**消滅則** (extinction rule) とよばれる．$F(\boldsymbol{g})$ がゼロになる逆格子点を消えたとみなせば，実格子と逆格子の間にはつぎのような関係がある (4.4.1 参照)．

(実格子)		(逆格子)
単純格子	⟷	単純格子
面心格子	⟷	体心格子
体心格子	⟷	面心格子
底心格子	⟷	底心格子

回折データにおいて消える回折面の指数を系統的に調べれば，その結晶の空間群を部分的に区別できる．

4.4.3 フリーデル則

いま吸収を無視する，あるいは異常分散を無視すると，$f(\boldsymbol{g})$ は実数であるので，(4.32) から

$$F(\bar{\boldsymbol{g}}) = F^*(\boldsymbol{g}) \tag{4.45}$$

である．ここで $\bar{\boldsymbol{g}} \equiv -\boldsymbol{g}$, $*$ は複素共役を示す．したがって (4.36) において

$$|F(\bar{\boldsymbol{g}})| = |F(\boldsymbol{g})| \tag{4.46}$$

かつ

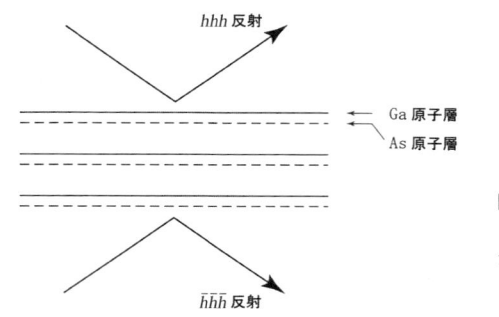

図 4.15 極性結晶 GaAs におけるおもて面 (hhh) と裏面 ($\bar{h}\bar{h}\bar{h}$) からの反射

$$\phi(\bar{\boldsymbol{g}}) = -\phi(\boldsymbol{g}) \tag{4.47}$$

である．(4.46) から hkl 反射の強度と $\bar{h}\bar{k}\bar{l}$ 反射のそれは等しい．これを**フリーデル則** (Friedel's law) という．これは結晶に対称中心がなくても，回折図形には必ず対称中心 ($\bar{1}$) があることを意味している．回折図形の対称は 32 種類の点群（表 1.2 参照）のうち対称中心のある 11 種類，すなわち

$\bar{1}$, 2/m, mmm, 4/m, 4/mmm, m$\bar{3}$, m$\bar{3}$m, $\bar{3}$, $\bar{3}$m, 6/m, 6/mmm

に限られる．これらは特に**ラウエ群**とよばれる．

　フリーデル則によれば回折強度の測定から結晶の**極性** (polarity) を判定することはできない．例えば，GaAs の 111 面での反射とその裏の $\bar{1}\bar{1}\bar{1}$ 面での反射の強度は等しい（図 4.15）．しかし，X 線の波長がある原子の吸収端より少し短ければ異常分散が生じて，$f(\boldsymbol{g})$ は複素数になるのでフリーデルの法則は成立せず，極性の判定が可能になる．異常分散のために等価でなくなる指数 $\boldsymbol{g}$ と $\bar{\boldsymbol{g}}$ の組は**バイフット対** (Bijvoet pair) とよばれる．なお，GaAs の 200 面などは極性を示さない．この 200 と $\bar{2}00$ のような組はフリーデル対とよばれる．

4.4.4　熱振動の効果

　これまでの考察では，原子は一定の位置に静止しているとした．実際には，平衡位置を中心として各温度に応じた熱振動をしている．熱振動のスペクトルは赤外線の領域にあり，原子の振動周期は 10^{-13} sec ぐらいである．

4.4 回折強度

一方，X線の振動電場は約 10^{-18}sec の振動周期をもっているので，原子の振動数はX線のそれの 10^{-5} ぐらいである．したがって回折強度はある時刻における原子の変位した位置に対して計算し，これを原子振動の周期について平均すればよい．その結果，以下に示すように積分回折強度は熱振動のために減少する．

単位格子内の j 番目の原子の位置は熱振動によりある時刻 t で熱平衡位置 $\boldsymbol{r}_j$ から $\boldsymbol{u}_j(t)$ の微小変位をするとすれば，つぎのように書ける．

$$\boldsymbol{r}_j(t) = \boldsymbol{r}_j + \boldsymbol{u}_j(t) \tag{4.48}$$

結晶構造因子 (4.32) は

$$\begin{aligned} F(\boldsymbol{g}) &= \sum_j f_j \exp\{-i\boldsymbol{g}\cdot(\boldsymbol{r}_j + \boldsymbol{u}_j)\} \\ &= \sum_j f_j \exp(-i\boldsymbol{g}\cdot\boldsymbol{r}_j)\left\{1 - i\boldsymbol{g}\cdot\boldsymbol{u}_j - \frac{1}{2}(\boldsymbol{g}\cdot\boldsymbol{u}_j)^2 + \cdots\right\} \end{aligned} \tag{4.49}$$

となる．この時間平均 $\langle\cdots\rangle$ をとれば，原子の振動は互いに独立であると仮定すると，括弧内の奇数次のべきの項は平均するとゼロになるので，近似的につぎのように表わすことができる．

$$\begin{aligned} \langle F(\boldsymbol{g})\rangle &= \sum_j f_j \exp(-i\boldsymbol{g}\cdot\boldsymbol{r}_j) \exp\left\{-\frac{1}{2}\langle(\boldsymbol{g}\cdot\boldsymbol{u}_j)\rangle\right\} \\ &= \sum_j f_j \exp(-i\boldsymbol{g}\cdot\boldsymbol{r}_j)\exp(-M_j) \end{aligned} \tag{4.50}$$

ここで

$$M_j = \frac{1}{2}\langle(\boldsymbol{g}\cdot\boldsymbol{u}_j)^2\rangle = 8\pi^2\langle u_{j\perp}^2\rangle \frac{\sin^2\theta_B}{\lambda^2} = B_j\frac{\sin^2\theta_B}{\lambda^2} \tag{4.51}$$

$$B_j = 8\pi^2\langle u_{j\perp}^2\rangle \tag{4.52}$$

$u_{j\perp}$ は $\boldsymbol{u}_j$ の散乱ベクトル $\boldsymbol{K}$ 方向（いま $\boldsymbol{K}$ は $\boldsymbol{g}$ と一致している）の成分，すなわち回折面に垂直方向の成分であり，$\langle u_{j\perp}^2\rangle$ はその2乗平均である．

熱振動の効果は (4.50) のように原子散乱因子 f_j に $\exp(-M_j)$ を乗じて表わされる．e^{-M} はデバイ–ワーラー因子 (Debye-Waller factor) あるいは

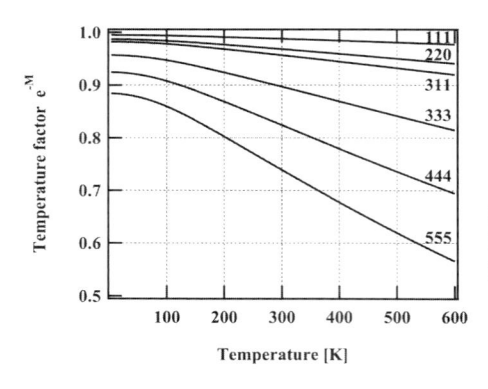

図4.16 Siのデバイ–ワーラー因子の温度と格子面指数による変化[55]

温度因子 (temperature factor) とよばれる．M またはつぎの**原子変位パラメーター** (atomic displacement parameter) とよばれる B の値は，デバイ (Debye) の比熱理論から単純立方晶に対してつぎのように与えられ，近似的に単体の立方晶に適用される．

$$M = B\left(\frac{\sin\theta_B}{\lambda}\right)^2, \quad B = \frac{6h^2 T}{m_a k \Theta^2}\left\{\phi(x) + \frac{x}{4}\right\} \tag{4.53}$$

ここで

$$\phi(x) = \frac{1}{x}\int_0^x \frac{\xi}{e^\xi - 1}d\xi, \quad x = \frac{\Theta_D}{T} \tag{4.54}$$

Θ_D は物質のデバイ温度，T は絶対温度，m_a は原子の質量，h はプランク定数，k はボルツマン定数である．したがって，Θ_D を与えると，M あるいは B の値が求められる．デバイ温度は硬い物質ほど高く，Ge で 291 K，Si で 530 K，ダイヤモンドで 2200 K である（Si の温度因子は表 5.1 を参照）．デバイ温度が高いほど，M は小さく，積分回折強度の減少も小さい．この熱振動の効果により原子の電子密度分布が見かけ上広がるので，散乱振幅は散乱ベクトルが大きいほどその減少が大きくなることを意味している．図 4.16 に見られるように，e^{-M} による積分回折強度の減少の程度は，温度が高いほど，また散乱角が大きい高次反射ほど大きい．熱振動の振動数 w の分布は，デバイのモデルでは w^2 に比例するが，中性子非弾性散乱実験から

得られるデータを用いれば，より正確に M あるいは B の値が求まる．多くの元素結晶の B の値は表に与えられている[56])．

熱振動が等方的でない場合には，温度パラメーター B_j は hkl にも依存し，

$$M_j = h^2 B_j^{11} + k^2 B_j^{22} + l^2 B_j^{33} + 2hk B_j^{12} + 2kl B_j^{23} + 2lh B_j^{31} \quad (4.55)$$

のように書かれ，B_j は各原子に対して6個の値をもつ．

各原子の振動は，実際には独立ではなく，一種の連成振動を行なう．この格子波の各モードに対し X 線は回折を起こし，これらを合成した結果として，回折線のピーク位置を中心に弱くて幅広い散乱が現われる．これを**熱散漫散乱** (thermal diffuse scattering, TDS) という．

4.4.5 消衰効果

実在の結晶の多くは，粒界，転位などの格子欠陥を多く含み，3次元的な周期が乱れた不完全な結晶である．その結晶中では入射線はほとんど1回だけ散乱を受ける．理想的に不完全な結晶をモデル化したのがモザイク結晶で，周期性の乱れのない微小領域（モザイク片）がわずかな方位のずれをもって積み重なっているものである（図 4.1）．

モザイク結晶からずれて完全性が高くなると多重散乱が生じて，積分回折強度は運動学的回折理論から得られる値よりも減少する．これを**消衰効果** (extinction effect) という．消衰効果はモザイク片の大きさによる1次消衰効果とモザイク片間の傾きによる2次消衰効果に分けて考えられる．

モザイク片が $0.1 \sim 1\,\mu\mathrm{m}$ の大きさの場合には運動学的回折理論に基づき，積分回折強度は $|F(\boldsymbol{g})|^2$ に比例する（(4.30) 参照）．一方，動力学的回折理論によると積分回折強度は $|F(\boldsymbol{g})|$ に比例する（(5.84) 参照）ので，モザイク片が数 $\mu\mathrm{m}$ 以上に大きくなると，この動力学的回折効果のために積分回折強度が減少する．これが **1 次消衰効果** (primary extinction) である．

モザイク片が十分に小さい場合でも，モザイク片の方位がかなりよくそろって相互の傾きが小さい（数秒以下）ときには，結晶内部のモザイク片に到達して回折するはずの入射線が，表面付近のモザイク片で回折してしまい，大きいモザイク片による回折に近づく．結局，全体として積分回折強度

が減少する．これが **2 次消衰効果** (secondary extinction) である．その補正の近似式が与えられている[57]．

さらに，消衰効果を 1 次，2 次と区別することなく統一的に扱う理論も発展している．

4.4.6 積分回折強度

(4.30) で与えられる，一定の入射 X 線波長のもとでの結晶からの回折強度を測定するには，回折条件を満たす角度に結晶を固定して行なうのではなく，ふつう結晶を特定の軸のまわりに微小角回転して，回折条件を満たす X 線を全部捉える．すなわち回折強度を結晶の回転角 θ について積分した形にする．このようにすると回折強度に対する入射線，結晶および回折装置における理想的な回折条件からのずれの影響を小さくすることができる．これは**積分回折強度** (integrated diffraction intensity) あるいは**積分反射強度** (integrated reflection intensity) とよばれ，実験条件を考慮すると一般につぎのように表わされる．

$$I^\theta(\boldsymbol{g}) = I_0 r_e^2 N^2 |F(\boldsymbol{g})|^2 P \cdot L \cdot A \cdot V \qquad (4.56)$$

ここで，結晶構造因子 $F(\boldsymbol{g})$ は熱振動の効果を含んだ (4.50) を用いている．$N = 1/v_c$ は単位体積中の単位格子の数である（v_c は単位格子の体積）．V は試料の X 線に照射される体積である．P は偏光因子である（(3.21) 参照）．これは分光器からの X 線を用いるときは，偏光成分が変わり，異なった表示になる．L は**ローレンツ因子** (Lorentz factor) で，各回折法の実験配置に関係する．A は吸収因子で，結晶による X 線の吸収に対する補正である．このほかに場合によっては結晶の完全・不完全性が関係する消衰効果の補正が必要である．

4.5 結晶構造解析

4.5.1 回折現象とフーリエ変換の対応

結晶からのトムソン散乱は**フーリエ変換** (Fourier transform)[20,58] の観

点からまとめることができる．一般に散乱体からの散乱波の振幅は，(4.3) のように散乱体の電子密度分布 $\rho(\boldsymbol{r})$ をフーリエ変換したもの $A(\boldsymbol{K})$ に，$-r_e$ を乗じて得られる．すなわち

$$\rho(\boldsymbol{r}) \quad \xrightarrow{\text{フーリエ変換}} \quad A(\boldsymbol{K})$$

具体的に散乱体を 1 個の原子から単位格子，さらに結晶へと順に組み上げていくと，それぞれ (3.34)，(4.11) と (4.14) に与えられ，つぎのようになる．

散乱体の電子密度分布

$$\begin{bmatrix} \text{原子} & \rho_{\text{atom}}(\boldsymbol{r}) \\ \text{単位格子内原子} & \rho_{\text{cell}}(\boldsymbol{r}) \equiv \sum_j \rho_{j\text{atom}}(\boldsymbol{r}-\boldsymbol{r}_j) \\ \text{結晶内原子} & \rho_{\text{crystal}}(\boldsymbol{r}) \equiv \sum_l \delta(\boldsymbol{r}-\boldsymbol{r}_l) * \rho_{\text{cell}}(\boldsymbol{r}) \end{bmatrix}$$

$$\xrightarrow{\text{フーリエ変換}} \quad \begin{bmatrix} \text{原子散乱因子} & f(\boldsymbol{K}) \\ \text{結晶構造因子} & F(\boldsymbol{K}) \\ \text{結晶からの散乱振幅} & G(\boldsymbol{K})F(\boldsymbol{K}) \end{bmatrix}$$

散乱振幅 ($-r_e$ を単位として)

ここで結晶の電子密度分布の式には $*$ で示されるコンボリューションを用いている (付録 A 3 参照)．すなわちデルタ関数 $\sum_l \delta(\boldsymbol{r}-\boldsymbol{r}_l)$ ($\boldsymbol{r}_l \equiv u\boldsymbol{a}+v\boldsymbol{b}+w\boldsymbol{c}$) で表わされる空間的に限られた格子点に単位格子内の電子密度分布 $\rho_{\text{cell}}(\boldsymbol{r})$ を組み込んだものと考えられ，この 2 つの関数のコンボリューションとして与えられる．

$$\rho_{\text{crystal}}(\boldsymbol{r}) = \sum_l \delta(\boldsymbol{r}-\boldsymbol{r}_l) * \rho_{\text{cell}}(\boldsymbol{r}) \equiv \int \sum_l \delta(\boldsymbol{t}-\boldsymbol{r}_l)\rho_{\text{cell}}(\boldsymbol{r}-\boldsymbol{t})d\boldsymbol{t} \tag{4.57}$$

(4.57) のコンボリューションをフーリエ変換すると，$\sum_l \delta(\boldsymbol{r}-\boldsymbol{r}_l)$ と $\rho_{\text{cell}}(\boldsymbol{r})$ をそれぞれフーリエ変換した $G(\boldsymbol{K})$ と $F(\boldsymbol{K})$ の積になる (付録 (A.18) 参照)．

また，結晶内の原子については熱振動の影響もコンボリューションで表わされる．静止した原子の電子密度分布 $\rho_{\text{atom}}(\boldsymbol{r})$ と熱振動による原子位置の分布関数 $p(\boldsymbol{r})$ から

$$\rho'_{\text{atom}}(\boldsymbol{r}) = p(\boldsymbol{r}) * \rho_{\text{atom}}(\boldsymbol{r}) = \int p(\boldsymbol{t})\rho(\boldsymbol{r}-\boldsymbol{t})d\boldsymbol{t} \tag{4.58}$$

と表わされる．$p(\boldsymbol{r})$ はふつうガウス関数的であるから，そのフーリエ変換もガウス関数的である．$\rho'_{\text{atom}}(\boldsymbol{r})$ のフーリエ変換はそれと f との積になる．

4.5.2 フーリエ合成による結晶構造の解析

結晶の単位格子内の電子密度分布 $\rho_{\text{cell}}(\boldsymbol{r})$ をフーリエ変換することにより結晶構造因子 $F(\boldsymbol{K})$ が得られる．

$$F(\boldsymbol{K}) = \int \rho_{\text{cell}}(\boldsymbol{r}) e^{-i\boldsymbol{K} \cdot \boldsymbol{r}} d\boldsymbol{r} \tag{4.59}$$

そこで $F(\boldsymbol{K})$ のフーリエ逆変換により $\rho_{\text{cell}}(\boldsymbol{r})$ が求まる．

$$\rho_{\text{cell}}(\boldsymbol{r}) = \frac{1}{(2\pi)^3} \int F(\boldsymbol{K}) e^{i\boldsymbol{K} \cdot \boldsymbol{r}} d\boldsymbol{K} \tag{4.60}$$

結晶の電子密度分布 $\rho_{\text{crystal}}(\boldsymbol{r})$ が 3 次元の周期性をもつので，$G(\boldsymbol{K})F(\boldsymbol{K})$ は連続関数ではなく，$\boldsymbol{K}$ が逆格子点 $\boldsymbol{g}$ に一致するときだけ $F(\boldsymbol{g})$ に比例する値をもつ．したがって $\rho_{\text{crystal}}(\boldsymbol{r})$ は $\boldsymbol{K}$ に関する積分の形ではなく，つぎのような逆格子点 $\boldsymbol{g}$ についての和の形のフーリエ級数で表わされる．

$$\rho_{\text{crystal}}(\boldsymbol{r}) = \frac{1}{v_c} \sum_{\boldsymbol{g}} F(\boldsymbol{g}) e^{i\boldsymbol{g} \cdot \boldsymbol{r}} \tag{4.61}$$

あるいは $\boldsymbol{g} = h\boldsymbol{a}^* + k\boldsymbol{b}^* + l\boldsymbol{c}^*$, $\boldsymbol{r} = x\boldsymbol{a} + y\boldsymbol{b} + z\boldsymbol{c}$ を用いて

$$\rho(x,y,z) = \frac{1}{v_c} \sum_h \sum_k \sum_l F(hkl) \exp\{2\pi i(hx + ky + lz)\} \tag{4.62}$$

このような形に表わされるのは，(4.9) において $K = g$ とおいた式

$$F(\boldsymbol{g}) = \int \rho_{\text{cell}}(\boldsymbol{r}) e^{-i\boldsymbol{g} \cdot \boldsymbol{r}} d\boldsymbol{r} \tag{4.63}$$

の右辺に，積分が単位格子内に限られることから (4.61) を代入してもよく，

$$\int_{\text{unit cell}} \left\{ \frac{1}{v_c} \sum_{\boldsymbol{g}'} F(\boldsymbol{g}') e^{i\boldsymbol{g}' \cdot \boldsymbol{r}} \right\} e^{-i\boldsymbol{g} \cdot \boldsymbol{r}} d\boldsymbol{r}$$

4.5 結晶構造解析　135

$$= \frac{1}{v_c}\sum_{g'} F(g') \int_{\text{unit cell}} \exp\{i(g'-g)\cdot r\} dr = F(g) \quad (4.64)$$

のようになることから分かる．ここで $g = ha^*+kb^*+lc^*, r = xa+yb+zc$, $dr = v_c dxdydz$ と表わして得られるつぎの関係式を用いている．

$$\int_{\text{unit cell}} \exp\{i(g'-g)\cdot r\} dr = v_c \int_0^1 \exp\{2\pi i(h'-h)x\} dx$$
$$\times \int_0^1 \exp\{2\pi i(k'-k)y\} dy \int_0^1 \exp\{2\pi i(l'-l)z\} dz$$
$$= v_c \delta_{hh'}\delta_{kk'}\delta_{ll'} = v_c \delta(g'-g) \quad (4.65)$$

$\delta_{h'h}$ などはデルタ関数であって，まとめて $\delta(g'-g)$ と表わしている．

(4.61) から電子密度分布 $\rho_{\text{crystal}}(r)$ あるいは $\rho_{\text{cell}}(r)$ を求める手続きは，**フーリエ合成** (Fourier synthesis) とよばれる．このフーリエ合成の計算から求まる電子密度分布の極大の位置と大きさから単位格子内の原子の座標と原子番号が分かる．これが結晶構造解析の手法である[59~62]．$F(r)$ は一般に複素数であるので，(4.36) のように複素空間での位相を $\phi(g)$ として

$$\boxed{F(g) = |F(g)|\exp\{i\phi(g)\}} \quad (4.66)$$

と表わされる．結晶構造解析で問題になるのは，回折実験では検出器により $|F(g)|^2$ に比例する回折強度が記録され，$\phi(g)$ は記録されないことである．このためフーリエ合成の計算をするためには，失われた $\phi(g)$ の情報を何らかの方法で求める（回復する）必要がある．これが結晶構造解析の中心的な課題で**位相問題**とよばれる．

(4.66) を用いると，(4.61) はつぎのようになる．

$$\rho(r) = \frac{1}{v_c}\sum_g |F(g)| e^{i\phi(g)} e^{ig\cdot r} \quad (4.67)$$

$$= \frac{1}{v_c}\sum_g |F(g)| \cos\{g\cdot r + \phi(g)\} \quad (4.68)$$

ここで (4.68) は吸収を無視したときに得られる．すなわち (4.67) の虚数項はその g と $\bar{g}$ の項が (4.46), (4.47) の関係によって打ち消しあうからである．(4.68) はつぎのようにも書ける．

$$\rho(x,y,z) = \frac{1}{v_c} \sum_h \sum_k \sum_l |F(hkl)| \cos\{2\pi(hx+ky+lz)+\phi_{hkl}\} \quad (4.69)$$

(**電子密度分布の 2 次元投影**)

3次元の電子密度分布を適当な面に投影した2次元的な電子密度分布も用いられる．例えば，単位格子内の $\rho(x,y,z)$ を $\boldsymbol{b}$ 軸方向，すなわち [010] 方向に投影すれば，(4.62) を用いて

$$\rho(x,z) = \int_0^1 \rho(x,y,z) b\, dy \quad (4.70)$$

$$= \frac{b}{v_c} \int_0^1 \sum_h \sum_k \sum_l F(hkl) \exp\{2\pi i(hx+ky+lz)\} dy \quad (4.71)$$

$$= \frac{1}{a_b} \sum_h \sum_l F(h0l) \exp\{2\pi i(hx+lz)\} \quad (4.72)$$

ここで a_b は単位格子を $\boldsymbol{b}$ 軸方向に投影した面積で，$a_b = (\boldsymbol{c} \times \boldsymbol{a}) \cdot (\boldsymbol{b}/b) = v_c/b$ である．

(4.72) は吸収を無視すれば，

$$\rho(x,z) = \frac{1}{a_b} \sum_h \sum_l |F(h0l)| \cos\{2\pi(hx+lz)+\phi_{h0l}\} \quad (4.73)$$

のような形になる．

これを用いて，ブラッグが1929年にフーリエ合成の有効性をつぎのように示した[63]．透輝石 $CaMg(SiO_3)_2$（単斜晶系）の電子密度分布が調べられた．図 4.17(a) は単位格子内の原子配置を [010] 方向に投影したもので，投影された電子密度分布で Ca と Mg が重なった点を原点とすれば，原点が対称中心になっている．$\rho(x,z) = \rho(-x,-z)$ から $\phi_{h0l} = 0$ or π である．さらに対称中心に十分に重い原子があるから，$\phi_{h0l} = 0$ となる．したがって，$h0l$ 反射の強度から (4.73) のフーリエ合成が行なわれ，図 4.17(b) のように電子密度分布が得られた．ここで分布は等高線の形で描かれている．

複雑な有機化合物結晶の構造解析における初期の例は，フタロシアニン $C_{32}H_{18}N_8$（単斜晶系）である[64]．フタロシアニンは図 4.18(b) のような平面分子で，単位格子にはこの分子が2個含まれている．図 4.18(a) はその電

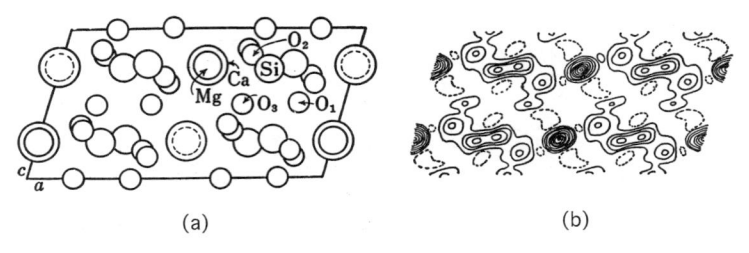

図 4.17 透輝石の単位格子を (010) 面上へ投影した原子構造 (a) とその電子密度分布 (b)

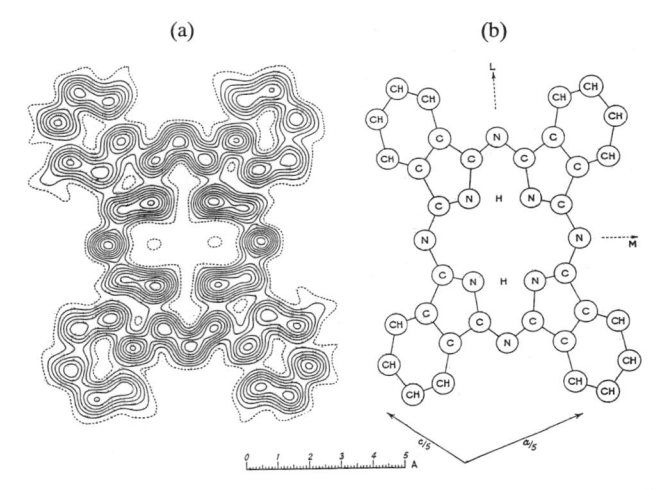

図 4.18 フタロシアニン結晶の電子密度分布の (010) 面上への投影図 (a) とその分子構造 (b)

子密度分布を b 軸方向に (010) 面上に投影したものである．白金フタロシアニン $C_{32}H_{18}N_8Pt$ はフタロシアニン分子の中央の対称中心の位置に Pt 原子があるので，結晶構造因子はすべて正になり，フーリエ合成で電子密度分布が得られた．それとの比較によりフタロシアニンの電子密度分布が決定された．

4.5.3 結晶構造解析と光学レンズによる結像の対比

X 線回折とそれによる結晶構造解析の手順は光学におけるレンズの作用と対応して考えられる．結晶は 3 次元の周期構造をもっているので，X 線に

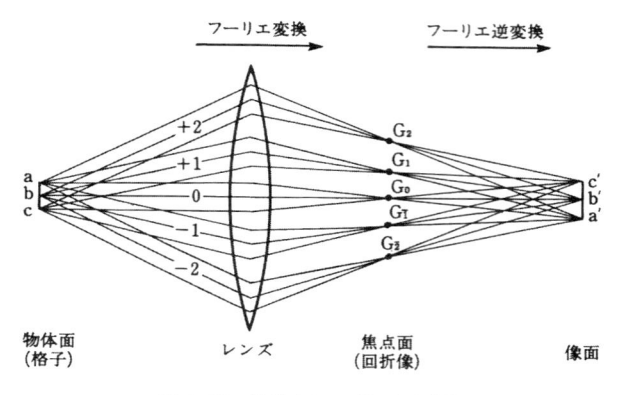

図 4.19 格子のレンズによる結像

対して回折格子の役目をする．回折波の振幅は結晶の電子密度分布 $\rho(r)$ をフーリエ変換したものに比例する．このフーリエ変換の関係は回折現象に一般的なもので，光学の場合には振幅透過率 $\rho(r)$ をもつ物体によって散乱を受けた光の振幅分布に対応している．

レンズを用いると，図 4.19 のように物体（いまの場合は格子）の回折像が焦点面上にできる．つまり，物体の 0 次，±1 次，±2 次などの回折光が焦点面上に回折斑点 G_0, G_1, G_2, … をつくる．それらは一定の周期をもって配列する．さらにそのあとの像面上では再び回折斑点からの光が集まって，実像が形成される．はじめの過程がフーリエ変換に，第 2 の過程がフーリエ逆変換に対応している．X 線回折では，回折図形を得るのが第 1 の過程である．第 2 の過程は回折図形から結晶構造の像を再生するフーリエ合成の過程で，コンピューターで数値計算によって求められる．その際，位相は何らかの方法で決めておく必要がある．

(光学的なフーリエ合成)

第 2 の過程を光学的手法で行なって，原子の像を再生することもでき，光学的なフーリエ合成とよばれる．これはブラッグ (1939) により考案されたものであって，このような 2 段階の操作で像を得る方法は，のちにガボール (Gabor) によるホログラフィへと発展した．この方法は，まず結晶の回折図形のデータをもとに，逆格子のマスクをつくる．薄板を用意し，逆格子の

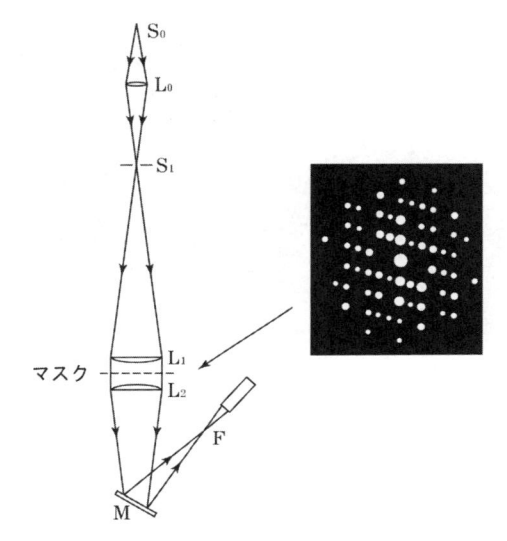

図 4.20 光学回折計　逆格子の $(h0l)$ 面のマスクも示す[65].

各格子点，すなわち，原点から結晶の格子面の垂直方向に，格子面間隔に逆比例する距離の点に穴をあける．穴の大きさは，各指数の結晶構造因子の大きさ $|F(\boldsymbol{g})|$ に比例する面積をもつようにする．そのマスクを図 4.20 に示すような光学回折計 (optical diffractometer) にセットする．光学回折計では，光源 S_0 からの光がレンズ L_0 によってピンホール S_1 のところに集光し，そこから焦点距離だけ離れたレンズ L_1 によって平行光になる．その平行光はもう 1 つの対をなすレンズ L_2 によって集光され，鏡 M を経て，点 F に焦点を結ぶ．L_1 と L_2 の間にそのマスクを置くと，そのフラウンホーファー回折図形が F の焦点面上に生ずるので，それを顕微鏡で観察すればよい．透輝石の逆格子の $(h0l)$ 面のマスクを置き，それを光学回折計で観測したのが図 4.21 で，電子密度分布の (010) 面への投影になっている．実際，図 4.17(a) の単位格子中の原子の配置とよく対応している．

この場合はマスク上のすべての指数の $F(\boldsymbol{g})$ の位相が同一である特別な例であるが，バーガー (Buerger, 1950) は各逆格子点に雲母板を傾けて置くことにより位相の情報も加え，FeS_2 の結晶構造の再生像を得た[67]．あるいは，コンピューターホログラムの手法で，マスク上の穴の位置を各逆格子点

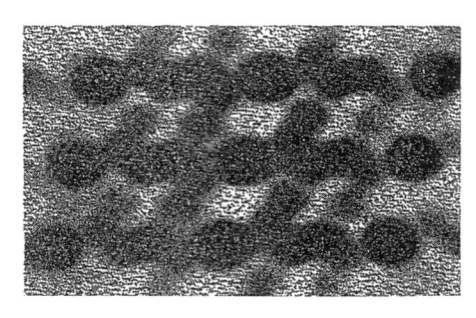

図 4.21 光学的フーリエ合成によって得られた原子像（透輝石の場合）[66]

から位相に比例して一定方向にずらせて位相の情報を貯えることにより簡便にマスクができる[68]．

このように光学回折計はフーリエ合成や一般的な回折現象を理解するのに便利であり，教育的なツールとして利用される．

4.5.4 回折図形強度分布のフーリエ逆変換とパターソン関数

(4.59), (4.60) で示したように，結晶の回折が生ずる過程は，実空間における電子密度分布 $\rho(\boldsymbol{r})$ の逆空間における結晶構造因子 $F(\boldsymbol{K})$ へのフーリエ変換として表わされ，その $F(\boldsymbol{K})$ からフーリエ逆変換によってもとの $\rho(\boldsymbol{r})$ が得られる．しかしながら実際に得られる回折図形（回折像）は散乱振幅としてではなく，強度 $I(\boldsymbol{K}) \equiv I_e|F(\boldsymbol{K})|^2$ として記録される．すなわち，位相成分が失われるので，もとの $\rho(\boldsymbol{r})$ に戻すには，後述のような各種の工夫が必要である．ここでは $|F(\boldsymbol{K})|^2$ のフーリエ逆変換を考えてみる．まず準備として $|F(\boldsymbol{K})|^2$ をつぎのように変形する．(4.59) から

$$
\begin{aligned}
|F(\boldsymbol{K})|^2 &= \int \rho(\boldsymbol{r}')e^{i\boldsymbol{K}\cdot\boldsymbol{r}'}d\boldsymbol{r}' \int \rho(\boldsymbol{r}'')e^{-i\boldsymbol{K}\cdot\boldsymbol{r}''}d\boldsymbol{r}'' \\
&= \iint \rho(\boldsymbol{r}')\rho(\boldsymbol{r}'')e^{-i\boldsymbol{K}\cdot(\boldsymbol{r}''-\boldsymbol{r}')}d\boldsymbol{r}'d\boldsymbol{r}'' \quad (4.74)
\end{aligned}
$$

この式には散乱点の対を考えたとき，その間の相関距離 $\boldsymbol{r}'' - \boldsymbol{r}'$ が含まれている．$\boldsymbol{r}'' - \boldsymbol{r}' = \boldsymbol{r}$ とおくと

4.5 結晶構造解析

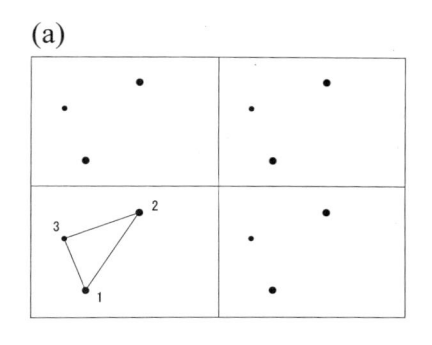

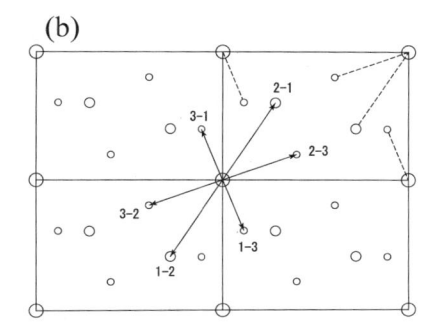

図 4.22 2次元格子での原子の配置 (a) とそれに対するパターソン図 (b)

$$|F(\boldsymbol{K})|^2 = \int \left\{ \int \rho(\boldsymbol{r}')\rho(\boldsymbol{r}+\boldsymbol{r}')d\boldsymbol{r}' \right\} e^{-i\boldsymbol{K}\cdot\boldsymbol{r}}d\boldsymbol{r} \quad (4.75)$$

ここで $\int \rho(\boldsymbol{r}')\rho(\boldsymbol{r}+\boldsymbol{r}')d\boldsymbol{r}'$ は $\rho(\boldsymbol{r})$ の自己相関関数で，$\rho(\boldsymbol{r}) \star \rho(\boldsymbol{r})$（付録 (A.23) 参照）と表わされ，結晶構造解析では**パターソン関数** (Patterson function) $P(\boldsymbol{r})$ とよばれる．これはまた $\rho(\boldsymbol{r})$ と $\rho(-\boldsymbol{r})$ のコンボリューションとしても表わされる．すなわち，

$$\begin{aligned} P(\boldsymbol{r}) &= \int \rho(\boldsymbol{r}')\rho(\boldsymbol{r}+\boldsymbol{r}')d\boldsymbol{r}' = \rho(\boldsymbol{r}) \star \rho(\boldsymbol{r}) \\ &= \rho(\boldsymbol{r}) * \rho(-\boldsymbol{r}) \end{aligned} \quad (4.76)$$

(4.75) をフーリエ逆変換すると

$$\rho(\boldsymbol{r}) * \rho(-\boldsymbol{r}) = \frac{1}{(2\pi)^3} \int |F(\boldsymbol{K})|^2 e^{i\boldsymbol{K}\cdot\boldsymbol{r}}d\boldsymbol{K} \quad (4.77)$$

すなわち，$|F(\boldsymbol{K})|^2$ のフーリエ逆変換がパターソン関数である．

パターソン関数の簡単な例を2次元格子で示す．図 4.22(a) の格子内の原子配置図に対してそれを透明紙に書きとった図が一致するように重ねてから平行移動させる．原子どうしが重なりあうところまでの移動が原子間ベクトルを与える．原子 i を原子 j に重ねたときの原子間ベクトルを i-j と書き，可能な 6 つの原子間ベクトルをすべて原点に集めたのが図 4.22(b) の実線で示されている．それを他の格子点のまわりにも展開すれば（点線で図示）単

図4.23 の内容

逆空間 (g)

回折強度
（パワースペクトル）
$$I(\boldsymbol{g}) \propto |F(\boldsymbol{g})|^2$$
$$|F(\boldsymbol{g})|^2 = \int P(\boldsymbol{r}) e^{-i\boldsymbol{g}\cdot\boldsymbol{r}} d\boldsymbol{r}$$

⟷ フーリエ変換 ⟷

実空間 (r)

パターソン関数
（自己相関関数）
$$P(\boldsymbol{r}) = \int_{cell} \rho(\boldsymbol{r}')\rho(\boldsymbol{r}+\boldsymbol{r}')\, d\boldsymbol{r}'$$
$$P(\boldsymbol{r}) = \frac{1}{v_c}\sum_{\boldsymbol{g}}|F(\boldsymbol{g})|^2 e^{i\boldsymbol{g}\cdot\boldsymbol{r}}$$

↑ 2乗　　　　　　　　　　↑ 自己相関

結晶構造因子
$$F(\boldsymbol{g}) = \int \rho(\boldsymbol{r}) e^{-i\boldsymbol{g}\cdot\boldsymbol{r}} d\boldsymbol{r}$$

⟷ フーリエ変換 ⟷

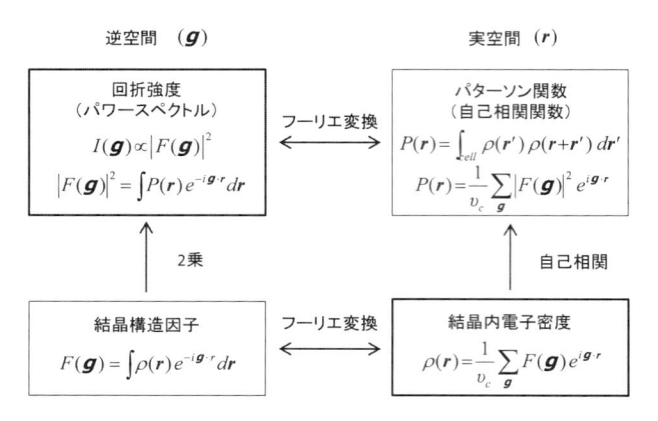

結晶内電子密度
$$\rho(\boldsymbol{r}) = \frac{1}{v_c}\sum_{\boldsymbol{g}} F(\boldsymbol{g}) e^{i\boldsymbol{g}\cdot\boldsymbol{r}}$$

図 4.23 結晶構造解析の実空間と逆空間における関連する物理量の関係

位格子内のパターソン図が得られる．このように，(a) の原子間ベクトルは (b) の中に含まれているので，構造を解析する際の手がかりを与える．原子間ベクトル i-j の位置で原子番号の積 $Z_i Z_j$ にほぼ比例するピークになるので，少数の重原子が含まれる場合にはそれに関わるピークが際立ち，特に有効である．

（結晶構造の解析過程の実空間と逆空間における表示）

　結晶構造解析における実空間と逆空間での関連する物理量の間の関係をまとめると図 4.23 のようになる．結晶構造解析は左上の測定された回折強度 $I(\boldsymbol{g})$ あるいは $|F(\boldsymbol{g})|^2$ のセットから右下の単位格子内の電子密度分布 $\rho(\boldsymbol{r})$ を求めることである．それには，何らかの方法により $F(\boldsymbol{g})$ の位相の情報が得られれば，左下の $F(\boldsymbol{g})$ のセットからフーリエ逆変換（フーリエ合成）で $\rho(\boldsymbol{r})$ が求まる．また，上段の $|F(\boldsymbol{g})|^2$ のフーリエ逆変換でパターソン関数が求まり，原子間ベクトルが構造解析の手がかりを与える．全体として，下段から上段へは演算で移ることができるが，上段から下段へ移るには位相問題が関わる．

第 5 章

動力学的回折理論——完全結晶による回折

　結晶による回折現象を扱う理論には，前述の運動学的回折理論のほかに動力学的回折理論がある．結晶をX線回折の立場から見ると，モザイク結晶と完全結晶を両極端として，実際の結晶は完全性の程度に応じてその間に分布する．結晶が完全に近い場合には，結晶の多数の格子面で多重散乱が起こる．この多重散乱を考慮した理論が**動力学的回折理論** (dynamical theory of diffraction) である[2,4,71~76]．多重散乱が生ずる範囲は消衰距離が目安になる．X線では数十 μm，中性子線では数百 μm，電子線では数十 nm であるので，電子線ではごくふつうに起きるのに対して，X線と中性子線では，良質の単結晶が対象になる．Si, Ge, GaAs などの半導体結晶や水晶などは完全性が高いので，この理論が適用される．1950年代後半にシリコンの無転位結晶の育成技術が開発された．超LSIのチップコストの低減のため，シリコンインゴットの直径の大型化が図られてきた．2, 3, 4 インチと進み，段階的に 12 インチ (300 mm) に到達している．この結晶の完全性の評価にX線トポグラフィやX線ロッキングカーブ法などが役立ち，それに伴なって動力学的回折理論が発展してきた．一方，シリコン結晶は放射光用の光学素子としても役立っている．動力学的回折理論にはいくつかの流儀があるが，ここではよく用いられるエワルド–ラウエ流の理論にしたがい，主な回折効果について説明する．なお，高木–トーパン流とダーウィン流の理論は応用編で説明する．

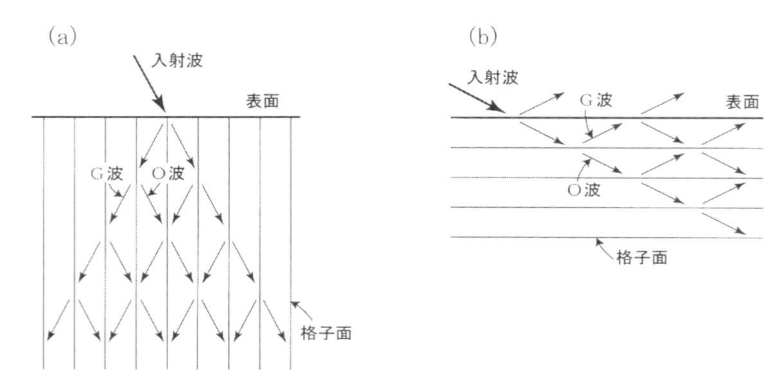

図 5.1 結晶面内で透過方向の O 波と回折方向の G 波が多数の格子面で繰り返し反射を受ける様子　(a) 入射表面が格子面に垂直な場合（対称ラウエケース）　(b) 入射表面が格子面に平行な場合（対称ブラッグケース）

5.1 エワルド–ラウエ流の動力学的回折理論

　エワルド (Ewald, 1917)[69)] は結晶を 3 次元の周期をもつ双極子の集合とみなし，入射 X 線波が双極子を振動させ，生じた散乱波がさらに周囲の双極子を振動させると考え，この繰り返しの過程で回折現象を記述している．その際，ブロッホ波の概念が用いられている．彼はこの理論を動力学的理論とよんだ．ラウエは，このエワルドの先駆的な研究での点状の双極子を連続的な電子密度分布で置き換えている[70)]．

　図 5.1 のように結晶中の格子面 (hkl) で入射方向（透過方向）の波（O 波とよぶ）が回折を受けると，回折方向の波（G 波とよぶ）と透過する O 波が生ずる．G 波はさらに，格子面の裏側 ($\bar{h}\bar{k}\bar{l}$) で回折を受け O 波に戻るとともに，透過する G 波が生ずる．このような過程が繰り返される．結晶内に生ずるこれらの波の干渉によりいろいろな特徴的な回折現象が現われる．

5.1.1　基本方程式

　結晶中に存在可能な X 線波は，結晶を周期的な誘電率 ε あるいは電気感受率 χ の場として，そこで成り立つマクスウェルの方程式を解くことによっ

5.1 エワルド–ラウエ流の動力学的回折理論

て求まる．ε あるいは χ は光学の場合には波長が長いので定数として扱われるが，X 線の場合は場所的に変動する量である．入射波と境界条件によってつながる波が，結晶中に存在を許される波である．さらに，それと再び境界条件によってつながる出射波が，実際に観測される回折波や透過波になる．

電磁波（角振動数 ω）の伝播に対して媒質の電気分極 $\boldsymbol{P}$ が影響を与える．電場 $\boldsymbol{E}$ の振動によって誘起される電気分極 $\boldsymbol{P}$ は同じ振動数で振動するが，位相がずれる場合もあるので，電気感受率 χ および誘電率 ε は一般に複素数である．電気分極は微視的に見れば物質中の電気双極子モーメント $\boldsymbol{p}$ の単位体積あたりの総和であるから，電子密度分布を $\rho(\boldsymbol{r})$ とし，(3.7) で $\omega_s = 0$，$\gamma = 0$ とすれば

$$\boldsymbol{P}(\boldsymbol{r}) = \boldsymbol{p}\rho(\boldsymbol{r}) = -e\boldsymbol{x}\rho(\boldsymbol{r}) = -\frac{e^2}{m\omega^2}\rho(\boldsymbol{r})\boldsymbol{E} \tag{5.1}$$

が得られる．そこで電気感受率は (2.23) から

$$\chi(\boldsymbol{r}) = -\frac{e^2}{m\omega^2\varepsilon_0}\rho(\boldsymbol{r}) = -r_e\frac{\lambda^2}{\pi}\rho(\boldsymbol{r}) \tag{5.2}$$

となる．ここで r_e は古典電子半径で，(3.11) に与えられている．

結晶では $\chi(\boldsymbol{r})$ は結晶格子の周期性をもつので，フーリエ級数に展開して

$$\chi(\boldsymbol{r}) = \sum_g \chi_g \exp(i\boldsymbol{g}\cdot\boldsymbol{r}) \tag{5.3}$$

となる．また $\rho(\boldsymbol{r})$ はつぎのように表わされる（(4.61) 参照，$F(\boldsymbol{g})$ を F_g と表記）．

$$\rho(\boldsymbol{r}) = \frac{1}{v_c}\sum_g F_g \exp(i\boldsymbol{g}\cdot\boldsymbol{r}) \tag{5.4}$$

したがって (5.2) から電気感受率の $\boldsymbol{g}$ 次のフーリエ成分として

$$\boxed{\chi_g = -\frac{r_e\lambda^2}{\pi v_c}F_g} \tag{5.5}$$

が得られる．χ_g は F_g に比例し，$10^{-5} \sim 10^{-6}$ 程度の大きさである．なお，ここでは温度因子は F_g に含まれるとしている．吸収を無視すると $F_{\bar{g}} = F_g^*$

であるから $\chi_{\bar{g}} = \chi_g^*$ が成り立つ（* は複素共役を示す）．電気感受率の 0 次のフーリエ成分は

$$\chi_0 = -\frac{r_e \lambda^2}{\pi v_c} F_0 \tag{5.6}$$

となる．$F_0 > 0$ であるので，$\chi_0 < 0$ である．

ブロッホ (Bloch) の定理によれば，格子周期の電子密度分布をもつ媒質中での X 線の波は，入射した平面波 $\exp\{i(\boldsymbol{k}_0 \cdot \boldsymbol{r} - \omega t)\}$ が変調を受けて

$$\boldsymbol{E} = \exp\{i(\boldsymbol{k}_0 \cdot \boldsymbol{r} - \omega t)\} u(\boldsymbol{r}) \tag{5.7}$$

の形をもつ．ここで $u(\boldsymbol{r})$ は格子の周期性をもつ関数である．$u(\boldsymbol{r})$ をフーリエ級数に展開すれば，

$$\begin{aligned}
\boldsymbol{E} &= \exp\{i(\boldsymbol{k}_0 \cdot \boldsymbol{r} - \omega t)\} \sum_g \boldsymbol{E}_g \exp(i\boldsymbol{g} \cdot \boldsymbol{r}) \\
&= \exp(-i\omega t) \sum_g \boldsymbol{E}_g \exp(i\boldsymbol{k}_g \cdot \boldsymbol{r})
\end{aligned} \tag{5.8}$$

のように表わされる．ここで

$$\boldsymbol{k}_g = \boldsymbol{k}_0 + \boldsymbol{g}. \tag{5.9}$$

このあと，$\boldsymbol{E}$ に含まれる時間的な振動部分は省略する．結局，結晶中の波は波数ベクトル $\boldsymbol{k}_g$ の平面波の重ね合わせで表わされ，ブロッホ波 (Bloch wave) とよばれる．

マクスウェル方程式から $\boldsymbol{E}$ の満たすべき式はつぎのように得られる（(2.31) 参照）．

$$\boxed{\mathrm{rot}(\mathrm{rot}\boldsymbol{E}) = K^2(1+\chi)\boldsymbol{E}} \tag{5.10}$$

(5.10) を変形するのに，つぎのような計算式を用いる．

$$\mathrm{rot}\{\boldsymbol{E}_g \exp(i\boldsymbol{k}_g \cdot \boldsymbol{r})\} = i\boldsymbol{k}_g \times \boldsymbol{E}_g \exp(i\boldsymbol{k}_g \cdot \boldsymbol{r}), \tag{5.11}$$

$$\begin{aligned}
\mathrm{rot}[\mathrm{rot}\{\boldsymbol{E}_g \exp(i\boldsymbol{k}_g \cdot \boldsymbol{r})\}] &= -\boldsymbol{k}_g \times (\boldsymbol{k}_g \times \boldsymbol{E}_g) \exp(i\boldsymbol{k}_g \cdot \boldsymbol{r}) \\
&= k_g^2 \boldsymbol{E}_{g[\perp \boldsymbol{k}_g]} \exp(i\boldsymbol{k}_g \cdot \boldsymbol{r})
\end{aligned} \tag{5.12}$$

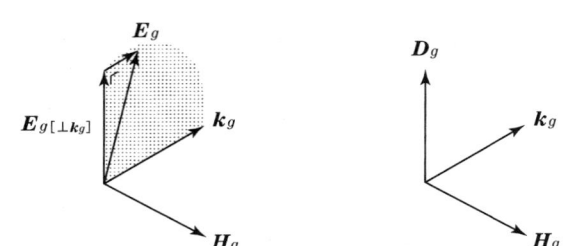

5.1 エワルド–ラウエ流の動力学的回折理論

図 5.2 横波の形成　(a) E_g と H_g は横波をつくらない.　(b) D_g と H_g は横波をつくる.

ここで $E_{g[\perp k_g]}$ は，図 5.2(a) に示すように，E_g の k_g 方向に垂直な成分ベクトルで，

$$E_{g[\perp k_g]} = E_g - (E_g \cdot k_g)k_g/k_g^2 \tag{5.13}$$

である. また

$$\chi(r)E(r) = \sum_{h'}\sum_{h} \chi_{h'} \exp(ih' \cdot r) E_h \exp(ik_h \cdot r)$$
$$= \sum_{g}\sum_{h} \chi_{g-h} E_h \exp(ik_g \cdot r) \tag{5.14}$$

である. ここで $h' + k_h = k_g$ $(h' + h = g)$ とおいている. (5.10) に (5.12) と (5.14) を代入すれば

$$\sum_{g} \left\{ k_g^2 E_{g[\perp k_g]} - K^2 E_g - K^2 \sum_{h} \chi_{g-h} E_h \right\} \exp(ik_g \cdot r) = 0 \tag{5.15}$$

が得られる. (5.15) が任意の r に対して成り立つためには，$\exp(ik_g \cdot r)$ の因子をもつ項の係数をそれぞれゼロとおけばよく，つぎのようになる.

$$\boxed{\frac{k_g^2 E_{g[\perp k_g]} - K^2 E_g}{K^2} = \sum_{h} \chi_{g-h} E_h} \tag{5.16}$$

これが動力学的回折理論の基本方程式である. n 個の波が存在するとき，この式は n 個のベクトル表示の連立方程式，あるいは E_g を成分に分けて表わすと $2n$ 個の連立方程式になる.

マクスウェル方程式の (2.27) から (5.11) と同じ計算を用いて
$$\bm{k}_{gj} \times \bm{H}_{gj} = -\omega \bm{D}_{gj}. \tag{5.17}$$

(2.28) から同様に
$$\bm{k}_{gj} \times \bm{E}_{gj} = \mu_0 \omega \bm{H}_{gj}. \tag{5.18}$$

(2.29) から
$$\mathrm{div} \bm{D}_{gj} = \sum_g i\bm{k}_{gj} \cdot \bm{D}_{gj} \exp(i\bm{k}_{gj} \cdot \bm{r}) = 0. \tag{5.19}$$

したがって
$$\bm{k}_{gj} \cdot \bm{D}_{gj} = 0. \tag{5.20}$$

(2.30) から同様に
$$\bm{k}_{gj} \cdot \bm{H}_{gj} = 0. \tag{5.21}$$

一方，(2.22), (2.24) と (5.14) により
$$\bm{D}_{gj} = \varepsilon_0 \Big(\bm{E}_{gj} + \sum_h \chi_{g-h} \bm{E}_{hj} \Big). \tag{5.22}$$

(5.17) と (5.21) から $\bm{k}_{gj}$ と $\bm{D}_{gj}$, $\bm{H}_{gj}$ は互いに直角であり，ブロッホ波を構成する各波は横波を形成していることが分かる（図 5.2(a)）．実際には，$\mathrm{div}\bm{E} \neq 0$ であるので，$\bm{k}_{gj}$ と $\bm{E}_{gj}$ は直角をなさず，横波をつくらない（図 5.2(b)）．しかし (5.22) で χ_g は微小量であり，実質的には $\bm{D}_{gj}$ と $\bm{E}_{gj}$ は平行であるとみなしてよい．χ_g が非常に小さいことから $\bm{E}_{g[\perp \bm{k}_g]} = \bm{E}_g$ と近似することができ，(5.16) の基本方程式は

$$\boxed{\frac{k_g^2 - K^2}{K^2} \bm{E}_g = \sum_h \chi_{g-h} \bm{E}_h} \tag{5.23}$$

となる．

なお，(5.16) の $\bm{E}(\bm{r})$ を用いた式のほかに $\bm{D}(\bm{r})$ を用いた式
$$\frac{k_g^2 - K^2}{k_g^2} \bm{D}_g = \sum_h \chi_{g-h} \bm{D}_{h[\perp \bm{k}_g]} \tag{5.24}$$

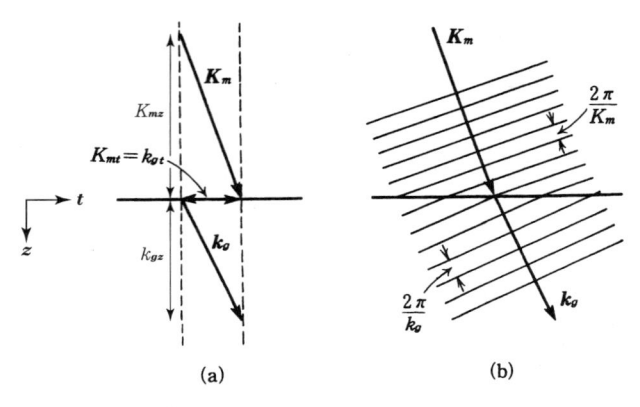

図 **5.3** 境界面における波の位相因子の連続性　(a) 波数ベクトルの境界面に平行な成分の一致　(b) 波面の周期長の境界面に沿う長さの一致

も使われる．χ_g が非常に小さい量であるので，どちらの式を用いても実質的には同じである．

5.1.2 境界条件

平面状結晶表面に対して平行と垂直にそれぞれ t 軸と z 軸をとり（図 5.3），表面は $z = H$ にあるとする．結晶内の場 $(\boldsymbol{E}, \boldsymbol{D})$ と結晶外の場 $(\boldsymbol{E}^a, \boldsymbol{D}^a)$ に対する境界条件は，境界面 $z = H$ 上で電場の境界面に平行な成分が等しいことと，電束密度の境界面に垂直な成分が等しいことである．すなわち

$$\boxed{E_t = E_t^a, \quad D_z = D_z^a}. \tag{5.25}$$

ここで添え字の t と z はそれぞれ境界面に対する場の平行成分と垂直成分を示す．

波動場は (5.8) のように平面波展開の形で表わされ，各項は振幅と位相因子の積であるから，まず (5.25) の境界条件から位相因子に関係する波数ベクトルの連続性が必要である．つまり図 5.3(a) に示すように結晶内の波数ベクトル $(\boldsymbol{k}_g)$ と結晶外（真空）の波数ベクトル $(\boldsymbol{K}_m)$ は境界面上でそれらの境界面に平行な成分が等しい．すなわち

$$\boxed{k_{gt} = K_{mt}}. \tag{5.26}$$

これは光学のスネル (Snell) の法則と同じである.図 5.3(b) に波の等位相面が描かれており,(5.26) は波面の周期長の界面に沿う長さが一致することを意味している.

具体的に結晶の内と外の波がそれぞれ

$$\begin{aligned} \boldsymbol{E} &= \sum_g \boldsymbol{E}_g \exp(i\boldsymbol{k}_g \cdot \boldsymbol{r}), \quad \boldsymbol{D} = \sum_g \boldsymbol{D}_g \exp(i\boldsymbol{k}_g \cdot \boldsymbol{r}) \quad : \text{結晶内} \\ \boldsymbol{E}^a &= \sum_m \boldsymbol{E}^a_m \exp(i\boldsymbol{K}_m \cdot \boldsymbol{r}), \; \boldsymbol{D}^a = \sum_m \boldsymbol{D}^a_m \exp(i\boldsymbol{K}_m \cdot \boldsymbol{r}): \text{結晶外} \end{aligned} \tag{5.27}$$

で与えられる.ここで結晶外の波として一般的に入射波,回折波や鏡面反射波が含まれるが,鏡面反射波はごく弱いので無視する.また境界面に垂直な方向と水平な方向の単位ベクトルをそれぞれ $\hat{\boldsymbol{z}}, \hat{\boldsymbol{t}}$ とすれば,結晶内外の波数ベクトルは

$$\boldsymbol{k}_g = k_{gt}\hat{\boldsymbol{t}} + k_{gz}\hat{\boldsymbol{z}}, \; \boldsymbol{K}_m = K_{mt}\hat{\boldsymbol{t}} + K_{mz}\hat{\boldsymbol{z}} \tag{5.28}$$

と書ける.そこで振幅も含めた (5.25) の境界条件は,境界面を $z = H$ として

$$\sum_{k_{gt}=K_{mt}} E_{gt} \exp(ik_{gz}H) = \sum_{k_{gt}=K_{mt}} E^a_{mt} \exp(iK_{mz}H) \tag{5.29}$$

$$\sum_{k_{gt}=K_{mt}} D_{gz} \exp(ik_{gz}H) = \sum_{k_{gt}=K_{mt}} D^a_{mz} \exp(iK_{mz}H) \tag{5.30}$$

のように表わされる.和は結晶内外の波に対して (5.26) の位相因子に関する境界条件 $k_{gt} = K_{mt}$ を満たすものについてとる.(5.22) において χ_g は微小量であることから (5.30) の D_{gz} などを E_{gz} などに置き換え,結局 (5.29) と (5.30) の両式はよい近似で 1 つのベクトル式にまとめられて

$$\boxed{\sum_{k_{gt}=K_{mt}} \boldsymbol{E}_g \exp(ik_{gz}H) = \sum_{k_{gt}=K_{mt}} \boldsymbol{E}^a_m \exp(iK_{mz}H)} \tag{5.31}$$

となる.このあとは 2 波が強い場合を扱う.

5.1.3　2波近似における分散面

まず結晶中に波数ベクトル k_0 をもつ入射方向の波だけがあり，ブラッグ反射が起きていない場合を考える．基本方程式は E_0 の項だけを残して $\{(1+\chi_0)K^2 - k_0^2\}E_0 = 0$ となるので，そのときの k_0 を k とおき，

$$k = K\sqrt{1+\chi_0} \doteqdot K\left(1 + \frac{\chi_0}{2}\right) \tag{5.32}$$

が得られる．χ_0 は $\chi(r)$ の0次のフーリエ係数で，電気感受率 $\chi(r)$ の空間平均を与える．したがって結晶の屈折率は

$$\boxed{n = \frac{k}{K} \doteqdot 1 + \frac{\chi_0}{2}}. \tag{5.33}$$

$\chi_0 < 0$ であるから n の値は1より小さく，そのずれは $10^{-5} \sim 10^{-6}$ 程度である．屈折率を考慮したX線の結晶中の波数 k は真空中の波数 K より小さい．つぎに波数ベクトル k_0 をもつ入射波に対して波数ベクトル $k_g (\equiv k_0 + g)$ をもつ回折方向の波が1つだけある場合を考える．つまり1種類の格子面だけが回折に関わるとして，逆格子原点Oと逆格子点Gに注目する．これが2波近似で，ふつうの実験条件で満たされる．この場合，(5.8)は

$$\boxed{E = E_0 \exp(ik_0 \cdot r) + E_g \exp(ik_g \cdot r)} \tag{5.34}$$

のように表わされる．E_0, E_g の向きが k_0, k_g を含む平面（散乱面）に垂直な σ 偏光の場合（偏光因子 $P = 1$）と平行な π 偏光の場合（$P = \cos 2\theta$）に分ける（動力学的回折での偏光因子は運動学的回折の場合と異なる）．そうすると，E_0, E_g の大きさを E_0, E_g として，基本方程式 (5.23) はつぎのようになる．

$$\boxed{\begin{aligned} (k_0^2 - k^2)E_0 - K^2 P \chi_{\bar{g}} E_g &= 0 \\ K^2 P \chi_g E_0 - (k_g^2 - k^2)E_g &= 0 \end{aligned}} \tag{5.35}$$

これが2波近似の基本方程式である．

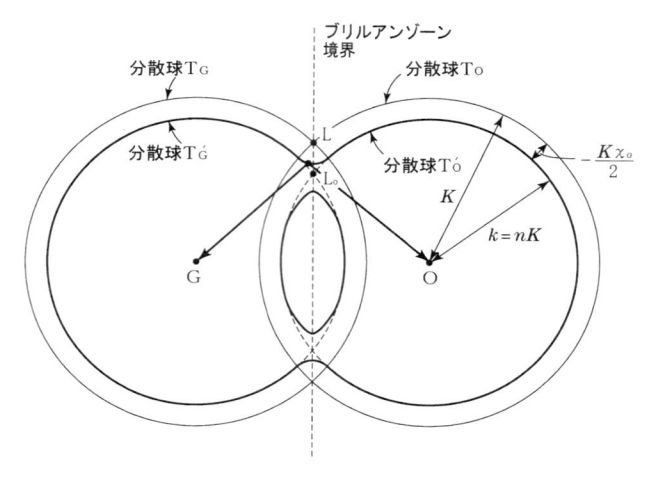

図 5.4 2波近似の分散面（太線で表示）と逆格子点との関係　L_0 付近を誇張して描いてある．実際は2葉の双曲面の最近接距離は分散球の半径の $10^{-5} \sim 10^{-6}$ 程度である．

この基本方程式から結晶中で存在可能な波の波数ベクトルと振幅が求まる．(5.35) が意味のある解をもつためには，その係数でつくる行列式をゼロとおく永年方程式が成り立つ必要がある．

$$\begin{vmatrix} k_0^2 - k^2 & -K^2 P \chi_{\bar{g}} \\ K^2 P \chi_g & -(k_g^2 - k^2) \end{vmatrix} = 0 \tag{5.36}$$

すなわち

$$\boxed{(k_0^2 - k^2)(k_g^2 - k^2) = K^4 P^2 \chi_g \chi_{\bar{g}}} \tag{5.37}$$

逆空間において $\bm{k}_0$ と $\bm{k}_g (\equiv \bm{k}_0 + \bm{g})$ ベクトルは先端がそれぞれ逆格子点 O と G にあり，始点の軌跡は (5.36) を満たす．図 5.4 に示すように $\chi_g = \chi_{\bar{g}} = 0$ のとき，その軌跡は逆格子点 O および G を中心とした半径 k（結晶による屈折の補正をしている）の球面 T'_O, T'_G になる（それらの紙面内の交点が L_0）．この2つの球は**分散球** (dispersion sphere) とよばれる．なお，その外側に真空中の波数 K を半径とする2つの分散球 T_O, T_G がある（それらの紙面内の交点 L はラウエ点とよばれる）．回折が生じているときは $\chi_g \neq 0$, $\chi_{\bar{g}} \neq 0$ で，$\bm{k}_0$（あるいは $\bm{k}_g$）ベクトルの始点の軌跡は，分散

5.1 エワルド–ラウエ流の動力学的回折理論

球 T'_O と T'_G を漸近面とする 2 葉の曲面となり，**分散面** (dispersion surface) とよばれる．

いま分散面の形を近似的に求めてみる．k_0 と k_g の k からのずれの量を

$$\xi_0 = k_0 - k, \ \xi_g = k_g - k \tag{5.38}$$

とおく．ξ_0 と ξ_g は**共鳴不足度** (resonance error) や励起不足度 (excitation error) とよばれる．これを (5.35) に代入するとつぎのようになる．その際，ξ_0 と ξ_g は k の $10^{-5} \sim 10^{-6}$ 程度の微小量であるので，ξ_0 と ξ_g の 2 次の項を省略する．

$$\begin{array}{l} 2\xi_0 E_0 - KP\chi_{\bar{g}} E_g = 0 \\ KP\chi_g E_0 - 2\xi_g E_g = 0 \end{array} \tag{5.39}$$

これの永年方程式から

$$\xi_0 \xi_g = \frac{1}{4} K^2 P^2 \chi_g \chi_{\bar{g}} \tag{5.40}$$

が得られる．ここで吸収を無視すると $\chi_{\bar{g}} = \chi_g^*$ ((4.45) 参照) であり，$\chi_g \chi_{\bar{g}}$ は実数で $\chi_g \chi_{\bar{g}} = |\chi_g|^2$ になる．そこで

$$\Lambda = \frac{2\pi \cos\theta_B}{K|P||\chi_g|} = \frac{\lambda \cos\theta_B}{|P||\chi_g|} \tag{5.41}$$

とおけば，(5.40) は

$$\xi_g \xi_0 = \frac{\pi^2 \cos^2\theta_B}{\Lambda^2} \tag{5.42}$$

となる．図 5.5 は分散面で，L_0 付近を拡大して描いてある．図のように x, y 軸をとると，

$$\xi_0 = -x\sin\theta_B + y\cos\theta_B, \ \xi_g = x\sin\theta_B + y\cos\theta_B \tag{5.43}$$

であるから (5.42) は

$$-x^2 \sin^2\theta_B + y^2 \cos^2\theta_B = \frac{\pi^2 \cos^2\theta_B}{\Lambda^2} \tag{5.44}$$

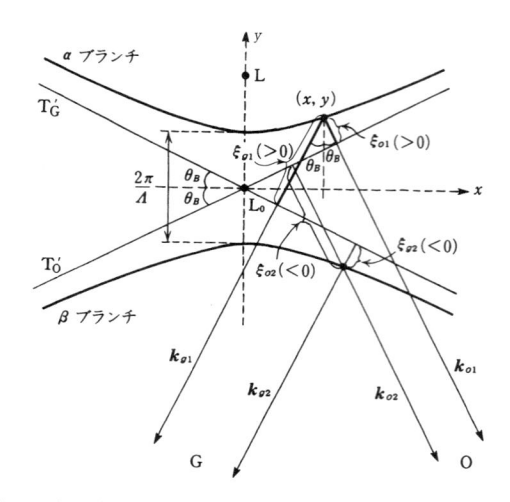

図 5.5 L_0 付近の分散面（太線で表示）σ 偏光に対する 1 組の双曲面だけを描いてある.

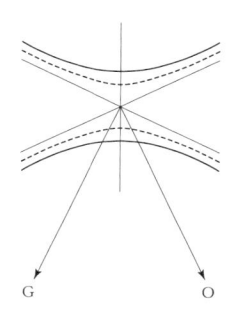

図 5.6 σ 偏光の分散面（実線）と π 偏光の分散面（点線）

のような双曲線になる．いま点 O, G, L_0 を含む面内に注目しているが，分散面全体は線 OG のまわりに軸対称な回転双曲面である．その 2 葉の最近接距離は $2\pi/\Lambda (= K|P||\chi_g|/\cos\theta_B)$ である．したがって分散面は σ 偏光の双曲面と，その内側にある最近接距離が $|\cos 2\theta_B|$ 倍だけ狭い π 偏光の双曲面からなる（図 5.6）．図 5.5 の 2 葉の双曲線のうちラウエ点 L に近い $\xi_0, \xi_g > 0$ の面を α ブランチ，$\xi_0, \xi_g < 0$ の面を β ブランチとよび（ブランチ 1, ブランチ 2 ともいう），それぞれに属する波動場をブロッホ波 α, ブロッホ波 β とよぶことにする．

結晶中で実際に存在を許されるブロッホ波は，入射波との波数ベクトルについての境界条件で決まる分散面上の点に関わる波である．この点は**分散**

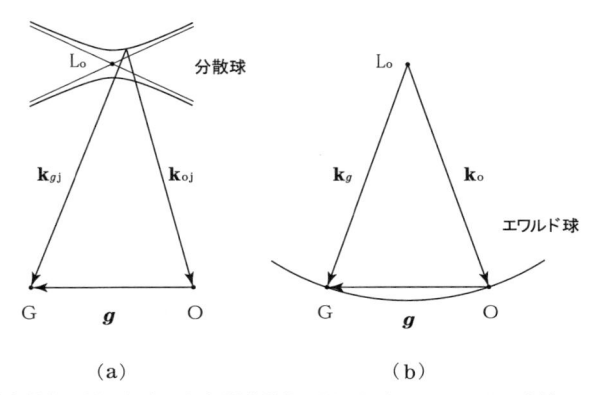

図 5.7 動力学的回折の場合 (a) と運動学的回折の場合 (b) における波数ベクトルの違い (a) の分散面は誇張して描かれている.

点 (wave point) あるいは発散点 (tie point) とよばれる.この分散点を始点とし逆格子点 O および G を終点とするベクトルが,ブロッホ波を構成する O 波と G 波の波数ベクトル k_{0j}, k_{gj} である.分散面の α, β ブランチをそれぞれ $j = 1, 2$ で示す.O 波と G 波は部分波ともよばれ,結晶中で単独に存在することはできず,格子面での回折により互いに相手を生成する関係にある.各ブロッホ波はラウエ条件を満たすから

$$\boxed{k_{gj} - k_{0j} = g} \qquad (j = 1, 2) \tag{5.45}$$

となる.各々の部分波の波数ベクトルは互いにわずかに異なっており,これが動力学的回折に基づく**複屈折** (diffractive birefringence) の現象である.

このように動力学的回折理論の場合(図 5.7(a)),結晶中に存在可能な波の波数ベクトル k_0 と k_g は大きさと向きは分散面で決められるある幅をもつ.これと対照的に運動学的回折理論の場合(図 5.7(b)),k_0 と k_g は結晶中の平均の屈折率の補正を受けた一定の波数 k をもち,$k_g - k_0 = g$ の回折条件を満たすので,k_0 と k_g は図の 1 点 L_0 だけを始点にもつ.

一方,(5.39) からは分散面についての情報の他に,各ブロッホ波の G 波と O 波の振幅の比 r_j が得られる.すなわち

$$\boxed{r_j = \frac{E_{gj}}{E_{0j}} = \frac{2\xi_{0j}}{KP\chi_{\bar{g}}} = \frac{KP\chi_g}{2\xi_{gj}}}. \qquad (j = 1, 2) \tag{5.46}$$

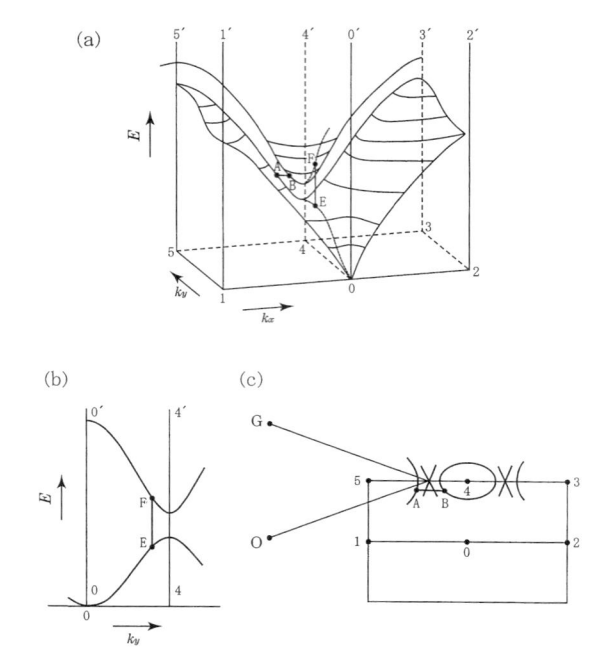

図 5.8 (a) 電子のバンド理論における E と k の関係　回折で問題になるブリルアンゾーン境界付近だけが描かれている. k は k_x と k_y を変数としている (k_z は $k_z = 0$ に固定).　(b) k_y による E の変化：(a) の線分 $0-0'$, $4-4'$ を含む垂直な切口での曲線　(c) 一定の E のもとでの k の変化：(a) の点 A − 点 B を含む水平な切口での曲線 [74)]

(電子のバンド理論・電子回折との対比)

　分散面の概念は，X 線と同様に動力学的回折を生ずる電子線の場合で見ると理解しやすい．これは結晶の周期的ポテンシャル内での電子のふるまいを記述する電子論がよく知られているからである．また X 線は電場ベクトルを用いて表わされるのに対して電子ではスカラーの波動関数が用いられる点でも見やすい．

　回折で問題とするのは電子のバンド理論で扱われるブリルアンゾーン(Brillouin zone) の境界付近である．ブリルアンゾーン境界は逆格子空間で原点 O と 1 つの逆格子点 G を結ぶ線の垂直二等分面で，ラウエ点 L はこの上にある．電子のバンド理論によりブリルアンゾーン境界付近における電子の波数 k に対するエネルギー E の変化が図 5.8(a) のように描かれる．図

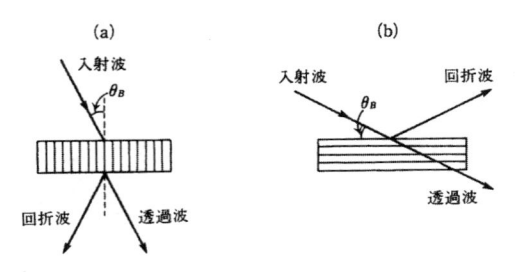

図 5.9 入射波,回折波に対する結晶の配置 (a) 対称ラウエケース (b) 対称ブラッグケース

5.8(a) の線分 $0-4$ を含む垂直面から k_y に対して E が変化する曲線が図 5.8(b) のように得られる.この図でブリルアンゾーン境界においてバンドギャップが見られる.図 5.8(a) の点 A – 点 B を含む E が一定の水平面では図 5.8(c) のような等エネルギー面が得られ,これが電子回折の分散面に対応する.なお高エネルギー電子の回折の場合には電子の波数ベクトルは大きくなるので,分散面は逆格子原点から遠く離れたブリルアンゾーン境界の付近にくる.電子のバンド理論では結晶中の電子の波数 k に対するエネルギー E の変化を考え,ブリルアンゾーン境界の付近でエネルギーギャップが生ずることに注目する.それに対して,X 線の動力学的回折理論では等エネルギー面である分散面上での波数ベクトルの変化を扱い,やはりブリルアンゾーン境界付近での分散球の分裂に注目している.電子と X 線の違いはあるが,基本的には同じ現象である格子面間における波のふるまいを前者では $k \to E$,後者では $E \to k$ という視点で見ていることになる.

5.1.4 回折条件からのずれと分散点の指定

入射波と回折波に対する結晶の配置としては,回折波が入射表面に対して入射波と別の側に出るラウエ配置,**ラウエケース (Laue case)** と,同じ側に出るラウエ配置,**ブラッグケース (Bragg case)** に分けられる.ここでは図 5.9 のような格子面が表面に垂直な対称ラウエケースと格子面が表面に平行な対称ブラッグケースを扱う.

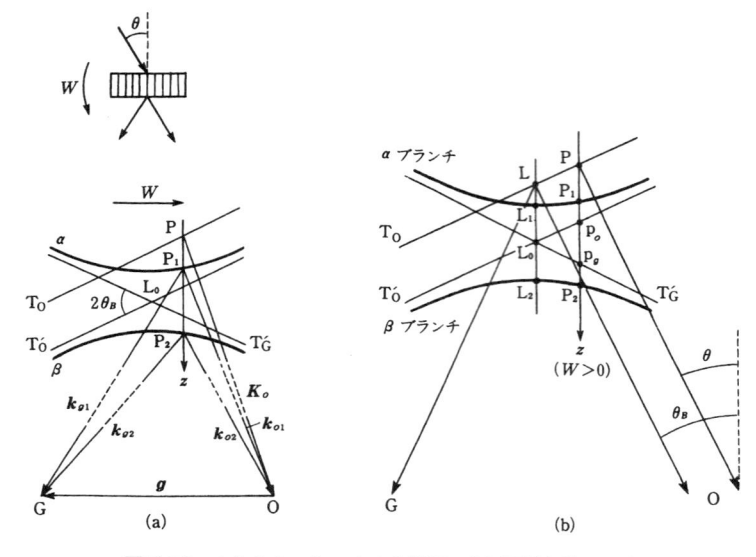

図 **5.10** (a) ラウエケースの分散面 (b) 回折条件の設定

(1) 対称ラウエケース

ラウエケースでは図 5.10(a) のように入射表面の内向き垂線 z は分散面の α, β ブランチと必ず交わるので，1 つの偏光状態に対してつねに 2 つのブロッホ波 α, β が存在する．波数ベクトルに関する境界条件 (5.26) から垂線 z と分散面との交点で分散点 P_1 と P_2 が決まる．結晶中の O 波の波数ベクトルが $\overrightarrow{P_1O}(=\boldsymbol{k}_{01}), \overrightarrow{P_2O}(=\boldsymbol{k}_{02})$ で，G 波の波数ベクトルが $\overrightarrow{P_1G}(=\boldsymbol{k}_{g1}), \overrightarrow{P_2G}(=\boldsymbol{k}_{g2})$ となる．入射線の表面に対する視斜角 $\pi/2-\theta$ あるいは (5.48) で定義するパラメーター W の変化に伴い，各ブロッホ波の分散点は各ブランチ上で移動する．

図 5.10(b) のように，逆格子原点 O を中心とし半径 K（真空中の X 線の波数）の分散球を T_O とし，その上で入射波の波数ベクトル $\boldsymbol{K}_0$ の始点を P, ラウエ点を L とする．入射線のブラッグ角からのずれは，$\overrightarrow{PO}(=\boldsymbol{K}_0)$ と $\overrightarrow{LO}$ のなす角で $\theta_B-\theta=\overline{LP}/K$ である．

垂線 z と半径 k（結晶中の屈折率を考慮した波数）の分散球 T'_O, T'_G との交点を p_o, p_g とすれば，長さ $\overline{p_op_g}$ は 2 つの表わし方で与えられる．

5.1 エワルド–ラウエ流の動力学的回折理論

$$\overline{\mathrm{p}_0\mathrm{p}_g} = \frac{\xi_g - \xi_0}{\cos\theta_B}$$
$$= 2\sin\theta_B \cdot \overline{\mathrm{L\,P}} = 2K(\theta_B - \theta)\sin\theta_B \tag{5.47}$$

双曲線の最近接距離 $\overline{\mathrm{L}_1\mathrm{L}_2} = 2\pi/\Lambda$ を用いて $\overline{\mathrm{p}_0\mathrm{p}_g}$ を規格化して，ブラッグ角からのずれを表わすパラメーター W を定義する（W の代わりに η, y などの記号も使われる）．その際，視斜角 $\pi/2 - \theta$ が増すと W が増すとする．

$$\boxed{W = \frac{\overline{\mathrm{p}_0\mathrm{p}_g}}{\overline{\mathrm{L}_1\mathrm{L}_2}} = \frac{2\Lambda\sin\theta_B}{\lambda}(\theta_B - \theta) = \frac{(\theta_B - \theta)\sin 2\theta_B}{|P||\chi_g|}} \tag{5.48}$$

なお W の σ 偏光に対するスケール (W^σ) と π 偏光に対するスケール (W^π) は違って $W^\sigma = |\cos 2\theta_B| W^\pi$ の関係があり，W^σ のスケールが基準にとられる．(5.47) と (5.48) から

$$\xi_g - \xi_0 = \frac{2\pi W}{\Lambda}\cos\theta_B \tag{5.49}$$

となり，(5.42) と (5.49) から

$$\begin{aligned}\xi_{0j} &= \frac{\pi\cos\theta_B}{\Lambda}\left(-W \pm \sqrt{W^2 + 1}\right), \\ \xi_{gj} &= \frac{\pi\cos\theta_B}{\Lambda}\left(W \pm \sqrt{W^2 + 1}\right)\end{aligned} \quad 複号\begin{cases}上:\ j=1 \\ 下:\ j=2\end{cases} \tag{5.50}$$

が得られる．(5.46) と (5.50) から振幅の比

$$\boxed{r_j = \frac{E_{gj}}{E_{0j}} = \frac{|P|}{P}\exp(i\alpha_g)\left(-W \pm \sqrt{W^2+1}\right)} \quad 複号\begin{cases}上:\ j=1 \\ 下:\ j=2\end{cases} \tag{5.51}$$

が得られる．ここで χ_g の位相を α_g とし，

$$\chi_g = |\chi_g|\exp(i\alpha_g) \tag{5.52}$$

とおいており，吸収を無視しているので $\chi_{\bar{g}} = \chi_g^*$ であり（(4.45) 参照），したがって，$\alpha_{\bar{g}} = -\alpha_g$, $|\chi_{\bar{g}}| = |\chi_g|$, $\sqrt{\chi_g/\chi_{\bar{g}}} = \exp(i\alpha_g)$ である．なお F_g が実数で正，つまり χ_g が実数で負の場合，$\exp(i\alpha_g) = -1$ である．

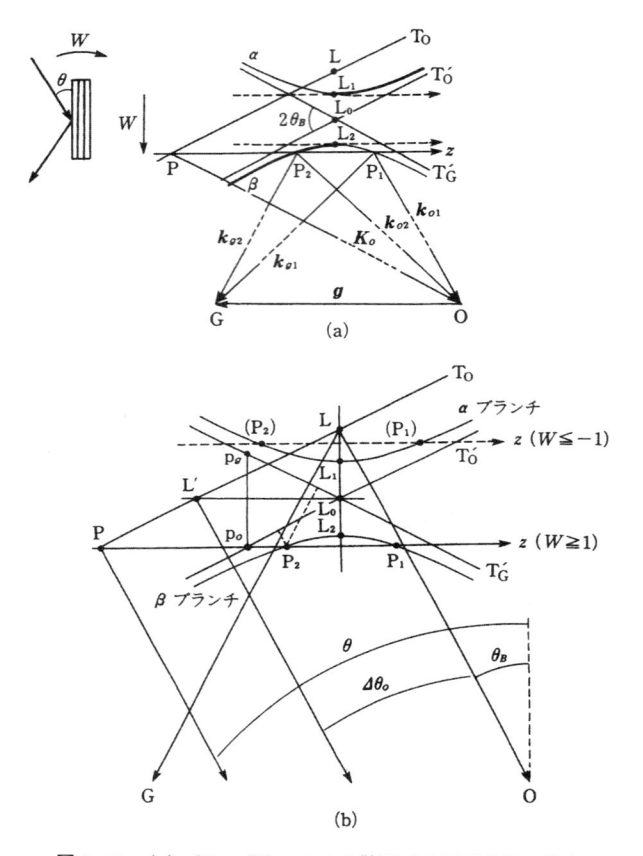

図 5.11 (a) ブラッグケースの分散面 (b) 回折条件の設定

(2) 対称ブラッグケース

ブラッグケースでは図 5.11(a) のように入射表面の垂線 z が L_1, L_2 と接する各位置の中間にくるとき，分散面と交わらない．この範囲が後述の全反射に対応している．z はその外側で分散面の同一の α あるいは β ブランチ上で 2 つの交点をもつ．それらを P_1 と P_2 とする．入射線の表面に対する視斜角 θ あるいは後述のパラメーター W の変化に対して，1 つのブロッホ波はその分散点が例えば α ブランチの P_1 の側から L_1 へ，さらに L_2 に渡って β ブランチの P_2 の側へ移動する．つまり図の太線と細線の曲線がそれぞ

5.1 エワルド–ラウエ流の動力学的回折理論

れ解析的に接続すると考えられる.

入射線のブラッグ角からのずれは, $\overrightarrow{PO}(=\boldsymbol{K}_0)$ と $\overrightarrow{LO}$ のなす角で $\theta_B - \theta = \overline{LP}/K$ である. 図 5.11(b) のように点 p_0, p_g をとれば,

$$\begin{aligned}\overline{p_0 p_g} &= \frac{-\xi_g - \xi_0}{\cos\theta_B} \\ &= 2\sin\theta_B \cdot \overline{L'P} = 2K(\theta - \theta_B - \Delta\theta_0)\sin\theta_B.\end{aligned} \quad (5.53)$$

ここで $\Delta\theta_0$ は屈折によるブラッグ角のずれで,

$$\Delta\theta_0 = \frac{-\chi_0}{\sin 2\theta_B} = \frac{2(1-n)}{\sin 2\theta_B} \quad (5.54)$$

である. ラウエケースと同じく, $\overline{p_0 p_g}$ を $\overline{L_1 L_2}$ で規格化して, ブラッグ角からのずれを表わすパラメーター W を定義する. その際, 視射角 θ が増すと W が増すとする.

$$\boxed{W = \frac{\overline{p_0 p_g}}{\overline{L_1 L_2}} = \frac{2\Lambda \sin\theta_B}{\lambda}(\theta - \theta_B - \Delta\theta_0) = \frac{(\theta - \theta_B - \Delta\theta_0)\sin 2\theta_B}{|P||\chi_g|}} \quad (5.55)$$

(5.53) と (5.55) から

$$\xi_g + \xi_0 = -\frac{2\pi W}{\Lambda}\cos\theta_B \quad (5.56)$$

となり, (5.42) と (5.56) から

$$\begin{aligned}\xi_{0j} &= \frac{\pi\cos\theta_B}{\Lambda}\left(-W \mp \sqrt{W^2 - 1}\right), \\ \xi_{gj} &= \frac{\pi\cos\theta_B}{\Lambda}\left(-W \pm \sqrt{W^2 - 1}\right)\end{aligned} \quad 複号\begin{cases}上: j=1 \\ 下: j=2\end{cases} \quad (5.57)$$

が得られる. (5.46), (5.52) と (5.57) から振幅の比

$$\boxed{r_j = \frac{E_{gj}}{E_{0j}} = \frac{|P|}{P}\exp(i\alpha_g)\left(-W \mp \sqrt{W^2 - 1}\right)} \quad 複号\begin{cases}上: j=1 \\ 下: j=2\end{cases} \quad (5.58)$$

が得られる.

(非対称反射を含む一般的な場合での ξ_0 と W)

上では対称反射の場合を扱ったが，回折面が表面と平行でない一般的な場合には，つぎの**非対称因子** (asymmetry factor) b が含まれる．表面に垂直な内向きの単位ベクトル $\hat{\boldsymbol{z}}$ に対する入射波と回折波の方向余弦をそれぞれ γ_0 と γ_g とすれば，

$$b = \frac{\gamma_0}{\gamma_g} \equiv \frac{\hat{\boldsymbol{z}} \cdot \boldsymbol{K}_0}{\hat{\boldsymbol{z}} \cdot \boldsymbol{K}_g}. \tag{5.59}$$

ラウエケースでは $b > 0$, 対称ラウエケースで $b = 1$ である．ブラッグケースでは $b < 0$, 対称ブラッグケースで $b = -1$ である．

非対称因子 b をもつ場合の ξ_0 と W の一般的な式はつぎのように与えられる．

$$\xi_0 = \frac{1}{2} K |P| \sqrt{|b|} \sqrt{\chi_g \chi_{\bar{g}}} \left(-W \pm \sqrt{W^2 + b/|b|} \right), \tag{5.60}$$

$$W = \frac{b\,\alpha + (1-b)\chi_0/2}{\sqrt{|b|}\sqrt{\chi_g \chi_{\bar{g}}}} \tag{5.61}$$

吸収を無視すると $\chi_g \chi_{\bar{g}} = |\chi_g|^2$ である．ここで

$$\alpha = \frac{2\boldsymbol{K}_0 \cdot \boldsymbol{g} + g^2}{2K^2} \tag{5.62}$$

は幾何学的条件でのブラッグ条件からのずれを表わし，入射線の角度 θ とエネルギー E の関数である．これは $\theta = \pi/2$ の場合を含めて，どの角度でも成り立つ．ふつうの配置では

$$\alpha = (\theta_B - \theta) \sin 2\theta_B \tag{5.63}$$

となるので，(5.61) は対称ラウエケースでは (5.48) に，対称ブラッグケースでは (5.55) になる．

後述の回折強度曲線は対称反射の場合を扱っているが，ここで非対称反射の場合の幾何学的因子について触れておく．図 5.12 のように結晶表面の面積 S を通る入射波と回折波の切口の面積はそれぞれ $\gamma_0 S$ と $|\gamma_g|S$ であり，入射波と回折波のエネルギーの面密度は $|E_0^a|^2$ と $|E_g^a|^2$ に比例するので，測

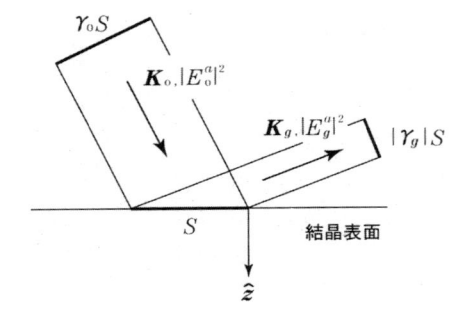

図 5.12 非対称反射で有限の幅をもつ場合の入射波と回折波のエネルギーの流れ

定にかかるエネルギーの流れの総量はそれぞれの積に比例する．したがって，測定される回折強度曲線はそれらの回折波と入射波の比，すなわち

$$\frac{I_g}{I_0} = \frac{|\gamma_g|}{\gamma_0}\frac{|E_g^a|^2}{|E_0^a|^2} \tag{5.64}$$

で表わされる．

5.2 回折強度曲線

結晶に単色で平行なX線を入射させ，結晶をブラッグ角のまわりで連続的に回転するときに得られる曲線は回折強度曲線あるいは**ロッキングカーブ** (rocking curve) とよばれる．

5.2.1 吸収を無視した場合

(1) 対称ラウエケース

図 5.13 に示すように，表の面 $z=0$ で入射波 $E_0^a \exp(i\boldsymbol{K}_0 \cdot \boldsymbol{r})$ が結晶中のブロッホ波 α, β のO波 $E_{01}\exp(i\boldsymbol{k}_{01}\cdot\boldsymbol{r})$ と $E_{02}\exp(i\boldsymbol{k}_{02}\cdot\boldsymbol{r})$ につながり，G波の $E_{g1}\exp(i\boldsymbol{k}_{g1}\cdot\boldsymbol{r})$ と $E_{g2}\exp(i\boldsymbol{k}_{g2}\cdot\boldsymbol{r})$ がいっしょに生ずる．これらが裏の面 $z=H$ まで伝播し，O波が透過波 $E_d^a\exp(i\boldsymbol{K}_0\cdot\boldsymbol{r})$ につながる．一方，G波が回折波 $E_g^a\exp(i\boldsymbol{K}_g\cdot\boldsymbol{r})$ につながる．

境界条件は (5.31) から表の面 $z=0$ で

$$\text{入射方向}：E_0^a = E_{01} + E_{02}, \quad \text{回折方向}：0 = E_{g1} + E_{g2} \tag{5.65}$$

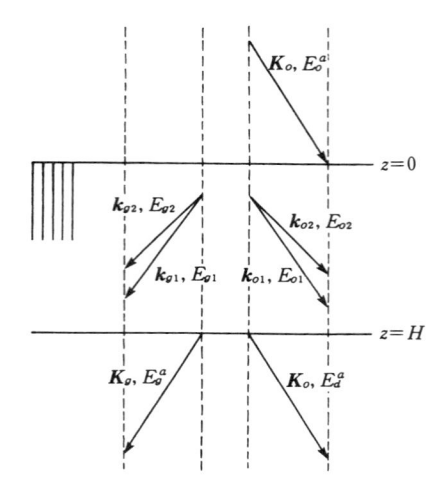

図 **5.13** ラウエケースにおける結晶内外の波の関係

であり，結晶内の波の振幅は (5.51) も用いれば

$$E_{0j} = \frac{1}{2}\left(1 \pm \frac{W}{\sqrt{W^2+1}}\right)E_0^a,$$
$$E_{gj} = \frac{1}{2}\frac{|P|}{P}\exp(i\alpha_g)\frac{\pm 1}{\sqrt{W^2+1}}E_0^a \qquad 複号\begin{cases}上: j=1\\下: j=2\end{cases} \quad (5.66)$$

のように得られる．分散面上における各ブロッホ波の部分波の振幅および位相の関係を図 5.14 に示す．ここでは F_g が実数で正，したがって χ_g が実数で負の場合で，$\exp(i\alpha_g) = -1$ であり，$|P|/P = 1$ としている．α ブランチに属するブロッホ波 α では，O 波と G 波は位相が π だけ異なる逆位相であり，β ブランチに属するブロッホ波 β では同位相である．厳密に回折条件を満たす $W=0$ では O 波と G 波の振幅が等しい．すなわち，ブロッホ波 α では $E_{01} = +E_0^a/2$, $E_{g1} = -E_0^a/2$, ブロッホ波 β では $E_{02} = +E_0^a/2$, $E_{g2} = +E_0^a/2$ である．

一方，裏の面 $z=H$ で境界条件 (5.31) は

入射方向：$E_{01}\exp(ik_{01z}H) + E_{02}\exp(ik_{02z}H) = E_d^a\exp(iK_{0z}H)$
回折方向：$E_{g1}\exp(ik_{g1z}H) + E_{g2}\exp(ik_{g2z}H) = E_g^a\exp(iK_{gz}H)$
(5.67)

となる．(5.66) を用いて (5.67) を解くが，その際 k_{0jz}, k_{gjz} はつぎのように求める．図 5.10(a) から

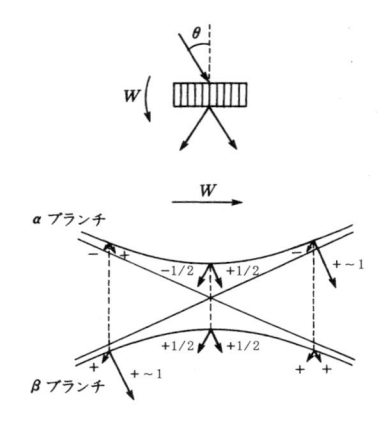

図 5.14 ラウエケースでの各分散点における O 波と G 波の振幅と位相 $\exp(i\alpha_g) = -1$, $|P|/P = 1$ とし, E_0^a を単位として示している[71].

$$\boldsymbol{k}_{0j} = -\overline{\mathrm{PP}_j}\hat{\boldsymbol{z}} + \boldsymbol{K}_0, \ \boldsymbol{k}_{gj} = -\overline{\mathrm{PP}_j}\hat{\boldsymbol{z}} + \boldsymbol{K}_0 + \boldsymbol{g}, \quad (5.68)$$

$$\overline{\mathrm{PP}_j} = -\frac{(\xi_{0j} + K\chi_0/2)}{\cos\theta_B}. \quad (5.69)$$

(5.68) から z 成分は

$$k_{0jz} = k_{gjz} = -\overline{\mathrm{PP}_j} + K_{0z}. \quad (5.70)$$

これらを用いて結局, 回折および透過の強度曲線はつぎのように得られる.

$$\begin{aligned}
\frac{I_g^W}{I_0} &= \frac{|E_g^a|^2}{|E_0^a|^2} = \frac{\sin^2\left(\pi H\sqrt{W^2+1}/\Lambda\right)}{W^2+1}, \\
\frac{I_d^W}{I_0} &= \frac{|E_d^a|^2}{|E_0^a|^2} = \frac{W^2 + \cos^2\left(\pi H\sqrt{W^2+1}/\Lambda\right)}{W^2+1}
\end{aligned} \quad (5.71)$$

ここで回折および透過強度の入射強度に対する比が W スケールの角の関数として表わされている. これらには吸収がないので $I_g^W + I_d^W = I_0$ の関係がある. 図 5.15(a) に回折強度曲線の計算例を示す. 曲線は結晶の回転角と厚さに対して振動する. これは後述のペンデルビートである (5.3.3 参照). 厚さについて Λ 程度の周期をもつが, ごく薄い結晶の場合以外は振動の周期が細かく入射線の角度広がりでならされるので, 厚さの 1 周期にわたって平均して

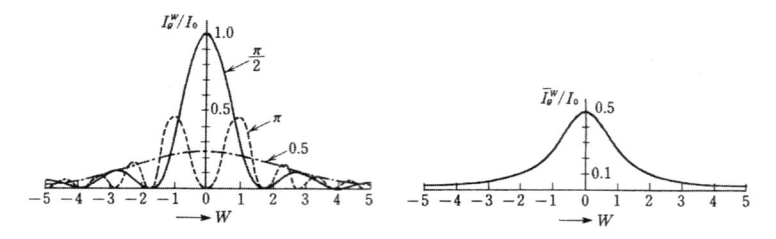

図 5.15 ラウエケースの回折強度曲線（吸収を無視）　(a) (5.71) で $\pi H/\Lambda = 0.5, \pi/2, \pi$ のとき　(b) (5.72) [73]

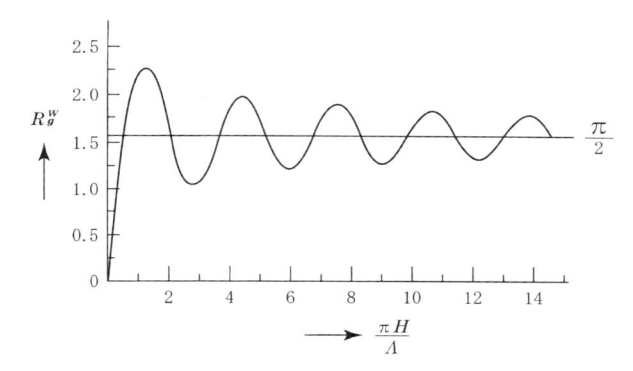

図 5.16 ラウエケースでの積分反射能 R_g^W の $\pi H/\Lambda$ による変化（吸収を無視）　振動しながら $\pi/2$ に近づく．

$$\frac{\overline{I_g^W}}{I_0} = \frac{1}{2(W^2+1)} \tag{5.72}$$

となる．これを図 5.15(b) に示す．$W=0$ のとき強度は回折方向と透過方向に $1/2$ ずつに分かれる．曲線の半値幅は W スケールで 2 である．

積分反射能は (5.71) のプロファイルを W について積分したもので，

$$R_g^W = \int_{-\infty}^{\infty} \frac{I_g^W}{I_0} dW = \frac{\pi}{2} \int_0^{2\pi H/\Lambda} J_0(x) dx \tag{5.73}$$

によって与えられる．ここで 0 次のベッセル関数 $J_0(x)$ の積分 $\int_0^\xi J_0(x)dx$ はワラー (Waller) 積分とよばれ，$\xi \to \infty$ のとき 1 になる．R_g^W は，図 5.16 に示すように積分の上限 $\pi H/\Lambda$ の変化にしたがって振動し，ペンデルビー

トを与える．$\pi H/\Lambda \ll 1$ すなわち厚さの薄いところでは，R_g^W は $\pi H/\Lambda$ に比例し，すなわち $|F_g|$ に比例する．(5.73) の W スケールの表示を (5.48) を用いて θ スケールに変換すると，つぎのようになる．

$$R_g^\theta = \frac{\pi |P||\chi_g|}{2\sin 2\theta_B} \int_0^{2\pi H/\Lambda} J_0(x)dx \qquad (5.74)$$

R_g^θ にはスケールの変換による $|F_g|$ の寄与もあり，$\pi H/\Lambda \ll 1$ のところでは R_g^θ は $|F_g|^2$ に比例することになる．これは運動学的理論の結果と一致している．回折強度曲線の半値幅よりも十分に広い角度幅の X 線ビームが入射したときに観測される回折強度は，この積分反射能に比例する．

(2) 対称ブラッグケース
（無限に厚い結晶の場合）

入射波との波数ベクトルに関する境界条件から $|W| \geq 1$ では分散面の同じブランチ上に 2 つの分散点がある．X 線エネルギーの伝播方向は後述のように（5.3.4 参照）分散面に垂直な向きであるから，1 つのブロッホ波は結晶の表側から内側へ向かい，もう 1 つのブロッホ波は内側から表側へ向かう．後者の波は裏の面で反射されて戻ってきたものである．物理的に無限小の吸収があると考えると，無限に厚い結晶ではその波は完全に吸収されてしまう．したがって，結晶中には 1 つの偏光状態に対して 1 つのブロッホ波だけが存在する．すなわち，$W \leq -1$ でブロッホ波 $\alpha(j=1)$，$W \geq 1$ でブロッホ波 $\beta(j=2)$ が存在する．

図 5.17 のように結晶内外の波の振幅と波数ベクトルをとれば，境界条件は (5.31) から表面 $z=0$ で

$$\begin{array}{ll} E_0^a = E_{01} : W \leq -1 & E_g^a = E_{g1} : W \leq -1 \\ E_{02} : W \geq 1 & E_{g2} : W \geq 1 \end{array} \qquad (5.75)$$

であり，(5.58) も用いて回折波の振幅は

$$E_g^a = \frac{|P|}{P}\exp(i\alpha_g)\left(-W \mp \sqrt{W^2-1}\right)E_0^a \quad 複号 \begin{cases} 上: W \leq -1 \\ 下: W \geq 1 \end{cases} \qquad (5.76)$$

のように得られる．ラウエケースのときと同じように $\exp(i\alpha_g) = -1$，$|P|/P = 1$ として部分波の振幅および位相の関係を図 5.18 に示

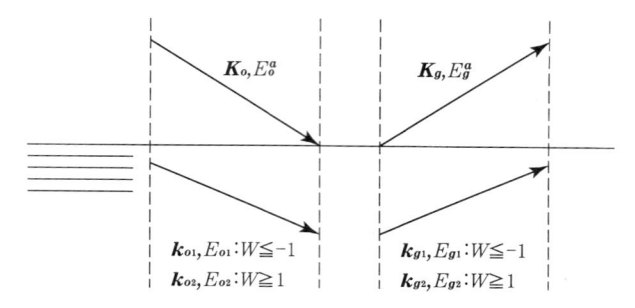

168　第5章　動力学的回折理論——完全結晶による回折

図 5.17　ブラッグケースにおける結晶内外の波の関係（無限に厚い結晶の場合）

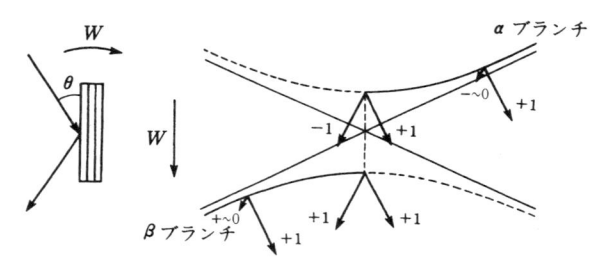

図 5.18　ブラッグケースでの各分散点における O 波と G 波の振幅と位相　無限に厚い結晶の場合．$\exp(ia_g) = -1, |P|/P = 1$ とし E_0^a を単位として示している[71]．

す．E_{0j} は W によらず E_0^a で，E_{gj} は $W = -\infty, -1, +1, +\infty$ に応じて $-0, -E_0^a, +E_0^a, +0$ となる．

一方，$|W| < 1$ では $\boldsymbol{k}_0, \boldsymbol{k}_g$ の z 成分 k_{0z}, k_{gz} は複素数になり，それらの虚数部を k_{0z}^i, k_{gz}^i とするとき，例えば結晶内の O 波の強度は $|\exp(i\boldsymbol{k}_0 \cdot \boldsymbol{r})|^2 = \exp(-2k_{0z}^i z)$ になり，したがって深さとともに減衰する．図 5.11(a) から

$$\boldsymbol{k}_{0j} = -\overline{\mathrm{PP}_j}\hat{\boldsymbol{z}} + \boldsymbol{K}_0, \quad \boldsymbol{k}_{gj} = -\overline{\mathrm{PP}_j}\hat{\boldsymbol{z}} + \boldsymbol{K}_0 + \boldsymbol{g}, \tag{5.77}$$

$$\overline{\mathrm{PP}_j} = -\frac{\xi_{0j} + K\chi_0/2}{\sin\theta_B}. \tag{5.78}$$

(5.57) も用いて $|W| < 1$ に対して

$$k_{0z}^i (= k_{gz}^i) = \frac{\pi\sqrt{1 - W^2}}{\Lambda \tan\theta_B}. \tag{5.79}$$

5.2 回折強度曲線

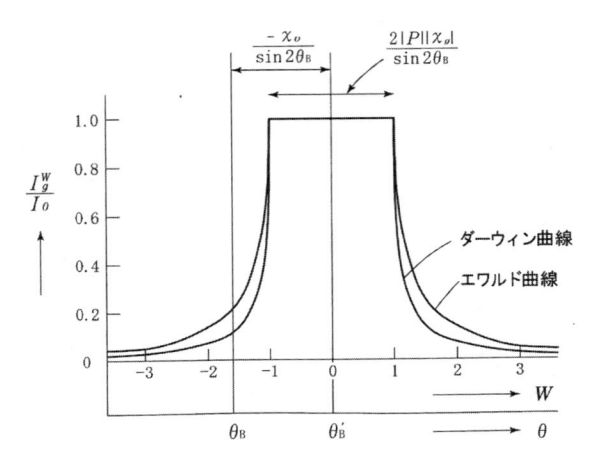

図 5.19 ブラッグケースの回折強度曲線 吸収を無視する場合．θ_B：ブラッグ角，θ'_B：屈折率の補正をしたブラッグ角

ここで k^i_{0z} の符号がマイナスのものも得られるが，これは強度が増大することになるので棄てる．その結果，$\xi_0 = (\pi\cos\theta_B/\Lambda)\left(-W + i\sqrt{1-W^2}\right)$ となる．したがって回折波の振幅は，(5.46), (5.75) を用いて

$$E^a_g = \frac{|P|}{P}\exp(i\alpha_g)\left(-W + i\sqrt{1-W^2}\right)E^a_0 \quad : \quad |W| < 1 \quad (5.80)$$

となる．結局，回折強度曲線は (5.76), (5.80) からつぎのように得られる．

$$\boxed{\begin{aligned}\frac{I^W_g}{I_0} = \frac{|E^a_g|^2}{|E^a_0|^2} &= \left(|W| - \sqrt{W^2-1}\right)^2 : \quad |W| \geq 1 \\ &= 1 \qquad\qquad\qquad\quad : \quad |W| < 1\end{aligned}} \quad (5.81)$$

これは図 5.19 のようにシルクハット型のプロファイルをもち，**ダーウィン (Darwin) 曲線**とよばれる．$|W| < 1$ の範囲では入射 X 線は結晶のある深さまでしか入ることができず，すべてのエネルギーが回折波として出てゆく．全反射はふつう小さな視斜角の入射で生ずるが (2.2.4 参照)，いまの場合は回折条件下での**全反射** (total reflection) である．

(5.54) と (5.55) から入射線が回折面となす角 θ と W の関係は

170 第5章 動力学的回折理論——完全結晶による回折

$$\theta - \theta_B = \frac{|P||\chi_g|}{\sin 2\theta_B} W - \frac{\chi_0}{\sin 2\theta_B} \tag{5.82}$$

となる．全反射領域の中心 ($W = 0$) のブラッグ角 θ_B は幾何学的なブラッグ角 θ_B から屈折により (5.82) のように $-\chi_0/\sin 2\theta_B$ だけずれる ($\chi_0 < 0$)．W スケールで幅が $2(-1 \leq W \leq 1)$ の全反射領域を θ スケールの角度幅 ω で表わすと，

$$\omega = \frac{2|P||\chi_g|}{\sin 2\theta_B} = \frac{\lambda}{\Lambda \sin \theta_B} = \frac{2}{\pi} \frac{r_e}{v_c} |F_g| \lambda^2 \frac{|P|}{\sin 2\theta_B} \tag{5.83}$$

となる．これらの関係は分散面の図 5.20 からも求められる．ω の大きさは X 線と結晶との相互作用の大きさの指標である $|\chi_g|$ あるいは $|F_g|$ に比例し

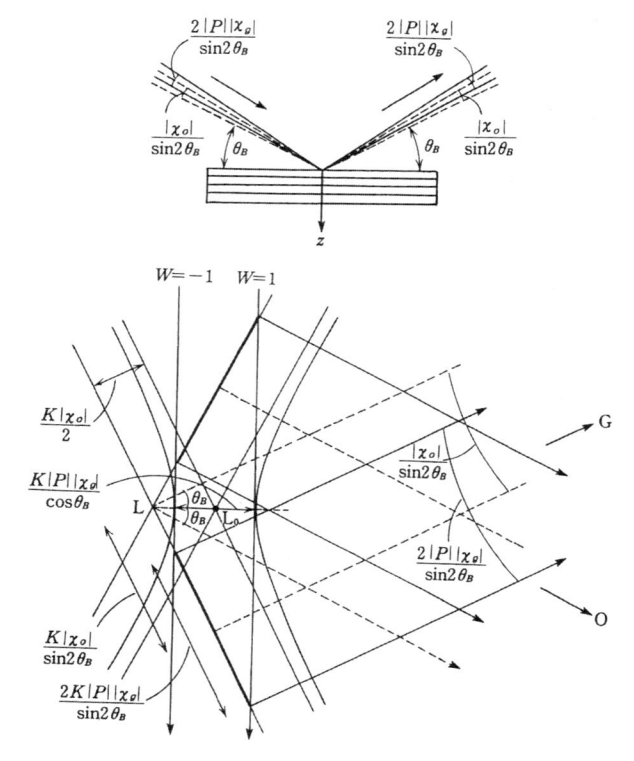

図 5.20 ブラッグケースの全反射領域の幾何学的関係

ており，数秒 ～ 10 数秒である．全反射が角度幅をもつことは入射 X 線が結晶中で消衰効果を受け，回折にかかわる格子面の数が限られることによる．これに対し運動学的回折理論では結晶の深いところまで回折にかかわるのでブラッグ角から少しずれたとき，浅いところと深いところからの回折波が打ち消しあうので，回折条件を満たすのはブラッグ角においてだけである．

積分反射能は θ スケールで表わすと

$$R_g^\theta = \frac{|P||\chi_g|}{\sin 2\theta_B} \int_{-\infty}^{\infty} \frac{I_g^W}{I_0} dW = \frac{8}{3} \frac{|P||\chi_g|}{\sin 2\theta_B} = \frac{8}{3\pi} \frac{r_e}{v_c} |F_g| \lambda^2 \frac{|P|}{\sin 2\theta_B} \quad (5.84)$$

のようになり，$|F_g|$ に比例している．

（薄い結晶の場合）

厚さが Λ の数倍から 10 倍ぐらいの薄い結晶では $|W| \geq 1$ の範囲で裏の面での反射があるので，分散面の同じブランチ上に 2 つの分散点がある．結晶内外の波の振幅と波数ベクトルは図 5.21 のようになり，境界条件は表の面 $z = 0$ で

$$入射方向: E_0^a = E_{01} + E_{02}, \quad 回折方向: E_g^a = E_{g1} + E_{g2} \quad (5.85)$$

である．一方，裏の面 $z = H$ で

$$入射方向: E_{01} \exp(ik_{01z}H) + E_{02} \exp(ik_{02z}H) = E_d^a \exp(iK_{0z}H),$$
$$回折方向: E_{g1} \exp(ik_{g1z}H) + E_{g2} \exp(ik_{g2z}H) = 0$$
$$(5.86)$$

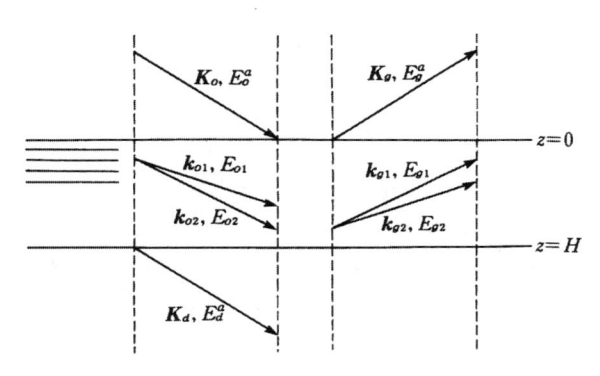

図 5.21 ブラッグケースにおける結晶内外の波の関係　薄い結晶の場合．

となる．結晶内の波の振幅は (5.85) のはじめの式，(5.86) のうしろの式と (5.58) からつぎのようになる．

$$E_{O1} = \frac{r_2 \exp(ik_{g2z}H)}{r_2 \exp(ik_{g2z}H) - r_1 \exp(ik_{g1z}H)} E_0^a, \quad E_{g1} = r_1 E_{O1}$$
$$E_{O2} = \frac{r_1 \exp(ik_{g1z}H)}{r_1 \exp(ik_{g1z}H) - r_2 \exp(ik_{g2z}H)} E_0^a, \quad E_{g2} = r_2 E_{O2}$$
(5.87)

(5.77), (5.78) も用いて，回折強度曲線はつぎのように得られる．

$$\frac{I_g^W}{I_0} = \frac{|E_g^a|^2}{|E_0^a|^2} = \begin{cases} \dfrac{\sin^2(\pi H\sqrt{W^2-1}/\Lambda)}{W^2-1+\sin^2(\pi H\sqrt{W^2-1}/\Lambda)} & : |W| > 1 \\ \dfrac{(\pi H/\Lambda)^2}{1+(\pi H/\Lambda)^2} & : |W| = 1 \\ \dfrac{\sinh^2(\pi H\sqrt{1-W^2}/\Lambda)}{1-W^2+\sinh^2(\pi H\sqrt{1-W^2}/\Lambda)} & : |W| < 1 \end{cases}$$
(5.88)

なお $|W| < 1$ のときの計算には $\sin(ix) = i\sinh x$ を用いる．図 5.22 に回折強度曲線の計算例を示す．曲線はラウエケースと同様に結晶の回転角と厚さに対して振動する．$|W| < 1$ で (a) の場合のような全反射は見られない．$|W| > 1$ での振動は裏の面からの反射波がかかわるペンデルビートで，分散面の同じブランチに属する波の間の干渉である．

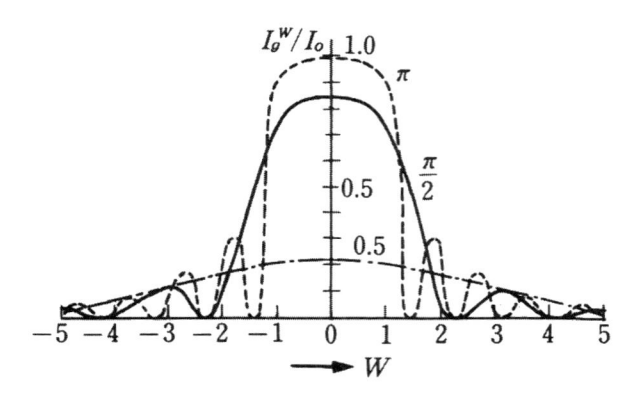

図 **5.22** ブラッグケースの回折強度曲線 (5.88)　薄い結晶で，吸収を無視 $\pi H/\Lambda = 0.5, \pi/2, \pi$ のとき [73]．

5.2 回折強度曲線　173

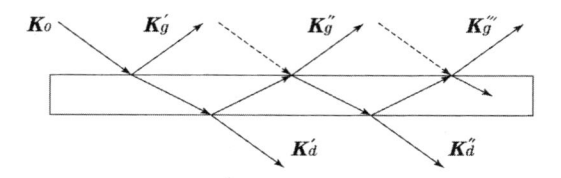

図 5.23　ブラッグケースでの平行平板の薄い結晶における表と裏の面での繰り返し反射

（エワルド曲線）

(5.88) は結晶の厚さに対して振動するが，厚さについて平均操作をすると回折強度曲線は

$$\frac{\bar{I}_g^W}{I_0} = \begin{cases} 1 - \sqrt{1 - W^{-2}} & : |W| \geq 1 \\ 1 & : |W| < 1 \end{cases} \tag{5.89}$$

となり，**エワルド曲線**とよばれる（図 5.19）．図 5.23 は，X 線が平行平板結晶に入射し，表と裏の面で繰り返し反射をする様子を描いている．K_g' だけの波がダーウィン曲線を与え，エワルド曲線は $K_g', K_g'', K_g''', \ldots$ の波を加え合わせたものからなる．これは入射ビームを細く絞り，反射ビームも細いスリットで選べば，観測することができる．

5.2.2　吸収を考慮した場合

つぎに結晶中での X 線の吸収を考慮する．この場合，原子散乱因子に異常分散項（3.1.3 参照）がつけ加わる．χ_g が，原子散乱因子の実数部 $f_j^0 + f_j'$ と虚数部 f_j'' から導かれた χ_g' と χ_g'' からなるとすると，(5.5) の χ_g の定義は拡張されて

$$\chi_g = \chi_g' + i\chi_g'', \tag{5.90}$$

$$\chi_g' = -\frac{r_e \lambda^2}{\pi v_c} F_g' = -\frac{r_e \lambda^2}{\pi v_c} \sum_j (f_j^0 + f_j') \exp(-i\boldsymbol{g} \cdot \boldsymbol{r}_j), \tag{5.91}$$

$$\chi_g'' = -\frac{r_e \lambda^2}{\pi v_c} F_g'' = -\frac{r_e \lambda^2}{\pi v_c} \sum_j f_j'' \exp(-i\boldsymbol{g} \cdot \boldsymbol{r}_j) \tag{5.92}$$

となる．χ_g' と χ_g'' は一般に複素数であり，つぎの関係がある．

$$\chi'_{\bar{g}} = \chi'^{*}_{g}, \qquad \chi''_{\bar{g}} = \chi''^{*}_{g} \tag{5.93}$$

χ'_g と χ''_g を

$$\chi'_g = |\chi'_g|\exp(i\alpha'_g), \qquad \chi''_g = |\chi''_g|\exp(i\alpha''_g) \tag{5.94}$$

のように表わし，χ''_g と χ'''_g の位相角の差を

$$\delta_g = \alpha''_g - \alpha'_g \tag{5.95}$$

とする．また

$$\kappa = \left|\frac{\chi''_g}{\chi'_g}\right| \tag{5.96}$$

とおけば，

$$\begin{aligned}\chi_g\chi_{\bar{g}} &= |\chi'_g|^2 - |\chi''_g|^2 + i(\chi'_g\chi''^{*}_g + \chi'^{*}_g\chi''_g) \\ &= |\chi'_g|^2(1 - \kappa^2 + 2i\kappa\cos\delta_g).\end{aligned} \tag{5.97}$$

さらに，ふつう $|\chi''_g| \ll |\chi'_g|$ （$\kappa \ll 1$）であるから

$$\chi_g\chi_{\bar{g}} = |\chi'_g|^2(1 + 2i\kappa\cos\delta_g) \tag{5.98}$$

のように近似される．

特に結晶に対称中心がある場合は，原点を対称中心にとれば，χ'_g と χ''_g は実数になり，$\chi'_g = \chi'_{\bar{g}}$, $\chi''_g = \chi''_{\bar{g}}$ である．したがって

$$\chi_g = \chi_{\bar{g}}. \tag{5.99}$$

このとき $\delta_g = 0$ あるいは $\pm\pi$ であるから $\cos\delta_g = \pm 1$ である．したがって

$$\begin{aligned}\chi_g\chi_{\bar{g}} &= |\chi'_g|^2 \pm 2i|\chi'_g||\chi''_g| \\ &= |\chi'_g|^2(1 \pm 2i\kappa)\end{aligned} \tag{5.100}$$

が得られる．ここでは，この条件の場合を扱う．

(1) 対称ラウエケース

対称中心をもつ結晶に対して $\kappa \ll 1$ のとき,回折強度曲線は

$$\frac{I_g^W}{I_0} = \frac{\exp(-\mu H/\cos\theta_B)}{W^2+1}\left\{\sin^2\left(\frac{\pi H\sqrt{W^2+1}}{\Lambda}\right) + \sinh^2\left(\frac{\kappa\pi H}{\Lambda\sqrt{W^2+1}}\right)\right\} \quad (5.101)$$

のように与えられる.ここで (5.41), (5.48) において $|\chi_g| \to |\chi_g'|$ として

$$\Lambda = \frac{\lambda\cos\theta_B}{|P||\chi_g'|}, \qquad W = \frac{(\theta_B-\theta)\sin 2\theta_B}{|P||\chi_g'|} \quad (5.102)$$

とおいている.(5.101) の第1項は振動する項である.結晶の厚さがごく薄い場合以外では,振動の周期が細かいので厚さの1周期にわたって平均してつぎのようになる.

$$\boxed{\frac{\bar{I}_g^W}{I_0} = \frac{1}{4(W^2+1)}\left[\exp\left\{-\frac{\mu H}{\cos\theta_B}\left(1-\frac{|P|\varepsilon}{\sqrt{W^2+1}}\right)\right\} + \exp\left\{-\frac{\mu H}{\cos\theta_B}\left(1+\frac{|P|\varepsilon}{\sqrt{W^2+1}}\right)\right\}\right]} \quad (5.103)$$

ここで

$$\varepsilon = \frac{\chi_g''}{\chi_0''}. \quad (5.104)$$

(5.103) の第1項と第2項はそれぞれブロッホ波 α と β に対応している.ブロッホ波 α は吸収の受け方が平均の吸収よりも小さく,ブロッホ波 β は平均の吸収より大きく受ける.(5.103) と対になる透過波の強度曲線はつぎのように与えられる.

$$\boxed{\frac{\bar{I}_d^W}{I_0} = \frac{1}{4}\left[\left(1+\frac{W}{\sqrt{W^2+1}}\right)^2\exp\left\{-\frac{\mu H}{\cos\theta_B}\left(1-\frac{|P|\varepsilon}{\sqrt{W^2+1}}\right)\right\} + \left(1-\frac{W}{\sqrt{W^2+1}}\right)^2\exp\left\{-\frac{\mu H}{\cos\theta_B}\left(1+\frac{|P|\varepsilon}{\sqrt{W^2+1}}\right)\right\}\right]}$$

$$(5.105)$$

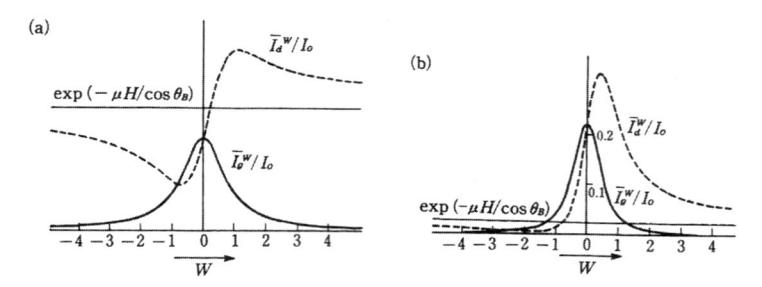

図 5.24 ラウエケースの回折強度曲線 (5.103) と透過強度曲線 (5.105)(吸収を考慮)　Mo $K\alpha$ 線の Si (220) 面による回折 (a) $H = 0.7\,\mathrm{mm}$, $\mu H = 1.1$ (b) $H = 2.5\,\mathrm{mm}$, $\mu H = 4.0$ [77]

図 5.24 の回折強度曲線 (5.103) と透過強度曲線 (5.105) の計算例に見られるように透過波の強度は $\mu H \approx 1$ では極大と極小をもつが，$\mu H \gg 1$ で極大だけになる．$\mu H \gtrsim 1$ ではブロッホ波 α だけが残り，ボルマン効果 (5.3.2 参照) が効く．この場合，回折波と透過波の強度は $W = 0$ 付近のみにあり，積分回折強度は両者でほぼ等しくなる．

(2) 対称ブラッグケース

無限に厚く，対称中心をもつ結晶に対して回折強度曲線はつぎのように与えられる [78]．

$$\boxed{\frac{I_g}{I_0} = L - \sqrt{L^2 - 1}} \tag{5.106}$$

ここで

$$L = \frac{W^2 + g^2 + \sqrt{(W^2 - g^2 - 1 + \kappa^2)^2 + 4(gW - \kappa)^2}}{1 + \kappa^2} \tag{5.107}$$

$$g = \frac{\chi_0''}{|P||\chi_g'|} \tag{5.108}$$

g はゼロか負，κ は正で，$|g| \geq \kappa$ である．図 5.25 は g と κ のいくつかの値に対する回折強度曲線 (5.106) の計算例である．プロファイルはふつう ($\kappa \neq 0$)，$W \simeq -1$ 付近にピークをもち，$W \simeq 1$ の方へ向かって減少する非対称的な形をもつ．これは全反射の低角側と高角側がそれぞれブロッホ波 α

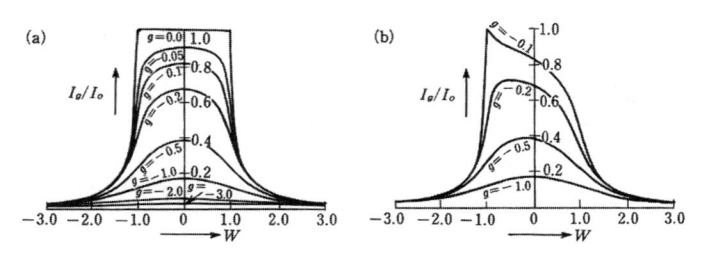

図 5.25 ブラッグケースの回折強度曲線 (5.106)　（吸収を考慮）　(a) $\kappa = 0$ (b) $\kappa = 0.1$

表 5.1　Si の回折データ [55]

波長 (Å)	面指数 $h\,k\,l$	ブラッグ角 θ_B (deg)	結晶構造因子 $\lvert F_g \rvert$	温度因子 $\exp(-M)$	全反射幅 ω (sec)	消衰距離 l_L (μm)
Cu Kα_1 1.5406	1 1 1	14.22	60.1	0.988	6.84	9.46
	2 2 0	23.65	71.3	0.968	5.15	7.69
	3 3 3	47.47	37.9	0.897	1.87	11.5
Mo Kα_1 0.70932	1 1 1	6.49	59.1	0.988	3.02	21.4
	2 2 0	10.64	69.9	0.968	2.17	18.3
	3 3 3	19.84	36.9	0.897	0.60	35.8
Ag Kα_1 0.55942	1 1 1	5.12	59.0	0.988	2.37	27.3
	2 2 0	8.38	69.7	0.968	1.69	23.4
	3 3 3	15.52	36.7	0.897	0.46	46.7

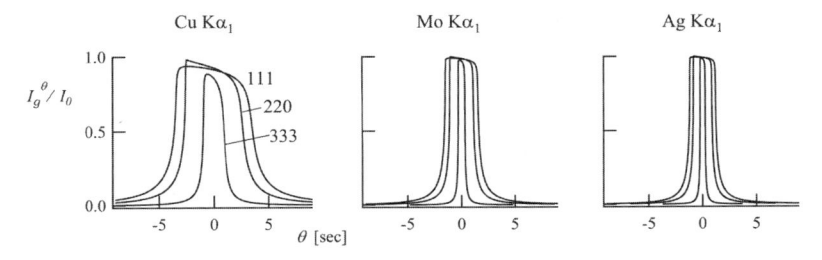

図 5.26　Si のブラッグケースの回折強度曲線の計算例 [55]

と β に関係しており，ブロッホ波 α が吸収の受けが方が小さく，ブロッホ波 β が吸収を大きく受けることによる．

具体的に Si に対する回折データの数値例を表 5.1 に示し，ブラッグケースの 111, 220 と 333 反射の回折強度曲線を図 5.26 に示す．

5.3 結晶内の波動場

各偏光状態（σとπ）に対して結晶中に生ずるブロッホ波αとβは，それぞれつぎのように$j=1$と$j=2$が対応し，透過方向の O 波と回折方向の G 波の部分波から構成される．$\boldsymbol{r}$は結晶中の位置ベクトルである．

$$\begin{aligned}E_j(\boldsymbol{r}) &= E_{0j}\exp(i\boldsymbol{k}_{0j}\cdot\boldsymbol{r}) + E_{gj}\exp(i\boldsymbol{k}_{gj}\cdot\boldsymbol{r})\\ &= \exp(i\boldsymbol{k}_{0j}\cdot\boldsymbol{r})\{E_{0j} + E_{gj}\exp(i\boldsymbol{g}\cdot\boldsymbol{r})\}\end{aligned} \quad (5.109)$$

ラウエケースでは 2 つのブロッホ波が共存するので，その波動場は (5.109) を用いてE_1+E_2である．1 つの偏光状態に対してこれらの 4 つの部分波の間には互いに位相関係があり，$|E_1+E_2|^2$から干渉効果を生ずる．干渉効果は本来 4 つの部分波全体で考えるべきであるが，見通しをよくするためにそのうちから 2 つの波を抜き出して取り扱う．すなわち定在波の形成の場合は各ブロッホ波の O 波と G 波，ペンデルビートの場合は各ブロッホ波からの O 波どうしあるいは G 波どうしである．

ブラッグケースで結晶が無限に厚いときは，回折条件によって 2 つのブロッホ波のうちいずれかが存在し，その波動場は (5.109) を用いてE_1あるいはE_2である．各ブロッホ波の O 波と G 波が定在波を形成する．結晶が薄いときは裏面からの反射があるので 2 つのブロッホ波が共存でき，それらからの O 波どうしあるいは G 波どうしでペンデルビートを生ずる．

5.3.1　X 線定在波の形成

(1) 吸収を無視した場合

ブロッホ波が結晶中に形成される定在波の強度分布は，吸収を無視すると，(5.109) から$\exp(i\alpha_g)=-1$のとき

$$\boxed{E_j^2 = E_{0j}^2\left\{1 + \left(\frac{E_{gj}}{E_{0j}}\right)^2 + 2P\frac{E_{gj}}{E_{0j}}\cos(\boldsymbol{g}\cdot\boldsymbol{r})\right\}} \quad (5.110)$$

となる．これは定在波の節または腹は$\boldsymbol{g}\cdot\boldsymbol{r}=$ 一定 の面上にあり，定在波の波面は格子面に平行で，格子面間隔の周期をもつことを示している．

5.3 結晶内の波動場

(ラウエケース)

ラウエケースでは (5.66) で $|P|/P > 0$, $\exp(i\alpha_g) = -1$ の場合，ブロッホ波 α は $E_{g1}/E_{01} < 0$ であるので定在波の節が格子面上にあり，ブロッホ波 β は $E_{g2}/E_{02} > 0$ であるので腹が格子面上にある．厳密に回折条件を満たしているとき ($W = 0$) には (5.66) から $E_{gj}/E_{0j} = \mp|P|/P$ ($j = 1, 2$) であって (5.110) は

$$E_j^2 = 2E_{0j}^2\{1 \mp |P|\cos(\boldsymbol{g}\cdot\boldsymbol{r})\} \quad 複号\begin{cases}上: j = 1\\下: j = 2\end{cases} \quad (5.111)$$

となる．σ 偏光 ($P = 1$) に対して (5.111) は格子面 ($|\boldsymbol{g}| = 2\pi/d$) に垂直方向に x 軸をとれば

$$\begin{aligned}E_1^2 &= 4E_{01}^2 \sin^2\pi\frac{x}{d} &&: ブロッホ波\ \alpha\\ E_2^2 &= 4E_{02}^2 \cos^2\pi\frac{x}{d} &&: ブロッホ波\ \beta\end{aligned} \quad (5.112)$$

となる．これを図 5.27(a) に示す．$W = 0$ のとき定在波の強弱のコントラストがもっとも大きく，$W = 0$ からはずれるにしたがいコントラストは低下する．定在波強度 E_j^2 の最大値は回折条件からはずれたときの値 E_{0j}^2 の 4 倍になる．図 5.28(a) に結晶中で各ブロッホ波の部分波である O 波と G 波が干渉する様子を描いてある．ブロッホ波 α と β の O 波の波面は一致す

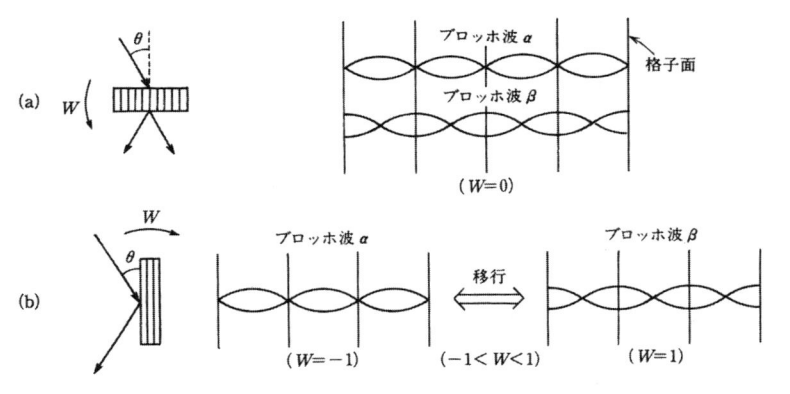

図 5.27 ラウエケース (a) とブラッグケース (b) での定在波（σ 偏光の場合） $W \to \pm\infty$ に向かうにしたがい，定在波の強弱のコントラストは低下する．

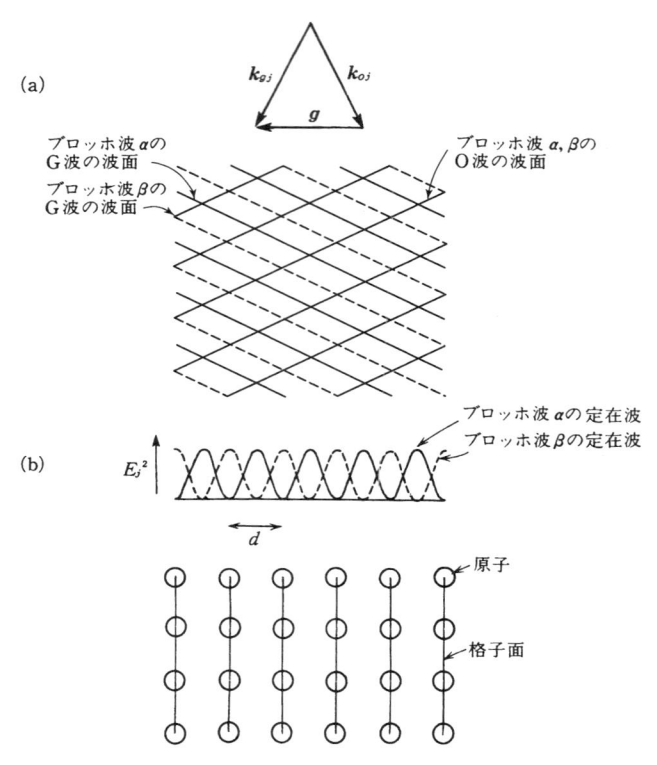

図 5.28 定在波の形成（σ 偏光の場合）　(a) ブロッホ波 α, β の部分波 O 波と G 波の重ね合わせ　(b) 回折面に垂直な方向の各位置での定在波の強度分布

るが，G 波の波面は実線と点線のように位相が π だけずれる．それらの重ね合わせから図 5.28(b) のように格子面に垂直方向について見れば，定在波が形成されている．図には (5.112) の定在波強度の分布が示されている．また，ブロッホ波 α は格子面を避けて格子面の中間を進み，ブロッホ波 β は格子面上を進む様子が分かる．なお π 偏光 ($P = \cos 2\theta_B$) では $W = 0$ でも定在波強度のディップはゼロではなく，ピークは低くなる．これらはつぎに述べる X 線の異常透過と異常吸収に関係する．

（ブラッグケース）

ブラッグケースでは，(5.76) で $|P|/P > 0$, $\exp(-i\alpha_g) = -1$ の場合，図

5.27(b) に示すように全反射領域の低角側 ($W \leq -1$) ではブロッホ波 α を生じ，$E_{g1}/E_{01} < 0$ であるので定在波の節が格子面上にある．一方，高角側 ($W \geq 1$) でブロッホ波 β を生じ，$E_{g2}/E_{02} > 0$ であるので腹が格子面上にある．したがって低角側では吸収の受け方が平均の吸収よりも小さく，高角側では吸収を大きく受ける．$W = -1$ と $W = 1$ のときそれぞれブロッホ波 α ($j = 1$) とブロッホ波 β ($j = 2$) は (5.76) から $E_{gj}^a/E_{0j}^a = \mp|P|/P$ であって，(5.110) はラウエケースと同じように (5.111), (5.112) の形になる．これらはまた同様に図 5.28 に表わされている．なお $|W|$ が 1 よりも大きくなるにしたがい，コントラストは低下する．さらに $W = -1$ から $W = 1$ まで変わると，ブロッホ波 α からブロッホ波 β へ移っていく．すなわち定在波は節に注目すれば，格子面上から格子面の中間に移動する．定在波強度の最大値は吸収を無視すれば，ラウエケースと同じように回折条件からはずれたときの 4 倍になる．

　ブロッホ波 α と β はそれぞれ結晶内の電子密度の疎と密な部分を伝播するので屈折の受け方は前者より後者が大きい．これはラウエケースの図 5.10 とブラッグケースの図 5.11 に見られるように，ラウエ点 L の近くに α ブランチがあり，遠くに β ブランチがあることに対応している．

(2) 吸収を考慮した場合

　定在波の強度分布を，吸収を考慮して表わす．そのために，まず吸収を考慮したときの波数ベクトルの扱い方について触れる．波数ベクトルはブラッグケースの全反射領域で虚数部をもつことは見たが，吸収を考慮する場合には一般に

$$\boldsymbol{k}_0 = \boldsymbol{k}_0' + i\boldsymbol{k}_0'', \ \boldsymbol{k}_g = \boldsymbol{k}_g' + i\boldsymbol{k}_g'' \tag{5.113}$$

のように虚数部をもたせる．これらの波数ベクトルは $\boldsymbol{k}_g = \boldsymbol{k}_0 + \boldsymbol{g}$ の関係から同じ虚数部 $\boldsymbol{k}_0'' = \boldsymbol{k}_g''$ をもち，同じ吸収を受ける．また結晶内外の波の波数ベクトルは結晶表面に平行な成分が等しいことが必要であるので，虚数部をもたない結晶外の波につながる結晶内の波は結晶表面に平行な虚数部をもたず，虚数部 $\boldsymbol{k}_0''$ は結晶表面に垂直な内向きのベクトルになる（図 5.29）．一般に，波数ベクトルの実数部 $\boldsymbol{k}'$ が波の位相とその伝播方向を表わすのに

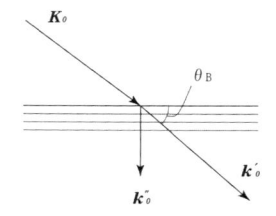

対して，虚数部 $\boldsymbol{k}''$ は波の強度の表式で減衰因子 $\exp(-\boldsymbol{k}''\cdot\boldsymbol{r})$ として吸収を表わし，結晶表面に垂直に向く．

X線が結晶を単に透過するときには，(5.32) はつぎのように k を $(\boldsymbol{k}\cdot\boldsymbol{k})^{1/2}$ の形にして扱えばよい．

$$(\boldsymbol{k}\cdot\boldsymbol{k})^{\frac{1}{2}} = K\left(1+\frac{\chi_0}{2}\right) \tag{5.114}$$

これを実数部と虚数部に分けて，$\boldsymbol{k} = \boldsymbol{k}' + i\boldsymbol{k}''$ $(k' \gg k'')$ として

$$k' = K\left(1+\frac{\chi_0'}{2}\right), \ k''\cos\theta = K\frac{\chi_0''}{2} \tag{5.115}$$

ここで $\boldsymbol{k}'$ と $\boldsymbol{k}''$ のなす角を θ としている．X線が表面の垂直方向に進む $\theta = 0$ のとき平均の吸収係数 μ は

$$\mu = 2k'' = K\chi_0'' \tag{5.116}$$

となる．

回折条件下では (5.38) の ξ_0 は吸収を考慮する場合，

$$\xi_0 = (\boldsymbol{k}_0\cdot\boldsymbol{k}_0)^{\frac{1}{2}} - K\left(1+\frac{\chi_0}{2}\right) \tag{5.117}$$

のように表わす．$\boldsymbol{k}_0 = \boldsymbol{k}_0' + i\boldsymbol{k}_0''$ $(k_0' \gg k_0'')$ とおき，$\boldsymbol{k}_0'$ と $\boldsymbol{k}_0''$ のなす角を θ とするとブラッグケースとラウエケースの対称反射で，ξ_0 の虚数部 ξ_0'' はそれぞれつぎのようになる．

$$\xi_0'' = k_0''\sin\theta_B - \frac{K\chi_0''}{2}, \tag{5.118}$$

$$\xi_0'' = k_0''\cos\theta_B - \frac{K\chi_0''}{2} \tag{5.119}$$

これからブラッグケースについて結晶中の波動場の強度について詳しく見てみる．(5.109) から，j を省略して，各偏光に対してつぎのように表わされる．

$$|E(\boldsymbol{r})|^2 = \exp(-2\boldsymbol{k}_0'' \cdot \boldsymbol{r})|E_0 + E_g \exp(i\boldsymbol{g}\cdot\boldsymbol{r})|^2 \tag{5.120}$$

$$= \exp(-\mu_z z)|E_0 + E_g \exp(i\boldsymbol{g}\cdot\boldsymbol{r})|^2 \tag{5.121}$$

したがって，最終的につぎのようになる．

$$\boxed{|E(\boldsymbol{r})|^2 = \exp(-\mu_z z)|E_0|^2 \left\{1 + \left|\frac{E_g}{E_0}\right|^2 + 2P\mathrm{Re}\left(\frac{E_g}{E_0}\exp(i\boldsymbol{g}\cdot\boldsymbol{r})\right)\right\}} \tag{5.122}$$

これらの式の第 1 因子の指数関数は結晶中での X 線強度の減衰を表わす．$2\boldsymbol{k}_0''\cdot\boldsymbol{r} = 2k_0''z = \mu_z z$ の関係があり，μ_z は結晶表面に垂直な深さ方向（z 軸）の動力学的吸収係数である．第 2 因子は入射波と回折波の干渉によって生じる定在波を表わしている．

ブラッグケースでの動力学的吸収係数 μ_z を求める．(5.41) で吸収を考慮して

$$\Lambda = \frac{2\pi\cos\theta_B}{K|P|\sqrt{\chi_g\chi_{\bar{g}}}} \tag{5.123}$$

とし，ξ_0 を与える (5.57) からその虚数部 ξ_0'' はつぎのように表わされる．

$$\xi_0'' = \frac{1}{2}K|P|\mathrm{Im}\left\{\sqrt{\chi_g\chi_{\bar{g}}}\left(-W \mp \sqrt{W^2-1}\right)\right\} \tag{5.124}$$

したがって，μ_z が (5.118) を用いて

$$\boxed{\mu_z = \frac{\mu}{\sin\theta_B}\left[1 - |P|\mathrm{Im}\left\{\frac{\sqrt{\chi_g\chi_{\bar{g}}}}{\chi_0''}\left(W \pm \sqrt{W^2-1}\right)\right\}\right]} \tag{5.125}$$

のように得られる．μ_z の W に対する変化を図 5.30 に示す．$W \simeq -1$ では格子面上に定在波の節，$W \simeq 1$ では腹がくるので，μ_z は $W \simeq 1$ の方が $W \simeq -1$ より大きい．$|W| < 1$ では回折条件を強く満たしているので，X

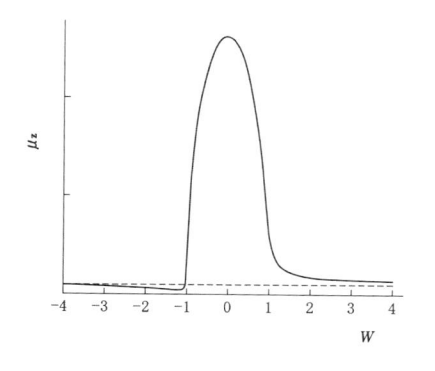

図 5.30 ブラッグケースでの動力学的吸収係数 μ_z のブラッグ角からのずれ W による変化（σ 偏光 CuKα 線の Si 220 対称反射の場合）破線は回折条件を満たさないときの普通の吸収係数を示す[79]．

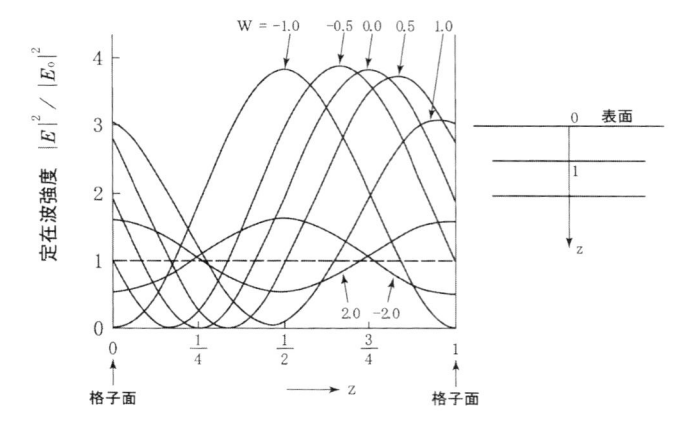

図 5.31 表面近傍の格子面間における定在波強度の回折条件 W による変化（CuKα 線の Si 220 対称ブラッグケースの回折）[80]

線は結晶中に深く入ることができず，μ_z は大きくなる．これは消衰効果を表わしている．

 一方，(5.122) に含まれる E_g/E_0 は (5.58) に与えられているような W への依存性を示す．結局，(5.122) が z と W の関数 $E(z,W)$ として具体的な形で与えられたことになる．そこで (5.122) の計算例をあげる．図 5.31 は表面付近での定在波強度の入射角依存性を示す．定在波は全反射の低角側の端（$W=-1$）付近ではブロッホ波 α が生じ，定在波は格子面の中間に腹をもつが，視斜角が増すにしたがい腹の位置が移動し，選択反射の高角側の端（$W=1$）付近ではブロッホ波 β が生じ，定在波は格子面上に腹をもつ．図

5.3 結晶内の波動場　185

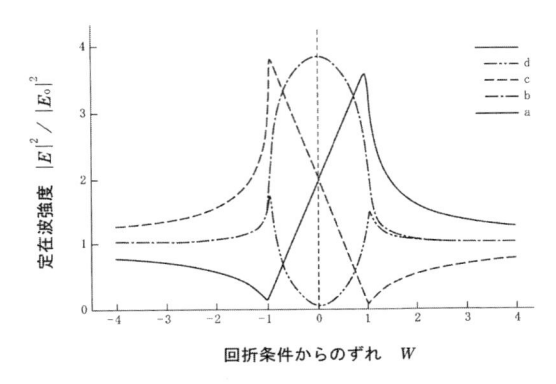

図 **5.32** 表面近傍の格子面上の位置 a と格子面間の位置 b, c, d（この順に結晶の外側へ向かう）における定在波強度の回折条件 W による変化（CuKα 線の Si 220 対称ブラッグケースの回折）[80]

の描き方を変えて，格子面間の各位置での定在波強度が回折条件からのずれによってどのように変化するかを示したのが図 5.32 である．

5.3.2 異常透過

ラウエケースでも吸収を考慮すると，(5.120) における強度の減衰因子 $\exp(-2\boldsymbol{k}_0'' \cdot \boldsymbol{r})$ は深さ $z = H$ で

$$\exp(-2\boldsymbol{k}_0'' \cdot \boldsymbol{H}) = \exp\left\{\frac{-2(\xi_0'' + K\chi_0''/2)H}{\cos\theta_B}\right\} = \exp\left(\frac{-\mu_{eff}H}{\cos\theta_B}\right) \tag{5.126}$$

となる．はじめの等式は (5.119) から得られる．つぎの等式は，動力学的回折効果を考慮した実効的な吸収係数である μ_{eff} を用いて表わしたもので，その具体的な表式をつぎに求める．(5.41) の Λ と (5.48) の W の表式で吸収を考慮するにはそれぞれ

$$\Lambda = \frac{2\pi\cos\theta_B}{K|P|\sqrt{\chi_g\chi_{\bar{g}}}}, \tag{5.127}$$

$$W = \frac{\sin 2\theta_B}{|P|\sqrt{\chi_g\chi_{\bar{g}}}}(\theta_B - \theta) \tag{5.128}$$

のように χ_g を $(\chi_g \chi_{\bar{g}})^{1/2}$ の形にしたうえで，対称中心のある結晶を仮定して (5.100) を用いる．(5.128) において $W = W' + iW''$ とすれば，W' と W'' はつぎのようになる．

$$W' = \frac{\sin 2\theta_B}{|P||\chi'_g|}(\theta_B - \theta), \quad W'' = -W' \frac{\chi''_g}{\chi'_g} \tag{5.129}$$

さらに ξ_0 を与える (5.50) から

$$\xi''_0 = \frac{\mp K|P|\chi''_g}{2\sqrt{1 + W'^2}} \tag{5.130}$$

が得られるので，μ_{eff} が，(5.116) の平均の吸収係数 μ を用いて

$$\boxed{\mu_{eff} = \mu \left(1 \mp \frac{|P|\varepsilon}{\sqrt{W^2 + 1}}\right), \quad \varepsilon = \frac{\chi''_g}{\chi''_0}} \quad \text{複号} \begin{cases} \text{上：} j = 1 \\ \text{下：} j = 2 \end{cases} \tag{5.131}$$

が得られる．ここで W' を改めて W とおいている．(5.104) で与えられる ε は温度因子 e^{-M} に近い値をもち，$0.9 \sim 0.95$ ぐらいである．なお (5.131) の結果は (5.103) にも含まれている．

図 5.33 のように回折の中心 ($W = 0$) では μ_{eff} の 2 つの値は σ 偏光 ($P = 1$) に対して μ の数 % と 2 倍ぐらいになる．これらはそれぞれブロッホ波 α と β に対応する．前者の現象を異常透過，後者を異常吸収という．回折条件からはずれるに従い ($|W|$ が大に)，両方の μ_{eff} とも μ に近づく．$\mu H \gtrsim 10$ ぐらいの厚い結晶では X 線を単に透過させる場合はほとんど吸収されてしまうが，回折条件下の $W = 0$ 付近では μ_{eff} が極端に小さいので透

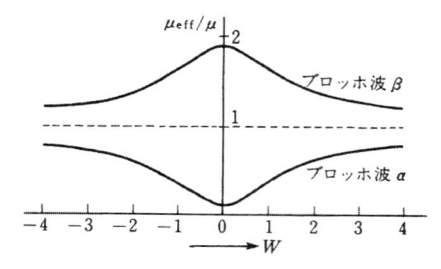

図 **5.33** 実効的な動力学的吸収係数 μ_{eff} のブラッグ角からのずれ W による変化の概念図

過できる．この現象をボルマン (Borrmann) 効果という．ボルマン効果は格子振動の影響を受けるので，低温ほどよく効く．

数値例を示すと，CuKα 線で厚さ $H = 1\,\mathrm{mm}$ の Ge 結晶で (220) 面による回折を起こさせた場合，平均の吸収係数 $\mu = 350\,\mathrm{cm}^{-1}$ による透過強度の入射強度に対する割合が $\exp(-\mu H/\cos\theta_B) = e^{-38}$ であるのに比べて，動力学的な吸収係数 μ_{eff} ($W = 0$ のとき) による $\exp(-\mu_{eff}H/\cos\theta_B)$ は σ 偏光では e^{-19} (α ブランチ) と e^{-74} (β ブランチ)，π 偏光では e^{-125} (α ブランチ) と $e^{-63.5}$ (β ブランチ) である[72]．

5.3.3 ペンデル縞と消衰距離

(1) ペンデル縞

ラウエケースでは 2 つのブロッホ波 α, β の部分波の O 波どうしあるいは G 波どうしが干渉し合うが，波数ベクトルの大きさがわずかに異なっているので，音波におけるうなり（ビート）に似た現象を起こす．ただしブロッホ波 β は吸収を大きく受けるので，それがまだ減衰しない厚さの比較的薄いところで生ずる．

O 波どうし，および G 波どうしの干渉における結晶内での強度分布はそれぞれ

$$|E_0|^2 = |E_{01}\exp(i\boldsymbol{k}_{01}\cdot\boldsymbol{r}) + E_{02}\exp(i\boldsymbol{k}_{02}\cdot\boldsymbol{r})|^2 \\ |E_g|^2 = |E_{g1}\exp(i\boldsymbol{k}_{g1}\cdot\boldsymbol{r}) + E_{g2}\exp(i\boldsymbol{k}_{g2}\cdot\boldsymbol{r})|^2 \tag{5.132}$$

から求まる．いま吸収を無視し，$\exp(i\alpha_g) = -1$ として，対称ラウエケースで回折条件を厳密に満たしているとき ($W = 0$)，厚さ H のところでは，(5.66) を用いて

$$\boxed{\begin{aligned} E_0^{\,2} &= E_0^{a2}\cos^2\frac{(k_{01z}-k_{02z})H}{2} = E_0^{a2}\cos^2\frac{\pi H}{\Lambda} \\ E_g^{\,2} &= E_g^{a2}\sin^2\frac{(k_{g1z}-k_{g2z})H}{2} = E_g^{a2}\sin^2\frac{\pi H}{\Lambda} \end{aligned}} \tag{5.133}$$

となる．ここで波数ベクトルの差は結晶の入射表面に垂直な内向きの方向（単位ベクトル $\boldsymbol{z}$）を向いており，その大きさは O 波どうしの干渉の場合も G 波どうしの場合も同じで，2 葉の分散面の最近接距離 $2\pi/\Lambda$ に等しい．し

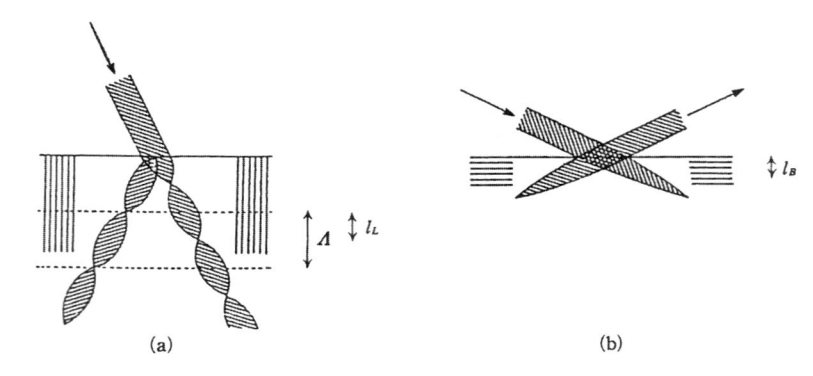

図 5.34 O 波どうし，G 波どうしの干渉とそれらの間の X 線エネルギーのやりとり ($W=0$ のとき)　(a) ラウエケース　(b) ブラッグケース

たがって，z 方向のうなりの周期は Λ であり，(5.54) に与えられているように

$$\Lambda = \frac{\lambda \cos\theta_B}{|P||\chi_g|} \tag{5.134}$$

である．うなりの腹や節の面は入射表面に平行である．また O 波どうしは同位相，G 波どうしは逆位相であるので，(5.133) からも明らかなように一方のうなりの腹の位置は他方のうなりの節の位置にくる．そのうなりの様子を図 5.34(a) に示す．O 波と G 波が互いにエネルギーをやりとりしながら結晶中を進む様子が，力学的につながれた 2 つの振子の連成振動に似ているので，**ペンデルビート**とよばれ，これによって生ずる干渉縞は**ペンデル縞** (Pendellösung fringe) とよばれる．

一般に $W \neq 0$ の場合も含めて図 5.10(a) に示すような分散面上の入射条件で決まる 2 つの分散点の O 波どうし，G 波どうしの波が干渉し合う．ペンデル縞の周期は $2\pi/\{(\boldsymbol{k}_{g1} - \boldsymbol{k}_{g2}) \cdot \boldsymbol{z}\}$ で，$W=0$ のときは (5.134) の Λ であるが，$W=0$ から離れるにしたがい Λ より小さくなり，コントラストも低下する．

図 5.35 のようにくさび形結晶に平面波を入射すれば，結晶の厚さに応じたペンデル縞ができる．図 5.36 はくさび形の Si 結晶の平面波トポグラフで，くさびの傾斜の向きが図 5.35 の場合とほぼ 90° 違い，等しい厚さの部

5.3 結晶内の波動場   189

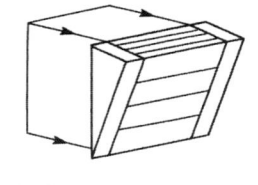

図 5.35 平面波によるペンデル縞の形成　くさび形結晶上での X 線強度のピークの位置を示す.

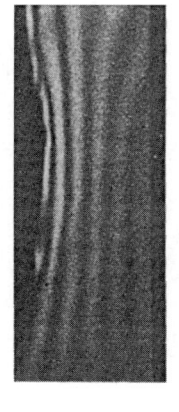

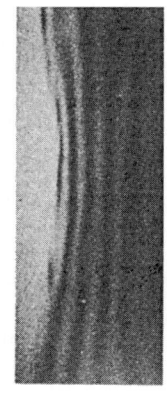

図 5.36 平面波入射によって撮影された，くさびに近い形状の Si 結晶に生ずるペンデル縞　(a) 回折像　(b) 透過像　CuKα 線の (422) 面による回折で，くさびの頂角は約 1°，くさびの端の線は散乱面にほぼ垂直である．

(a)　　　(b)

分がほぼ縦のすじ状になっている．回折像と透過像でコントラストが逆になっているのも見られる．

ペンデル縞の周期 Λ はふつう数十 μm の大きさである．この Λ は (5.83) の全反射の角度幅 ω との間に

$$\Lambda\omega = 2d \tag{5.135}$$

の関係がある．つまり X 線と結晶の相互作用の大きさの指標である $|F_g|$ で見れば，$\Lambda \propto |F_g|^{-1}$, $\omega \propto |F_g|$ であり，両者の積は一定になる．

(2) 消衰距離

X 線が結晶に回折条件下で入射すると，入射方向の X 線強度が深さとともに減衰する．その目安となる深さが**消衰距離** (extinction distance) で，$|F_g|$ に逆比例する．ラウエケースの消衰距離 l_L は入射方向のエネルギーの流れが最初にゼロになる深さで，(5.134) のペンデル縞の 1 周期の半分の長さで

定義される．

$$l_L = \frac{\Lambda}{2} = \frac{\lambda \cos\theta_B}{2|P||\chi_g|} = \frac{\pi\nu_c \cos\theta_B}{2|P|r_e\lambda|F_g|} \qquad (5.136)$$

l_L の値はふつう数 μm ～ 数十 μm である．l_L の数値例を表 5.1 に示す．

ブラッグケースでは結晶が無限に厚いときは，波動場が 1 つしか存在しないのでペンデルビートは生じない．図 5.34(b) に見られるように，はじめ入射方向を向いているエネルギーの流れが深くなるにしたがい回折方向へ移っていく．ブラッグケースの消衰距離 l_B を $W=0$ のときに X 線の強度が $1/e$ に減少する深さで定義すると，(5.79) を用いてつぎのように与えられる．

$$l_B = \frac{\Lambda \tan\theta_B}{2\pi} = \frac{\lambda \sin\theta_B}{2\pi|P||\chi_g|} = \frac{\nu_c \sin\theta_B}{2|P|r_e\lambda|F_g|} = \frac{\nu_c}{4|P|dr_e|F_g|} \qquad (5.137)$$

なお，薄い結晶では $|W|>1$ で小さく振動するペンデルビートを生ずる．これは裏の面からの反射との干渉による．

結晶の厚さが l_L や l_B よりも十分に大きいとき，結晶は動力学的回折の観点から厚いとみなされる．結晶が消衰距離の 1/10 程度にごく薄くなると，運動学的回折に近くなる．その厚さでは O 波に対し G 波の強度がまだ非常に小さくて，O 波の減衰が無視できるからである．なお，**吸収深さ** (absorption depth) l_{abs} をブラッグケースで X 線が結晶に入射し，平均の吸収を受けて強度が $1/e$ になる深さと定義すると ((2.77) 参照)

$$l_{abs} = \frac{\sin\theta_B}{\mu} \qquad (5.138)$$

である．$l_{abs} \gg l_B$ のとき吸収よりは消衰が効く．

5.3.4 結晶内での X 線エネルギーの流れ

入射線が単色，平行ではなく，わずかな波長広がりや角度広がりをもつときは，波束 (wave packet) の形をもつ．結晶内では各ブロッホ波に対応した波束が伝播する．その X 線エネルギーの流れ (energy flow) はポインティン

グ・ベクトルを時間的，空間的に平均したものである．各ブロッホ波のかかわるポインティング・ベクトルの時間的平均は (2.42) のように

$$\langle \boldsymbol{S}_j \rangle = \frac{1}{2}\mathrm{Re}\{\boldsymbol{E}_j(\boldsymbol{r},t) \times \boldsymbol{H}_j^*(\boldsymbol{r},t)\} \tag{5.139}$$

と表わされる．これに $\boldsymbol{E}_j$ についての (5.8) の形の式と $\boldsymbol{H}_j$ についての同形の式を代入する．$\boldsymbol{g} \neq \boldsymbol{g}'$ の項は実空間で激しく振動するので，単位格子にわたって空間的平均をとれば消えてつぎのようになる．

$$\langle\langle \boldsymbol{S}_j \rangle\rangle = \frac{1}{2}\exp(-2\boldsymbol{k}_{0j}^i \cdot \boldsymbol{r})\mathrm{Re}\left[\sum_g \boldsymbol{E}_{gj} \times \boldsymbol{H}_{gj}^*\right] \tag{5.140}$$

ここで $\boldsymbol{k}_{0j}^i$ は $\boldsymbol{k}_{0j}$ の虚数部で，$\boldsymbol{k}_{gj}^i$ に等しい．これは $\boldsymbol{k}_g = \boldsymbol{k}_0 + \boldsymbol{g}$ の関係から回折の次数によらないことによる．(5.140) で (5.18) を参照すれば，X線エネルギーの流れベクトルは結局つぎのように与えられる．

$$\langle\langle \boldsymbol{S}_j \rangle\rangle = \frac{1}{2}\varepsilon_0 c \exp(-2\boldsymbol{k}_{0j}^i \cdot \boldsymbol{r})\sum_g |\boldsymbol{E}_{gj}|^2 \boldsymbol{s}_g \tag{5.141}$$

ここで $\boldsymbol{s}_g$ は $\boldsymbol{k}_g$ 方向の単位ベクトルである．2波近似の場合で，吸収が無視できるときはつぎのようになる．

$$\boxed{\langle\langle \boldsymbol{S}_j \rangle\rangle = \frac{1}{2}\varepsilon_0 c (E_{0j}^2 \boldsymbol{s}_0 + E_{gj}^2 \boldsymbol{s}_g)} \qquad (j=1,2) \tag{5.142}$$

このように各ブランチに属するブロッホ波は O 波と G 波が一体となって伝播する．これを図示したのが図 5.37(a) で，流れベクトルが回折面となす角を Θ とすれば，$E_{0j}^2/\sin(\theta_B - \Theta) = E_{gj}^2/\sin(\theta_B + \Theta)$ の関係と (5.51) から

$$\boxed{\tan\Theta = \frac{r_j^2 - 1}{r_j^2 + 1}\tan\theta_B} \tag{5.143}$$

となる．分散面は等エネルギー面であり，エネルギーの流れベクトル $\langle\langle \boldsymbol{S}_j \rangle\rangle$ は分散点から分散面に垂直な方向を向くことが示される．対称ラウエケースで分散面上の各分散点における (5.142) の関係を描いたのが図 5.37(b) である．回折の中心 ($W=0$) では $E_{0j}^2 = E_{gj}^2$ ($j=1,2$) であるから，ブロッホ

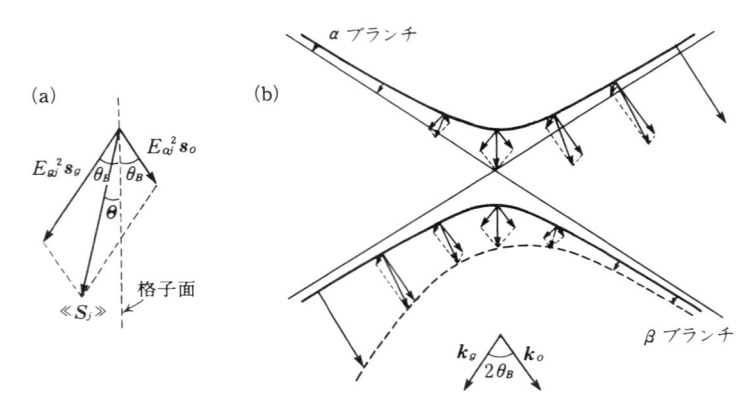

図 5.37 X 線エネルギーの流れベクトル　(a) 流れベクトルの構成 (b) 対称ラウエケースにおける分散面に垂直な流れベクトル [71]

波 α, β ともエネルギーの流れは $s_0 + s_g$ の格子面に沿った方向を向く．回折の中心からはずれるにしたがい，O 波，G 波の片方だけが優勢になり，エネルギーの流れは s_0 または s_g の方向へ近づく．

5.3.5　球面波入射でのボルマンファン形成とペンデル縞

これまで入射 X 線を平面波として扱ってきたが，完全結晶を用いて特別に平面波をつくる場合を除けば，ふつうの実験条件では入射波は球面波とみなされる．点光源から距離 l のところにあるビームに垂直な平面上に第 1 フレネル帯（点光源から $l + \lambda/2$ の距離内の領域）の円が描けるが，その直径を見込む角は $\Delta\psi = 2\sqrt{\lambda/l}$ である．例えば MoKα 線に対して $l = 20$ cm の場合，$\Delta\psi = 7.8$ 秒である．一方，分散面の 2 葉の最近接点を逆格子原点が見込む角 $\Delta\psi_0 = 2\pi \sin\theta_B / \Lambda k$ は 1～2 秒であるから $\Delta\psi \gg \Delta\psi_0$ が成り立つ．したがって，この分散面上の広い範囲の分散点が入射波との境界条件によって許されることになるので，入射波は球面波とみなされる．

図 5.38 のように入射 X 線を細く絞り，しかも十分な角度発散をもつときは，X 線エネルギーは結晶中で s_0 と s_g の方向の間に広がって進む．この三角形の領域は**ボルマンファン** (Borrmann fan) あるいは**波の扇** (wave fan) とよばれる．入射線強度の角度分布が一様なとき，結晶内の X 線エネルギー

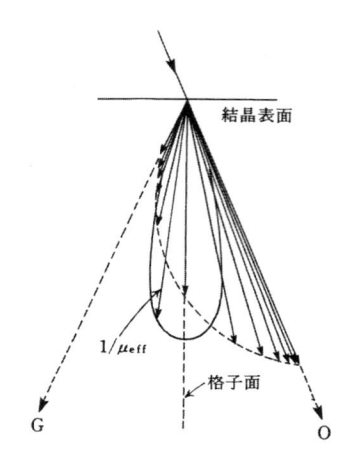

図 **5.38** ボルマンファン内での流れベクトルの分布密度と動力学的吸収係数 μ_{eff} の逆数の角分布　流れベクトルはブロッホ波 α についてだけ図示してある [71].

の流れベクトルの分布密度は図 5.37(b) から分かるようにボルマンファンの中心付近 ($W \approx 0$) で疎で，両端近くで密である．この中心付近では数秒の角度発散の入射 X 線が結晶中で数十度に広がり，線束の発散角の拡大率は 10^5 倍に及ぶ．図 5.38 には動力学的吸収係数 μ_{eff} の逆数の角分布も描いてある．$1/\mu_{eff}$ の大きさは中心付近で極端に大きい．

ラウエケースでの回折像の平均強度分布は，X 線エネルギーの流れベクトルの分布密度と動力学的吸収の大きさの角分布の効き方で決まる．図 5.39 は回折像と透過像の場所的な強度分布を示す．これは平均したものであるので，後述のペンデル縞は見られない．図から分かるように，$\mu H \lesssim 1$ のときは前者の寄与が大きく，強度は回折像の両端で強くなる．これを**マージン効果** (margin effect) とよぶ．$\mu H \gtrsim 10$ のときは後者の寄与が大きく，回折像は中心付近だけになる．つまり異常透過の現象が起こり，エネルギーの流れはほとんど回折面に平行になる．このとき透過波と回折波の像の強度分布はほぼ等しくなる．

ボルマンファン内でペンデル縞をつくる強度分布に注目すると，平面波入射の場合と異なる．図 5.40 で同じ W の値 $W \neq 0$ に対する 2 つのブロッホ波はそのエネルギーの流れの方向が異なるが，平面波入射ではビームの幅が広いので干渉する．しかし球面波入射ではビームの幅が狭いので，空間的に重ならず干渉を起こさないが，分散面上の共役な分散点 P_i と $\bar{P}_i$ ($i = 1, 2$)

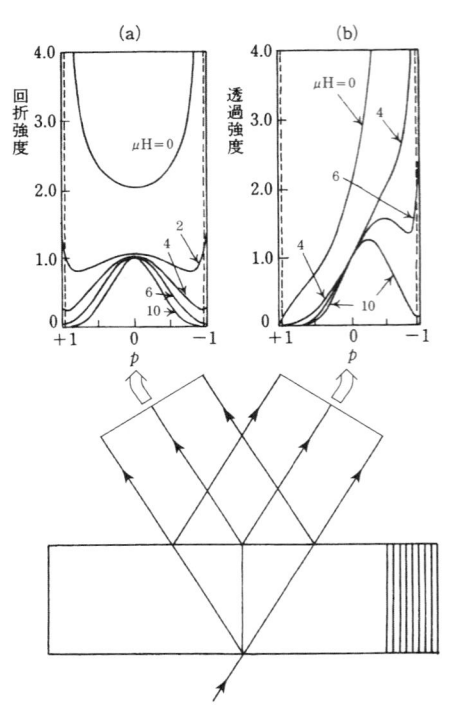

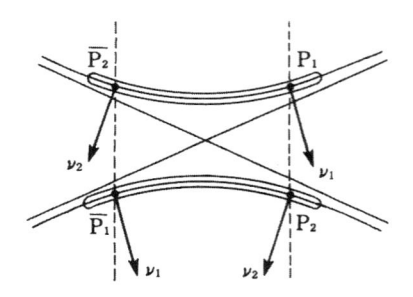

図 **5.39** ラウエケースでの回折波 (a) と透過波 (b) の出射面上での平均強度分布　横軸の出射面の位置は $p = \tan\Theta/\tan\theta_B$（$\Theta$：X 線エネルギーの流れベクトルが回折面となす角）で表わされている[81]．

図 **5.40** 球面波入射の場合にペンデルビートに関わる波が属する分散面上の分散点　分散点 P_i とその共役な分散点 $\bar{P}_i$ の波が干渉する．平面波入射の場合には例えば分散点 P_1 と P_2 の波が干渉する．

5.3 結晶内の波動場　195

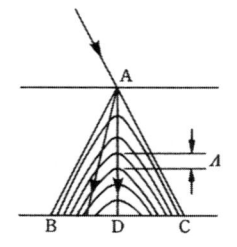

図 5.41 球面波の入射の場合にボルマンファン内に生じるペンデル縞のピーク強度の位置

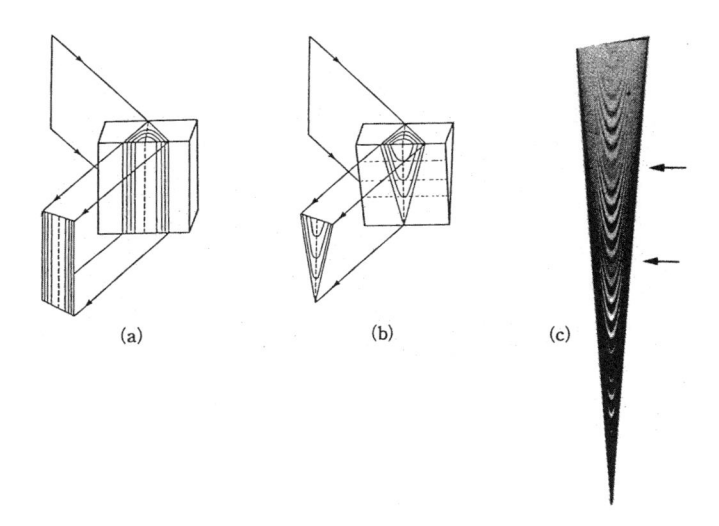

図 5.42 球面波によるペンデル縞　(a) 平板結晶の場合 (b) くさび形結晶の場合 (c) 撮影された，くさび形結晶のたけのこ状のペンデル縞（ラング法セクショントポグラフ，Si 400 反射，MoKα 線）　矢印のところは σ 偏光と π 偏光でのペンデル縞周期の違いによるコントラストの低下を示す[82]．

に属するブロッホ波はエネルギーの流れの方向（単位ベクトル $\hat{\boldsymbol{\nu}}_i$）が同じで，結晶中を同じ方向に進むので，干渉し合いうなりを生ずる．この場合のペンデル縞の周期は $2\pi/[\{\boldsymbol{k}_g(\mathrm{P}_i) - \boldsymbol{k}_g(\bar{\mathrm{P}}_i)\} \cdot \hat{\boldsymbol{\nu}}_i]$ である．

図 5.41 は回折方向に出射する波の結晶内でのペンデル縞の等強度曲線で，AB および AC を漸近線とする双曲線になっている．中心線 AD 上の縞の間隔ははじめの数本を除いて Λ に等しい．結晶が平板状の場合（図 5.42(a)），結晶の出射面上に平行なペンデル縞が生ずる．くさび形結晶では

(図 5.42(b)),ペンデル縞はたけのこ状になる.この結晶をラング法のように横方向に走査するトラバース・トポグラフでは各縞の先端の軌跡として図の点線で示したような平行縞が観察される.この縞は**等厚干渉縞** (equal-thickness fringe) ともよばれる.図 5.42(c) はくさび形 Si 結晶におけるたけのこ状のペンデル縞をラング法で撮影したセクション・トポグラフである.

第6章

基本的なX線回折法 [3,7,10,11,14,18,21,25]

回折現象の研究には，試料の状態（単結晶，多結晶あるいは非晶質）や使用するX線の性質（特性線あるいは連続線，平行光あるいは発散光）などにより各種の実験法がある．よく用いられる運動学的回折に基づく方法を表6.1に示す（完全結晶多重配置の回折法については，応用編参照）．それらは記録方法により，フィルムを用いるカメラ法（写真法）と，検出器を用いる計数管法に分けられる．

これらの方法は，逆格子点をいかにエワルド球上に乗せるか，その逆格子

表6.1 基本的な回折法の分類　利用するX線のスペクトルは，ラウエ法が連続線で，それ以外の方法は特性線である．ビームの角度広がりは集中法が発散線で，それ以外の方法は平行線である．

<単結晶の回折法>	試料	フィルム		検出器	
ラウエカメラ	固定	平板	固定		
回転結晶カメラ	回転/振動	円筒	固定		
ワイセンベルグカメラ	回転	円筒	平行往復		
プリセッションカメラ	歳差	平板	歳差		
4軸X線回折計	3軸回転			0次元	回転
2次元単結晶回折装置	振動			円筒/平板	固定
<粉末結晶・多結晶の回折法>					
デバイ・シェラーカメラ	回転/固定	円筒	固定		
集中法カメラ	固定	円筒	固定		
粉末結晶回折計	回転			0次元	回転
2次元粉末結晶回折装置	回転			円筒/平板	固定

点をいかに投影して，回折スポットとして記録するかという工夫がなされている．単色のX線を特定の方向から結晶に入射させたとき，いつでも回折条件が満たされるわけではない．波長，角度のいずれかの条件をゆるめて，必要な数だけの回折スポットが得られるようにする．単色X線を一定方向から入射する場合でも，試料に粉末結晶（結晶を細かい粉末にしたもの）あるいは多結晶（結晶粒とよばれる多くの小さな単結晶の集合体）を用いれば，小結晶はいろいろな方位をもつので，回折条件を満たすものが含まれている．単結晶試料では，試料を振動あるいは回転させて入射角度を変える必要があるが，連続X線を用いれば単結晶を固定していても多くの格子面で回折条件が満たされる．

6.1 単結晶の基本的な回折法

6.1.1 ラウエ法 [10,11]

(1) 原理とラウエカメラ

ラウエ法 (Laue method) では，ラウエカメラを用い，連続X線で回折図形が撮影される．細く絞った一定方向のビームを固定した単結晶にあてる．結晶の各格子面に対する入射角はおのずから決まり，回折条件を満たすような波長のX線が選び出されて回折を受ける．平板状の写真フィルムが入射線に垂直に置かれる．その配置には図6.1のように背面反射型と透過型があり，それぞれ散乱角 $2\theta_B$ が90°より大きい回折線と小さい回折線が回折スポット（回折斑点，ラウエスポットともよばれる）として記録される．フィルム上には多数の回折スポットが現われ，いわゆる**ラウエ図形** (Laue pattern) を形づくる．ある晶帯に属する格子面はそれらの法線が晶帯軸に直交しているので，それらの面からの回折線の方向は，図のように結晶を頂点とし，その晶帯軸を軸とする円錐の表面上にある．入射線の方向もこの円錐の表面上にあり，円錐の頂角の半分は，入射線と晶帯軸のなす角に等しい．この円錐をフィルムが切るときに生ずる切り口の曲線は背面反射法では双曲線になり（図6.2 (a)），透過法では楕円または双曲線になる（図6.2 (b)）．

幾何学的関係から各回折スポットに対応する格子面の向きが分かる．しか

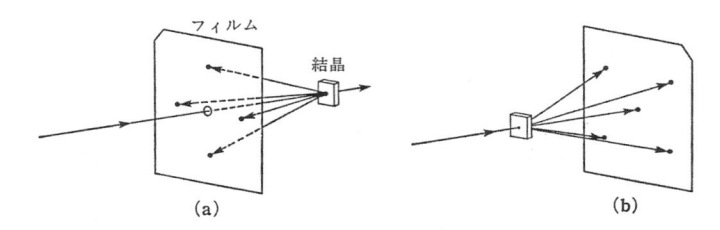

図 6.1 ラウエ法の配置　(a) 背面反射型　(b) 透過型

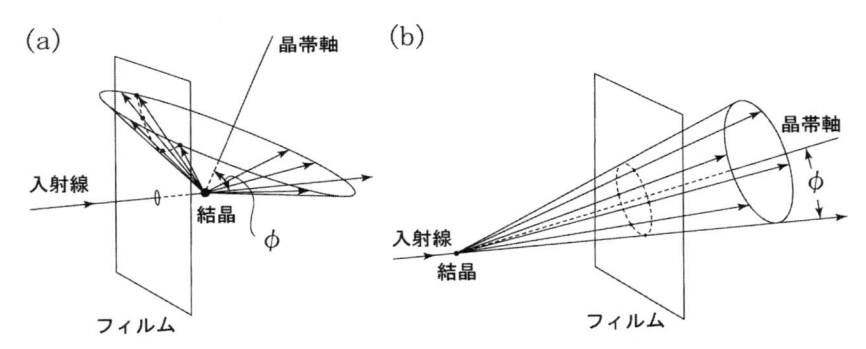

図 6.2 ラウエスポットの配列　(a) 背面反射型　(b) 透過型　入射線の方向と晶帯軸のなす角を ϕ で表している.

し回折にあずかる X 線の波長が未知のために，回折条件から格子面間隔を決めることはできない．この方法が簡便であるため結晶の方位，対称性などを調べるためによく用いられる．連続スペクトルをもつ放射光を用いて，結晶の構造解析や X 線トポグラフィにも利用される．

　ラウエ法の原理を逆空間でのエワルドの作図法（4.3.3 参照）で説明する．入射線の最短波長 λ_{min} は X 線管の加速電圧で決まり，最長波長 λ_{max} は X 線の検出限界で決まる．これに応じてエワルド球の半径は最大のものが $2\pi/\lambda_{min}$ となり，最小のものが $2\pi/\lambda_{max}$ となる．図 6.3 で $\overrightarrow{AO}$ 方向に X 線が入射したとき，それらのエワルド球は逆格子の原点 O を通り，中心がそれぞれ A_{min}, A_{max} にある．したがって，最短波長と最長波長の間にある連続 X 線に対してこの 2 つの球の間に囲まれた領域にある逆格子点がすべてしかるべき波長の X 線を選択して回折条件を満たす．例えば，逆格子点 G

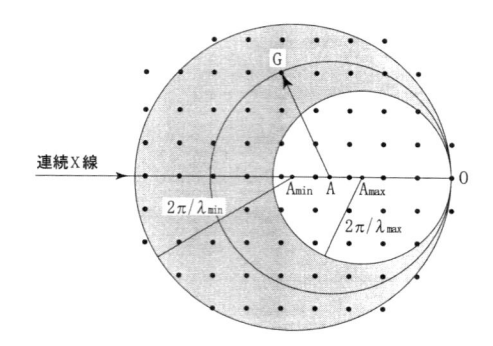

図 6.3 ラウエ法のエワルドの作図

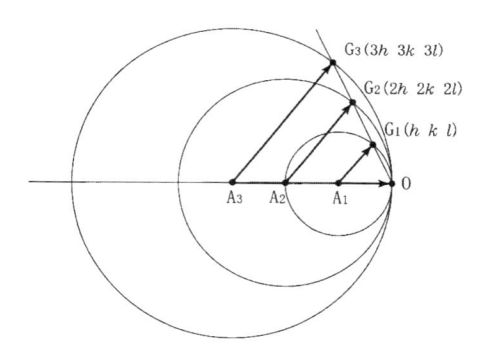

図 6.4 hkl 反射のラウエスポットに高次の $nh\ nk\ nl$ 反射の重なり

によって $\overrightarrow{AG}$ 方向に回折が生ずる．図 6.4 から分かるように，回折スポットには低次の (hkl) 面による回折に，それの高次の $(nh\ nk\ nl)$ 面による回折 $(n=2,3,\cdots)$ が重なることが多い．1 次の回折が波長 λ の X 線によって起こるとすれば，n 次の回折は，より短波長の λ/n の波長成分が選ばれて回折する．

透過法の場合，ラウエ図形の中心付近にはブラッグ角の小さなスポットが集まり，短波長の X 線の寄与が大きい．したがって，管電圧が低ければ，連続 X 線の短波長端 λ_{min} が長くなり，中心付近には回折スポットは現われない．背面反射法では，中心付近のラウエ図形は，長波長成分あるいは高次の回折によって形成される．

(ラウエカメラ)

ラウエカメラ (Laue camera) は平行で細いビームをつくるコリメーター，ゴニオメーターヘッドと回転台からなるゴニオメーターと平板状のフィルムカセットから構成されている．試料には単結晶を用いる．多結晶性の物質でもその中に入射 X 線ビームの断面積よりも大きい単結晶が含まれていれば試料として使える．背面反射法では，表面層での回折を利用するから厚さに制限はないが，透過法では，回折線が透過できるような吸収の小さい，あるいは薄い試料を用いる．$1/\mu$（μ：線吸収係数）の $2 \sim 3$ 倍の厚さのものが適当である．

試料はコンパウンド，ビースワックスなどによってゴニオメーターヘッド上に固定する．試料が小さいときは，試料をガラス棒にコロジオンなどの接着剤で固定し，ガラス棒をコンパウンド，ビースワックスなどでゴニオメーターヘッドにつける．指数の低い結晶面が分かっているときは，X 線をそれに垂直に入射するように配置すれば，対称性の高いラウエ図形が得られる．

X 線管のターゲットとしては W がもっとも適している．これはターゲットの原子番号が大きいため連続 X 線の発生効率が大きいからである．X 線管の点焦点に見える窓を用いる．

(2) ラウエ図形のチャートによる解析
(背面反射ラウエ法の場合)

結晶の格子面の向きとその格子面によって生ずる回折スポットの幾何学的関係を図 6.5 に示す．ある晶帯軸に属するいくつかの格子面によってフィルム上に生ずる回折スポットは双曲線に乗る．フィルム上で入射線が切る点を原点 O とし，x, y, z 軸を図のようにとる．すなわち，フィルムに垂直な入射線の方向を z 軸，フィルム上で回折スポットが乗る双曲線の対称軸を y 軸とし，それに直角方向に x 軸をとる．晶帯軸はいまの場合 yz 面内にある（ここでは，このような見やすい場合を例示する）．この晶帯に属するある格子面の法線が AN で，その面によって生ずる回折スポットが B である．格子面の法線 AN は入射線 OA と回折線 AB のなす角を 2 分している．いま，格子面の法線 AN の角座標を γ, δ とする．晶帯に属する各格子面の法線は γ が一定の方向を向き，フィルム上での軌跡は x 軸に平行な直線 ST で

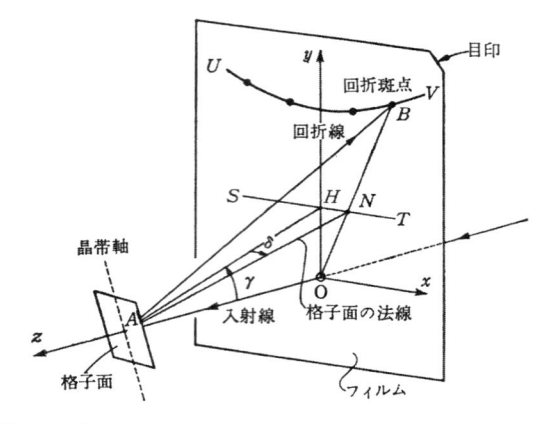

図 **6.5** 背面反射ラウエ法における回折スポット B とそれを生ずる格子面の法線の角座標 γ, δ の幾何学的関係

ある．それに対応する回折スポットの列が双曲線 UV に乗る．なお，晶帯軸が y 軸に平行であれば，回折スポットの列は x 軸上に乗る．

回折スポット B の位置 (x, y) は $\angle \mathrm{NOH} = \mu$, $\angle \mathrm{NAO} = \sigma$ とおけば

$$x = \overline{\mathrm{OB}} \sin \mu, \; y = \overline{\mathrm{OB}} \cos \mu, \; \overline{\mathrm{OB}} = \overline{\mathrm{AO}} \tan 2\sigma \tag{6.1}$$

と表わされる．μ, σ はこのスポットにかかわる格子面の法線の角座標 γ, δ と

$$\tan \mu = \tan \delta / \sin \gamma, \; \tan \sigma = \tan \delta / (\sin \mu \cos \gamma) \tag{6.2}$$

の関係がある．したがって回折スポットの位置から γ, δ を幾何学的に計算することができる．ここでは回折スポットの位置から γ, δ を読みとれるようにしたチャートを用いる方法を述べる．

図 6.6 に示すような背面反射法用の**グレニンガー** (Greninger) のチャート (**図表**) を用いる．チャートは結晶とフィルムの間の距離 $D = 30\,\mathrm{mm}$ に対して描かれている．フィルムはあらかじめ結晶のある側から見て，例えば右上の隅を切り取り，フィルムの向きの目印にしておく．結晶の方位は入射線側から見ることにして，フィルムを目印が左上にくるように置き，それにチャートを重ねる．その際，フィルム上の入射線が通った点とチャートの中心を合わせてチャートを回し，いくつかの回折スポットの軌跡がチャートの

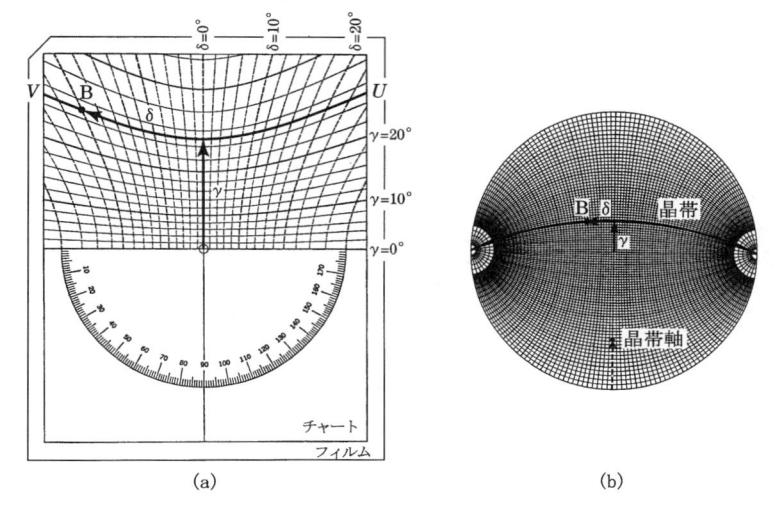

6.1 単結晶の基本的な回折法　203

(a)　(b)

図 6.6　(a) 背面反射ラウエ図形解析用のグレニンガーのチャート　回折スポット B を生ずる格子面の法線の角座標 γ, δ を読みとる．(b) ウルフネットを用いてステレオ投影図上にその格子面の極 B をプロットする（晶帯と晶帯軸も示されている）．

$\gamma =$ 一定の曲線と一致するところを見いだす．その曲線に乗っている一連の回折スポットは同じ晶帯に属するものである．その状態でそれらの回折スポットに対応する角座標 γ, δ をチャートから読みとる．フィルムの下半分に対してはチャートを上下さかさにして使えばよい．図 6.5 の場合，フィルム上の y 軸とチャートの $\delta = 0°$ の直線が重なるようにすれば，図 6.6 (a) に示すように回折スポットの位置から対応する格子面の角座標が読みとれ，格子面の法線方向が分かる．

　つぎにそれらの格子面に対応する極をステレオ投影図上に表わす．ステレオ投影では図 6.5 において結晶のある位置 A に中心をもつ投影球を考え，入射線が投影球に入る点で球に接するように投影面を置き，結晶を透過したビームと投影球との交点に透視点を置く（図 1.11 (a) 参照）．ウルフネット（図 1.13 (b) 参照）を用い，その上に置いたトレーシングペーパーに γ, δ の読みをプロットする．チャート上の $\gamma =$ 一定の曲線に乗っている回折スポットは，ステレオ投影図上ではそれらの極は 1 つの大円（球の中心を通る円）上に乗る．図 6.5 の場合，注目の晶帯軸が yz 面内にあるから，ウルフ

ネットの向きはウルフネットの両極を結ぶ直線が横になるように，すなわちチャートの $\gamma = 0°$ の直線に平行に置けばよい．そうすれば図 6.6 (b) に示すように，ウルフネット上で対応する極が大円に乗る．

このようにしてステレオ投影を行なったのち，各極の配列のうち大円に乗るものをウルフネットを回しながら見つける．大円の交点に対応する格子面は $\{100\}$, $\{110\}$, $\{111\}$, $\{112\}$ などの低指数の面である．晶帯軸は大円のつくる面の法線方向にあり，その指数は低い．ステレオ投影図上の 2 点のなす角度はウルフネットを用いて大円に沿って測られるから，いくつかの大円の交点の間の角や晶帯軸の間の角が求められる．さいごに，各結晶系の格子面間の角を参照しながら極の指数づけをする．このような手順によって結晶の方位が決定される．

実際の解析例を示すと，図 6.7 (a) は銅単結晶のラウエ写真（Mo ターゲット，$D = 30\,\mathrm{mm}$）の模式図にグレニンガーのチャートを重ねてある．図ではチャートを φ だけ回転して，$\delta = 0°$ の線を回折スポットの対称性のよい方向に一致させている．これから各回折スポットに対応する角座標を読みとり，ウルフネットにプロットし，指数づけしたのが図 6.7 (b) で，ウルフネットの中央部だけを示してある．これらの図から分かるように，(001) 面の法線は入射線の方向から少しずれており，また [100] 方向もゴニオメーターヘッドの垂直軸からずれている．ずれの角度だけゴニオメーターヘッドを調整すれば，入射点を中心とした 4 回対称のラウエ図形が得られる．

（透過ラウエ法の場合）

格子面の向きと回折スポットの幾何学的関係は図 6.8 のようになる．この場合も図 6.5 と同様に晶帯軸は yz 面内にあるとしている．入射方向と晶帯軸のなす角 ϕ が小さいときは，同じ晶帯に属する格子面による回折スポットの乗る曲線は楕円になり，45° を越えると双曲線になる．図 6.8 で回折スポット B を生ずる格子面の法線 AN の向きは角座標 ϕ, δ で表わされる．それらの関係は図 6.9 (a) のような**レオンハルト (Leonhardt) のチャート**で表わされる．チャートは結晶とフィルムの間の距離 $D = 30\,\mathrm{mm}$ に対して描かれている．フィルムにはあらかじめ結晶のある側から見て例えば右上の隅を切り取って目印をつけておき，チャートと中心を合わせて重ねる際，そこが

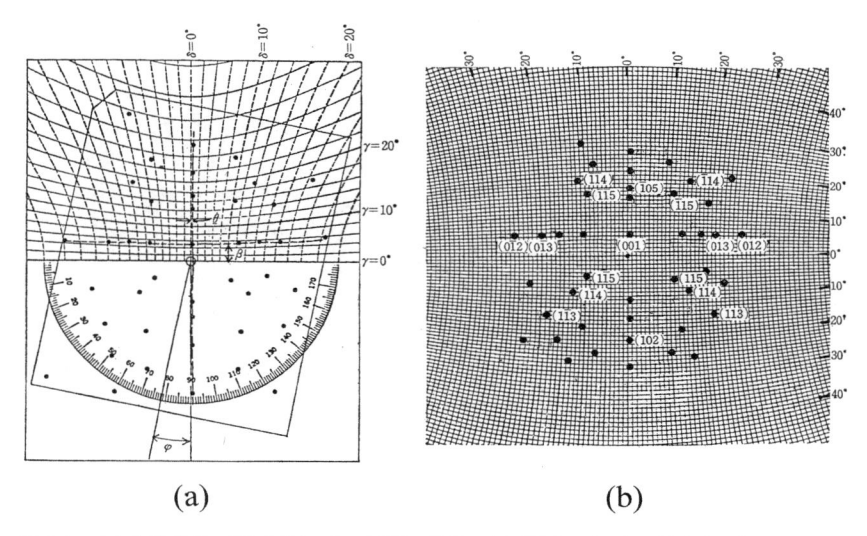

6.1 単結晶の基本的な回折法　205

(a)　(b)

図 6.7　(a) 銅単結晶の背面反射ラウエ図形の解析　(b) 回折スポットに対応する極のステレオ投影　指数は 1 次で示してあるが，消滅則によって現われないものは高次の反射による．

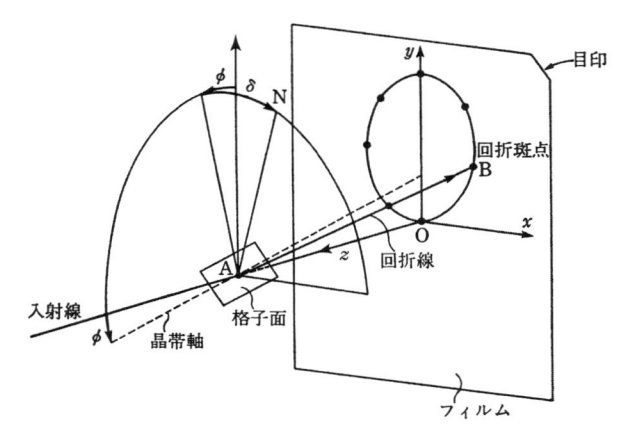

図 6.8　透過ラウエ法における回折スポット B とそれを生ずる格子面の法線の角座標 ϕ, δ の幾何学的関係

右上になるようにする．チャートを中心のまわりに回し，ある晶帯に属する格子面による回折スポットの列が $\phi =$ 一定の曲線に乗るようにする．その状態でそれらの回折スポットに対応する角座標 ϕ, δ を読みとる．前と同様

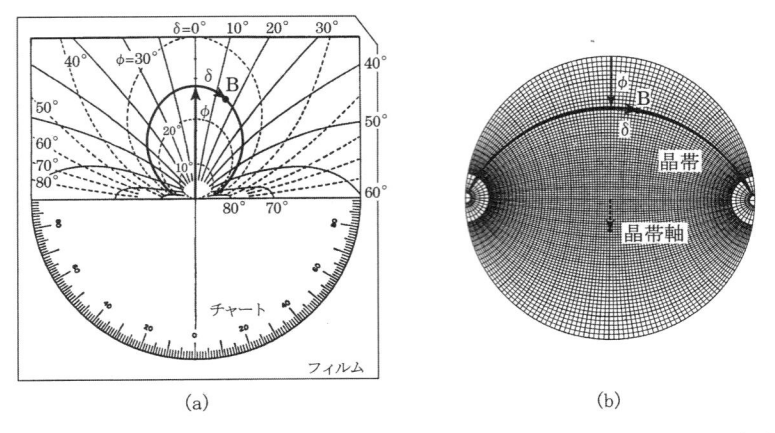

図 6.9 (a) 透過ラウエ図形解析用のレオンハルトのチャート．回折スポット B を生ずる格子面の法線の角座標 ϕ, δ を読みとる．(b) ウルフネットを用いてステレオ投影図上にその格子面の極 B をプロットする（晶帯と晶帯軸も示されている）．

に，結晶のある位置 A に中心をもつ投影球を考え，投影面を入射線が投影球に入る点で球に接するように置き，透視点を結晶を透過したビームと投影球の交点に置いて，格子面の極のステレオ投影を行なう．ウルフネットとの対応は図 6.9 (b) に示してある．

6.1.2 回転結晶法/振動結晶法

(1) 原理と回転結晶カメラ

回転結晶法 (rotating crystal method) では，図 6.10 のように，試料単結晶の低指数の晶帯軸が**回転結晶カメラ**の垂直な回転軸に一致するようにゴニオメーターヘッド上にマウントし，回転させる．X 線は細く絞って，回転軸に垂直な方向から入射する．フィルムは回転軸のまわりに円筒状に置き，回折図形を撮影する．同じ晶帯に属する格子面からの回折線は回転軸を軸とする 1 つの円錐の母線方向に進む．したがってフィルム上で回折スポットは n 次層線 ($n = 1, 2, \cdots$) と赤道線（0 次層線）とよばれる水平な平行線上に並ぶ．この回折図形から結晶の対称性，結晶系などに関する情報が得られる．層線の間隔から回転軸に平行な方向の格子定数が簡単に求められる．また回

6.1 単結晶の基本的な回折法

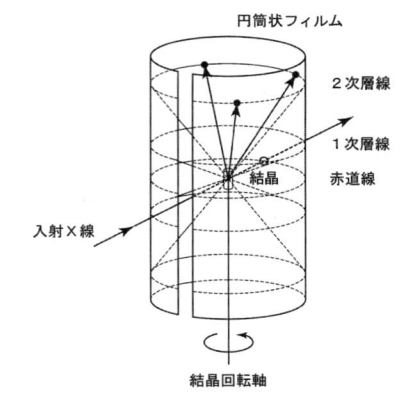

図 6.10 回転結晶法

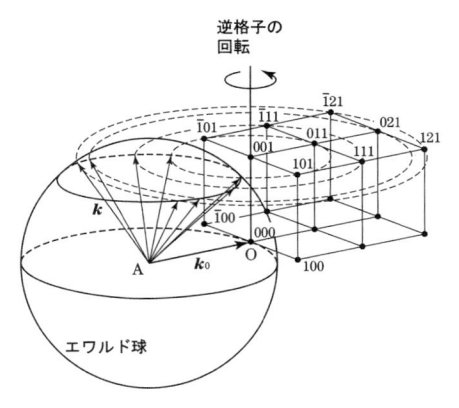

図 6.11 回転結晶法の逆空間における作図 1次層線上の回折スポットのでき方を示す[10].

折スポットの強度から結晶構造解析に必要なデータが得られる．

逆空間で回転結晶法を見ると，図 6.11 のようになる．逆格子は結晶を回転すると逆格子の原点 O のまわりに回転する．図は結晶が正方晶系の場合で，結晶を c 軸のまわりに回転するとき，それに応じて逆格子は [001] 方向を軸として回転する様子を表わしている．結晶の回転により $l=0$ の逆格子点 $(h\,k\,0)$ はエワルド球と赤道で交わり，$l=\pm 1, \pm 2, \cdots$ の逆格子点は赤道面に平行な円の上でエワルド球と交わる．実空間を重ねてみると結晶がエワルド球の中心 A にあり，円筒状のフィルムは中心軸が逆格子の回転軸に

平行で A を通るように置かれるので，フィルム上に層線が形成されるのが分かる．

回転結晶法では結晶を全周回転するので，逆空間の広い範囲の逆格子点が回折を起こし，逆格子点の円筒座標 (ξ, ζ, ψ) のうち ψ は決められない場合が多い．しかし，図 6.12 に示すように，結晶を $10°\sim 15°$ の狭い角度内だけで往復の振動運動をさせれば，逆格子点のごく限られた部分が回折に関わるので，回折線の重なりが少なくなり，ψ の座標をある範囲で決めることができる．このような操作を振動の角度範囲を少しずつずらして行なえば，逆格子点の必要な部分をカバーできる．この方法を特に**振動結晶法** (oscillating crystal method) とよぶ．

（面間隔の決定）

回転結晶法では，回転軸に対して結晶内のある原子配列の方向を平行にするので，回折図形は単純になり，その方向の周期 d_v を簡単に求めることができる．n 次層線と赤道線の間の距離 y を測れば，図 6.13 に表わされた回折条件から

$$d_v \sin\phi = n\lambda , \quad R\tan\phi = y \tag{6.3}$$

の関係があり，d_v が求まる．ϕ は結晶から見て，n 次層線と赤道線のなす角である．R はカメラ半径，すなわち結晶とフィルムの距離である．なお，(6.3) の関係は次の小節の (6.4) で $\zeta = 2\pi n/d_v$，$\sigma = \phi$ とおいたものに対応

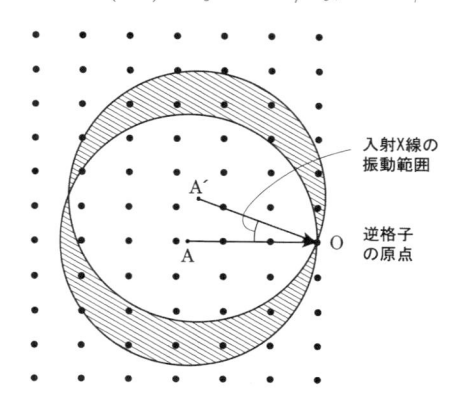

図 6.12 振動結晶法の逆空間における作図　2 つのエワルド球ではさまれた斜線領域内の逆格子点が回折を起こす．

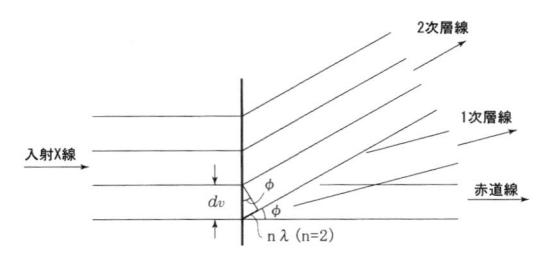

図 6.13 回転軸方向の原子配列の周期と層線の方向の関係

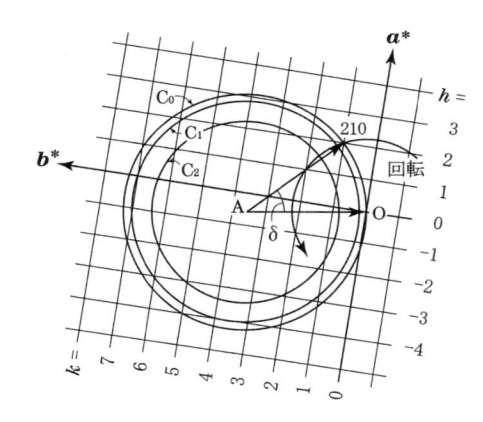

図 6.14 回転結晶法における回折スポットの指数づけ

する．

(2) 回折スポットの指数づけ

エワルドの作図法を用いて，回折スポットの指数づけを行なうにはつぎのようにする．図 6.11 で回転結晶法を逆空間で表わしたが，これを回転軸に垂直な平面上に投影したのが図 6.14 である．円 C_0 は半径 $2\pi/\lambda$ のエワルド球と赤道面との交線であり，円 C_1, C_2, $\cdots$ は赤道面から高さ $2\pi/d_v$, $4\pi/d_v$, $\cdots$ の平面とエワルド球との交線である．d_v は回転軸方向の面間隔で，$2\pi/d_v$ は回転軸に垂直な逆格子面の面間隔である．いま，X線が結晶に $\overrightarrow{AO}$ 方向から入射しているが，逆格子を原点 O のまわりに回転していくと，回折線は点 A から，例えば赤道線（ゼロ層線）上の円 C_0 とある

逆格子点との交点の方向に生じ，第1層線上では円 C_1 とある逆格子点との交点の方向へ生ずる．図 6.14 は赤道線上で (210) の回折スポットが入射方向から角 δ をなす方向に生じている場合を表わしている．このようにして逆格子を回転してエワルド球と交わる点を各層線について調べれば，指数が決まる．

フィルム上の回折スポットとそれにかかわる逆格子点との幾何学的な関係を図 6.15 に示す．逆格子点の位置を円筒座標 (ξ, ζ, ψ) で表わす．逆格子の原点 O から結晶の回転軸に平行に ζ 軸をとる．赤道面内で例えば逆格子の $\boldsymbol{a}^*$ 方向を基準として，そこから ψ だけ回転して ξ をとる．一方，円筒状のフィルム上で入射線があたる点を原点とし，回折スポットの位置を (x, y) で表わす．円筒状フィルムの半径を R とする．さらに赤道面と回折線の方向のなす角を σ，回折線を赤道面へ投影した方向と入射線の方向のなす角を τ とすると，これらの間にはつぎの関係がある．

$$\xi^2 + \zeta^2 = \left(\frac{4\pi}{\lambda}\sin\theta_B\right)^2, \; \zeta = \frac{2\pi}{\lambda}\sin\sigma$$
$$x = R\tau, \; y = R\tan\sigma, \; \cos 2\theta_B = \cos\tau\cos\sigma \tag{6.4}$$

これらから

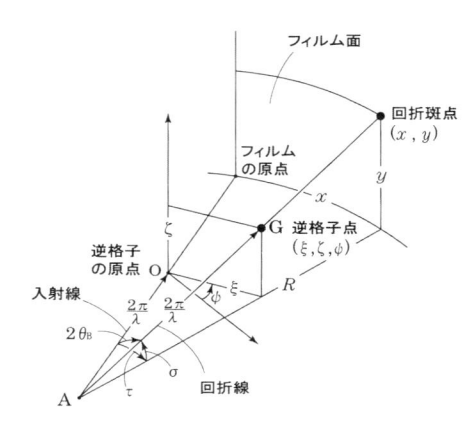

図 **6.15** 回転結晶法における回折スポットと逆格子点の幾何学的な関係

6.1 単結晶の基本的な回折法

$$\begin{aligned}
\xi &= \frac{2\pi}{\lambda}\left\{1 + \frac{1}{1+(y/R)^2} - \frac{2}{\sqrt{1+(y/R)^2}}\cos(x/R)\right\}^{\frac{1}{2}} \\
\zeta &= \frac{2\pi}{\lambda}\frac{y/R}{\sqrt{1+(y/R)^2}}
\end{aligned} \tag{6.5}$$

フィルム上で各回折スポットの位置 (x, y) を測れば，この関係からそれに対応する逆格子点の ξ, ζ が求められる．

(6.5) の関係を図表化したのが，バーナル (Bernal) のチャートである．これは一定の直径のカメラに対して ξ と ζ がおのおの一定の値をもつ曲線群が透明な紙に描かれている．チャートは (6.5) の $2\pi/\lambda$ を 1 としているから，読みとった座標に $2\pi/\lambda$ を乗ずれば，逆空間内の座標が得られる．図 6.16 はチャートに尿素結晶の回転結晶法による写真の模式図を重ねたものである．これから各回折スポットの ξ, ζ が読みとられる．

いま，a^* と b^* のつくる面に c^* が垂直で，回転軸が c^* 軸に平行である場合を考えると，各逆格子層面内のベクトル $ha^* + kb^*$ に対して，その大きさが ξ に等しくなるような h, k の組をさがせばよい．それには a^* と b^* でつくられる逆格子を書き，一方，バーナルのチャートによって得られた ξ の値を層線別にテープにプロットする．逆格子の原点とテープの原点を合わせ，テープを原点のまわりに回転させる．テープの ξ の点と一致する逆格子点を見い出せば，それが回折スポットに対応するものである．

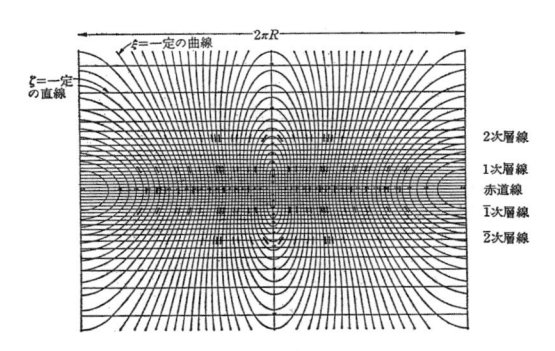

図 **6.16** バーナルのチャートに尿素 $(NH_2)_2CO$ の回転結晶法による回折図形（模式図）を重ねた図（回転軸 [001]，$R = 28.7$ mm，CuKα 線）[3]

また，つぎのようにしてもよい．赤道線上の回折スポットの指数づけについては粉末法の場合に準じて行なう．つまり，フィルム上の中心をはさんで左右の対応するスポットの間の長さを測り，それから θ_B を求める．ついで回折条件から d を決め，さらに 6.2.4(1) で述べた手順を参考にして指数をつける一方，層線の場合にはバーナルのチャートを用いる．逆格子の軸 c^* が回転軸に平行なときには，$(h\,k\,l)$ と $(h\,k\,0)$ は同じ ξ の値をもつ．したがって回折図形とチャートを重ねて，$\xi =$ 一定の曲線をたどれば，指数づけが簡単にできる．

（回転結晶法での回折図形における積分回折強度）

単結晶からの積分回折強度は，一般に (4.56) で与えられる．回転結晶法ではローレンツ因子はつぎのようになる．

$$\text{回折スポットが層線上にある場合} \quad L = \frac{\lambda^3}{\cos\sigma\sin\tau} \quad (6.6)$$

$$\text{回折スポットが赤道線上にある場合} \quad L = \frac{\lambda^3}{\sin 2\theta_B} \quad (6.7)$$

6.1.3 ワイセンベルグカメラ／プリセッションカメラ

回転結晶法では，1 つの層線上の回折スポットの列は逆空間のある平面上の逆格子点を 1 次元に投影したものであって，逆格子点と回折スポットの 1 対 1 の対応が明らかでない場合が多い．その対策としては結晶を回転すると同時にフィルムを移動させて逆格子の平面を 2 次元に投影すればよい．このようなフィルムも運動させる方法としてワイセンベルグ法，プリセッション法などがある．これらの方法によると回折スポットの指数づけが簡単にできる．

ワイセンベルグ法 (Weissenberg method) はその中でよく用いられる方法である．ワイセンベルグカメラは図 6.17 のような機構を持っている．回転結晶カメラと同じように，結晶の回転軸に中心軸を一致させた円筒フィルムがあるが，結晶とフィルムの間に円筒状のスクリーンが挿入されている．スクリーンには赤道線に平行なスリットが入れてあり，回折線はある層線に属するものだけをスクリーンによって選び出す．結晶は一定の角度範囲で回転

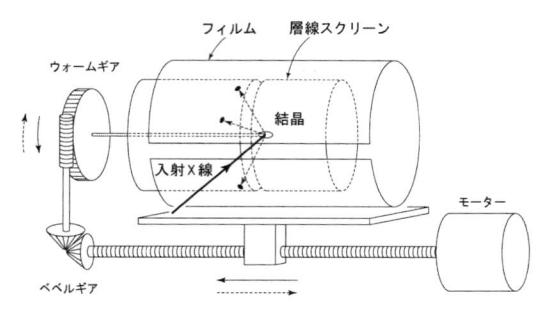

図 **6.17** ワイセンベルグカメラ

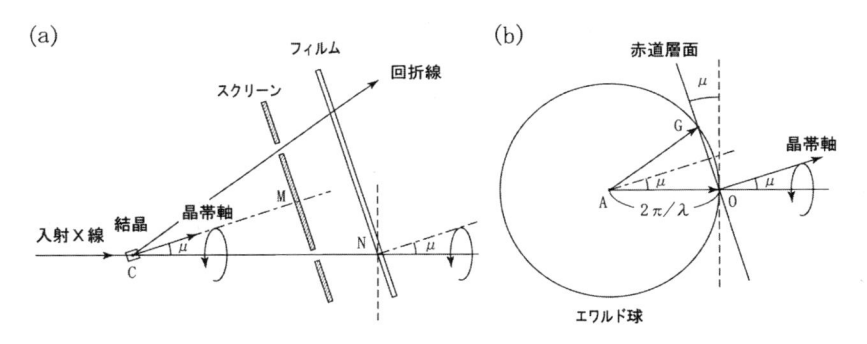

図 **6.18** プリセッションカメラ　(a) 機構図　(b) 結晶の動きの逆格子空間での図示

をさせ，それと同期させてスクリーンを回転軸方向へ往復運動させる．このようにすると，ある層線上の回折スポットがフィルム上で2次元に展開される．回折スポットの指数づけが移動距離を生かして容易にでき，またスポットの重なりが避けられるので，積分強度が正確に測定できる．

　プリセッション法 (precession method) では，ワイセンベルグ法で逆格子がゆがんで観察されるのに対して，逆格子をゆがみのない形で平板フィルムに記録することができる特徴をもつ．図 6.18 (a) は**プリセッションカメラ**の機構図である．結晶，スクリーンとフィルムがパンタグラフで連結され，いっしょに入射線の方向を軸として歳差運動 (precession) をする．図 6.18 (b) は逆格子空間での表示である．ここでは，赤道層面の逆格子点の配列を記録する場合を描いている．図 6.18 (a) のように，はじめに結晶の晶帯軸を入射 X 線の方向と平行にし，そこから角 μ だけ傾ける．フィルムとス

クリーンもはじめ X 線の入射方向に垂直に置かれて，そこから結晶と同じ向きに μ だけ傾ける．その際，フィルムは N を中心とし，スクリーンは傾いた結晶の晶帯軸の方向がさす M を中心とする．これにより赤道層面からの円錐状に進む回折線だけがスクリーンのリング形のすきまを通ることができる．カメラ全体としては，頂角 μ を一定に保ったままで，結晶 C からスクリーンへの法線 $\overline{\mathrm{CM}}$ は，入射線の方向を軸とする円錐上を歳差運動するとともに，スクリーンとフィルムは赤道層面に対してつねに平行に保つように歳差運動する．図 6.18 (b) に示すように，赤道層面がエワルド球と交わるのは，逆格子原点 O を通る半径 $(2\pi/\lambda)\sin\mu$ の円になる．この円上に逆格子点が乗れば，回折が生ずる．図 6.19 には赤道層面上でエワルド球が切る円が，歳差運動によって走査する領域が描かれている．この走査領域に含まれる逆格子点の配列が観察される．赤道層面が $\boldsymbol{a}^*$ と $\boldsymbol{b}^*$ によって張られていれば，$h\,k\,0$ 反射になる．プリセッション法ではゆがまない逆格子面が観察されるので，結晶の対称性，格子定数などが容易に分かり，双晶，析出，相転移などの解析もしやすい．

6.1.4 4 軸 X 線回折計

X 線結晶構造解析における X 線回折強度測定は，以前はワイセンベル

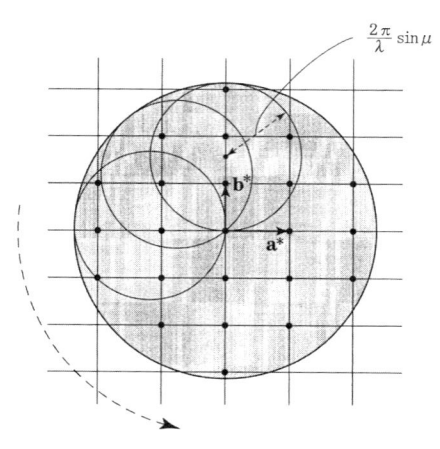

図 6.19 プリセッション法における赤道層面上のエワルド球による走査

グカメラなどの写真法が使われていたが，いまでは **4 軸 X 線回折計** (four-circle X-ray diffractometer) などを用いて行なわれる[7,18,21]．ふつう 0.1〜0.5 mm の大きさの単結晶が解析される．複雑な結晶構造の解析のために，コンピューターによるシステム制御を採用し，測定と計算を完全に自動化した装置が市販されている．

4 軸ゴニオメーターの軸の構成は図 6.20 のようになっている．結晶はゴニオメーターの中心にマウントされ，1 点で交わる 3 本の軸，ω 軸，χ 軸と ϕ 軸のまわりに回転して，任意の方向に向けることができる（これらの角はオイラー角とよばれる）．ω 軸は鉛直軸であり，その上に環状の χ サークルが乗る．サークルの平面は鉛直軸を含んでいる．χ 軸は χ サークルの中心を通りサークル面に垂直で，水平面内にある．ϕ 軸は χ サークル内にあり，χ 軸に垂直である．ϕ 軸上に取りついているゴニオメーターヘッドが，χ 軸の回転によって χ サークルの内側をゆりかごに乗っているように回転する．4 軸目の 2θ 軸は検出器用で，ω 軸と一致した軸のまわりに回転し，散乱角にもってくる．ω 軸と 2θ 軸のまわりの回転運動は，粉末試料用回折計の場合と同じく，1:2 の速度である．実験室系のゴニオメーターではこの運動は水平面内で行なわれる．

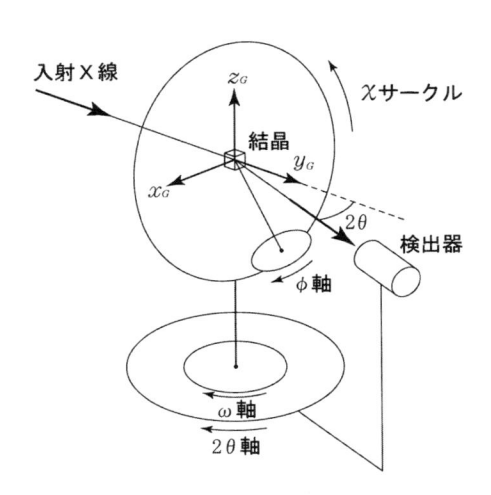

図 **6.20** 4 軸 X 線回折計の回転軸の構成

216　第6章　基本的なX線回折法

(4軸回折計の幾何学)

　この4軸回折計によってある hkl 反射を測定するには，その逆格子ベクトル $\boldsymbol{g} \equiv h\boldsymbol{a}^* + k\boldsymbol{b}^* + l\boldsymbol{c}^*$ をまず ϕ 軸の回転により χ サークル面内にもってくる．つぎに χ 軸の回転により水平面内にもってくる．最後に ω 軸と 2θ 軸の回転により回折条件が満たされる．具体的にそれらの角度位置を求めてみる．

　いま，回転に伴う座標変換に便利なように，逆格子の基本ベクトルをもとに表示されている逆格子ベクトル $\boldsymbol{g}$ を直交座標系での表示に変換する．結晶内に直交座標系（結晶直交系）x_C, y_C, z_C をつぎのようにとる（図6.21(b)）．x_C 軸を $\boldsymbol{a}^*$ 方向に，y_C 軸を $\boldsymbol{a}^*$ と $\boldsymbol{b}^*$ のつくる面内に，z_C 軸をこの面に垂直にとる（c 方向になる）．この直交座標系で逆格子の基本ベクトル $\boldsymbol{a}^*$, $\boldsymbol{b}^*$, $\boldsymbol{c}^*$ の x_C, y_C, z_C 成分は，結晶格子とその逆格子の格子定数を用いて

$$\begin{pmatrix} a_{xc}^* & b_{xc}^* & c_{xc}^* \\ a_{yc}^* & b_{yc}^* & c_{yc}^* \\ a_{zc}^* & b_{zc}^* & c_{zc}^* \end{pmatrix} = \begin{pmatrix} a^* & b^*\cos\gamma^* & c^*\cos\beta^* \\ 0 & b^*\sin\gamma^* & -c^*\sin\beta^*\cos\alpha \\ 0 & 0 & 2\pi/c \end{pmatrix} \equiv \boldsymbol{B} \quad (6.8)$$

のように表わされる．ここで $\boldsymbol{c}^*$ の各成分については，$c_{xc}^* = c^*\cos\beta^*$．$\boldsymbol{c}^* \cdot \boldsymbol{c} = 2\pi$ から $c_{zc}^* = \boldsymbol{c}^* \cdot \boldsymbol{c}/c = 2\pi/c$ である．これはまた $\boldsymbol{a}^* = 2\pi\boldsymbol{b}\times\boldsymbol{c}/\nu_c$, $\boldsymbol{b} = 2\pi\boldsymbol{c}^*\times\boldsymbol{a}^*/\nu_c^*$ からの $a^* = 2\pi bc\sin\alpha/\nu_c$, $b = 2\pi c^* a^* \sin\beta^*/\nu_c^*$ の関係を用いて $2\pi/c = c^*\sin\beta^*\sin\alpha$ と表わされる．さらに $c_{xc}^{*2} + c_{yc}^{*2} + c_{zc}^{*2} = c^{*2}$ の関係から $c_{yc}^* = -c^*\sin\beta^*\cos\alpha$ が得られる．したがって，逆格子ベク

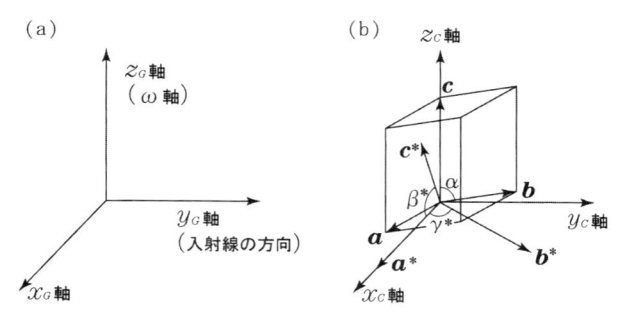

図6.21　4軸X線回折計における座標系　(a) ゴニオメーター上の直交座標系（$\omega, \chi, \phi = 0$ とする）　(b) 結晶内の直交座標系

トル g を，ここでは

$$g = \begin{pmatrix} h \\ k \\ l \end{pmatrix} \tag{6.9}$$

と表わすと，結晶直交系では B 行列によって

$$g_c = Bg \tag{6.10}$$

のように変換される．

4軸ゴニオメーターの ω 軸，χ 軸，ϕ 軸と 2θ 軸の4軸の角度 ω，χ，ϕ と 2θ のゼロ点は，ω 軸と 2θ 軸では入射X線の方向と一致する位置，χ 軸では ϕ 軸が ω 軸と一致する位置，ϕ 軸では任意に決める．3軸の角度，ω，χ，ϕ をゼロにしたゴニオメーターの中心に図6.21 (a) のような直交座標（ゴニオ直交系）x_G, y_G, z_G をとる．すなわち，z_G 軸を ω 軸に，y_G 軸を入射X線の方向に，x_G をそれらに垂直な方向に選ぶ．

結晶をゴニオメーターヘッドにセットしたとき，x_C, y_C, z_C 軸方向の単位ベクトルの x_G, y_G, z_G 成分を各要素とする**方位行列** (orientation matrix) U で結晶のとりつけ方位が表わされる．結晶直交系での g_c はこの U を用いて，ϕ 軸に結びついた直交系のベクトル g_ϕ に

$$g_\phi = U g_c = UBg \tag{6.11}$$

のように変換される．この2種の座標変換行列で表わされる UB 行列の 3×3 の要素が，4軸ゴニオメーターを設定するのに必要なパラメーターで，セッティング・パラメーターとよばれる．

つぎに ϕ 軸，χ 軸と ω 軸で順にそれぞれ角 ϕ，χ と ω だけ回転させると，座標の変換はつぎの回転行列で表わされる．

$$\boldsymbol{\Phi} = \begin{pmatrix} \cos\phi & \sin\phi & 0 \\ -\sin\phi & \cos\phi & 0 \\ 0 & 0 & 1 \end{pmatrix} \tag{6.12}$$

$$\boldsymbol{X} = \begin{pmatrix} \cos\chi & 0 & \sin\chi \\ 0 & 1 & 0 \\ -\sin\chi & 0 & \cos\chi \end{pmatrix} \tag{6.13}$$

$$\boldsymbol{\Omega} = \begin{pmatrix} \cos(\omega-\theta) & \sin(\omega-\theta) & 0 \\ -\sin(\omega-\theta) & \cos(\omega-\theta) & 0 \\ 0 & 0 & 1 \end{pmatrix} \tag{6.14}$$

これらの回転により $\boldsymbol{g}_\phi$ は最終的につぎのように $\boldsymbol{g}_{lab}$ に変換される．

$$\boldsymbol{g}_{lab} = \boldsymbol{\Omega}\boldsymbol{X}\boldsymbol{\Phi}\boldsymbol{g}_\phi \tag{6.15}$$

このようにして $\boldsymbol{g}_{lab}$ は水平面内にもってこられる．回折条件を満たすためには，散乱ベクトル $\boldsymbol{K}$ が ω 軸に結びついた直交系で x_G 軸に沿い，$\boldsymbol{g}_{lab}$ に等しくなることである．すなわち

$$\boldsymbol{g}_{lab} = \begin{pmatrix} K \\ 0 \\ 0 \end{pmatrix}, \ K = \frac{4\pi\sin\theta}{\lambda} \tag{6.16}$$

また，$\boldsymbol{\Phi}$，$\boldsymbol{X}$，$\boldsymbol{\Omega}$ はユニタリー行列であるので，(6.15) から

$$\boldsymbol{g}_\phi = \boldsymbol{\Phi}^{-1}\boldsymbol{X}^{-1}\boldsymbol{\Omega}^{-1}\boldsymbol{g}_{lab} = K\begin{pmatrix} \cos(\omega-\theta)\cos\chi\cos\phi - \sin(\omega-\theta)\sin\phi \\ \cos(\omega-\theta)\cos\chi\sin\phi + \sin(\omega-\theta)\cos\phi \\ \cos(\omega-\theta)\sin\chi \end{pmatrix} \tag{6.17}$$

最終的に (6.11) と (6.17) から

$$\boxed{K\begin{pmatrix} \cos(\omega-\theta)\cos\chi\cos\phi - \sin(\omega-\theta)\sin\phi \\ \cos(\omega-\theta)\cos\chi\sin\phi + \sin(\omega-\theta)\cos\phi \\ \cos(\omega-\theta)\sin\chi \end{pmatrix} = \boldsymbol{UB}\begin{pmatrix} h \\ k \\ l \end{pmatrix}} \tag{6.18}$$

これが 4 軸回折計の基本式である．ふつう 4 軸回折計の測定は $\omega = \theta$ で行なわれる．このとき，(6.18) は

$$K\begin{pmatrix} \cos\chi\cos\phi \\ \cos\chi\sin\phi \\ \sin\chi \end{pmatrix} = \begin{pmatrix} X \\ Y \\ Z \end{pmatrix} \tag{6.19}$$

となる．ここで (6.18) の右辺の計算結果を X，Y，Z で表わしている．(6.19) から ϕ と χ は

$$\phi = \tan^{-1}\left(\frac{Y}{X}\right), \ \chi = \tan^{-1}\left(\frac{Z}{\sqrt{X^2+Y^2}}\right) \tag{6.20}$$

と得られる．このように UB 行列が分かっていれば，反射のミラー指数から 4 軸角が求められる．逆に，いくつかの既知のミラー指数で 4 軸角が測定されれば，UB 行列が得られる．

（4 軸回折計のタイプ）

χ サークルをもつ上記の 4 軸ゴニオメーターは**オイラリアン・クレードル** (Eulerian cradle) **型**とよばれる．これに対して図 6.22 のように χ サークルの代わりに，ω 軸の回転台上に ω 軸とある角 α をなす κ 軸をもつ形のものが**カッパ** (kappa) **型**ゴニオメーターとよばれる．結晶が乗る ϕ 軸は κ 軸の回転台上にあって，κ 軸のまわりで歳差運動をする．κ 型は試料の上部が空いているので，試料の高低温装置，高圧装置などの搭載に便利である．

（4 軸 X 線回折計の回折図形における積分回折強度）

単結晶からの積分回折強度は，一般に (4.56) で与えられる．4 軸型単結晶回折計でのローレンツ因子は (6.7) に同じであり，積分回折強度は

$$\boxed{I_{hkl} = I_0 r_e^2 \frac{V}{v_c^2} \frac{1 + \cos^2 2\theta_B}{2} \frac{\lambda^3}{\sin 2\theta_B} |F_{hkl}|^2 \exp\left(-2B \frac{\sin^2 \theta_B}{\lambda^2}\right) A(\theta_B)} \tag{6.21}$$

となる．このうち $I_0 r_e^2 (V/v_c^2) \lambda^3/2$ は一定の波長で行なう実験では定数になるので，まとめて S とおき，**スケール因子** (scale factor) とよばれる．

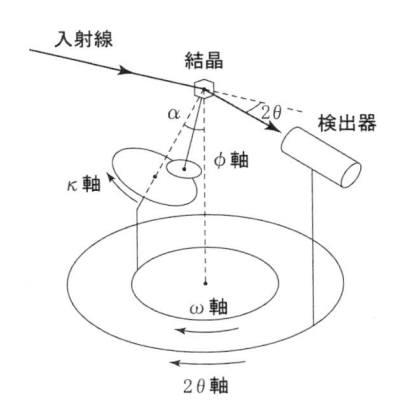

図 **6.22** 4 軸カッパゴニオメーター

6.1.5　2次元検出器利用の単結晶回折装置

4軸回折計では，回折線は角度走査をしながら1点1点，0次元検出器（点検出器）で測定されるが，最近2次元検出器（面検出器，area detector）によって多数の回折線をいちどに測定する2次元検出器利用の単結晶回折装置も使用されるようになっている．これにより測定時間の大幅な短縮が図られている．

2次元検出器には，イメージングプレート（IP，輝尽性蛍光体を塗布したフィルム，写真フィルムに比べて20〜60倍の感度をもつ），CCD（charge coupled device，電荷結合素子，IPに比べて位置分解能は数倍わるいが，感度は10倍程度よく，読み出し時間が短い）などが使われ，タンパク質構造解析などに利用されている（応用編参照）．画像上の回折スポットのミラー指数は，前述の UB 行列を用いて決められる．また，ピラタス（PILATUS，ハイブリッド型ピクセル検出器）では，数 ms の高速データ読み出しができるので，材料の動的変化が観察できる．

6.2　粉末結晶・多結晶の基本的な回折法 [83,84]

結晶を細かい粉末にした粉末結晶や，多くの小さな単結晶からなる多結晶を試料に用いる回折法は，物質の同定や組成分析に用いられる．化学組成が同じでも結晶構造が異なる（例えばダイヤモンドとグラファイト）いわゆる**多形**（polymorphism）が区別でき，相転移における構造変化などが解析される．また，結晶の状態，すなわち結晶粒の大きさ，結晶の選択配向，結晶化度などについて調べることができる．最近では，リートベルト法，最大エントロピー法などを用いて，精密な構造解析や電子密度解析にも利用されている．回折図形の観測方法としては，一定波長のX線を試料に入射し，散乱角による回折強度の変化を測定する角度分散型の回折法が一般的である．一方，連続X線を用いて，散乱角を一定に保ち，回折X線強度のエネルギーによる変化を測定するエネルギー分散型の回折法も利用される．

6.2.1 デバイ–シェラー法

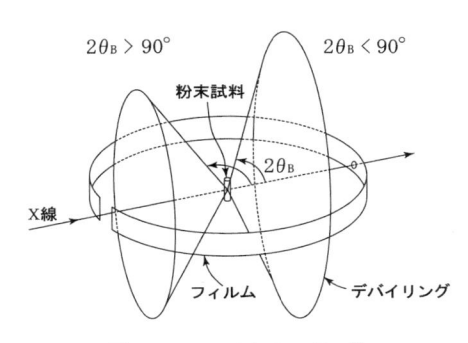

(1) 原理とデバイ–シェラーカメラ

デバイ–シェラー法 (Debye-Scherrer method) は，**粉末法** (powder method) ともよばれる．図 6.23 は，デバイ–シェラーカメラで回折線が撮影される様子を示している．棒状にした粉末結晶や多結晶試料に細く絞った X 線をあてる．試料には無数の結晶粒が含まれ，それらはふつう無秩序にあらゆる方位をもっているから，特定の格子面に対して特性 X 線が回折条件を満たしている結晶粒は多数ある．回折線は入射線方向を中心軸として半頂角 $2\theta_B$（散乱角に対応）の円錐の母線に沿う．異なった面間隔の格子面に対しては，それぞれ別の円錐が形成される．入射線に垂直な面上に入射線の位置を中心とした同心円状の回折図形が生じ，デバイ–シェラー環あるいは**デバイリング**とよばれる．図のように細長い写真フィルムを，試料を中心として円筒状に置く．円錐の一部の弧がフィルムと交わる．したがって写真フィルム上での回折線の位置からブラッグ角が分かり，その回折にあずかった格子面の面間隔が求まる．カメラの半径，すなわち中心の試料位置からフィルムまでの距離は $180/\pi = 57.3\,\mathrm{mm}$ で，フィルム上の 2θ の位置を mm で読むと，そのまま度の単位になる．

逆空間でデバイ–シェラー法をエワルドの作図法（4.3.3 参照）に従って表わすと，図 6.24 のようになる．試料の結晶粒はランダムな方位をとるから，それぞれの逆格子点は逆格子の原点 O を中心として回転してできる球上に

図 **6.23** デバイ–シェラー法

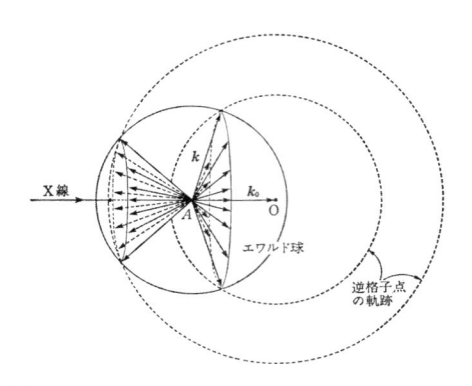

図 6.24　デバイ–シェラー法の逆空間における作図

分布する．この球とエワルド球との交線は円となり，回折線は A とこの円を結ぶ円錐の母線方向に進む．実空間を重ねてみると，結晶がエワルド球の中心 A にあり，フィルムは A を中心として円筒状に置かれるので，各円錐の一部を記録することになる．

(試料の準備)

　試料としてはふつう結晶を粉末にした粒子の集合体が用いられる．その粒子はふつう単結晶とみなせる結晶粒複数個から構成されている．粒子の大きさは消衰効果を小さくするために少なくとも $10\,\mu m$ 以下にするのが望ましい．粉末試料をつくるには，試料をやすり，乳鉢や機械ミルを用いてできるだけ細かな粉末にする．さらに目の細かいふるいを通してもよい．場合によっては，粉末にするときに入った歪みをとるために粉末試料をガラス管や石英管に真空封入して焼鈍する．多結晶の針金状のものは細かい結晶粒からなっていればそのまま使える．

　試料のサイズはふつう，直径 0.5 mm 以下，長さ 1 cm ぐらいの棒状にする．試料の直径は $1/\mu$（μ：線吸収係数）の 2～3 倍が適当である．粉末試料の場合，ガラス細管につめたり，ガラスの細い棒にコロジオン，グリースなどで付着させたりする．コロジオンなどで練ったものを細い棒状にして固めることもある．

　特性 X 線は，波長がなるべく試料の組成元素の K 吸収端より長いものを選び，蛍光 X 線によって生ずるバックグラウンドの影響を少なくする．ふ

つう，$CuK\alpha$ 線がよく使われる．$K\beta$ 線はフィルターによって除去する．ブラッグ角が大きい回折線は，2 本に分離して観察される．これは $K\alpha_1$ 線と $K\alpha_2$ 線によって生ずるもので，その分離角は $K\alpha_1$ 線と $K\alpha_2$ 線の波長の差を $\Delta\lambda$ とすれば，つぎのように与えられる．

$$\Delta\theta = -\frac{\Delta\lambda}{\lambda}\tan\theta \tag{6.22}$$

　回折にあずかる結晶粒の数が少ないときは，デバイリングは一様な濃さをもった線としてではなく，まばらな回折スポットの集まりとなる．それを避けるために露出中は試料を回転して回折にあずかる結晶粒の数を増やして滑らかにする．

(デバイリング全体の 2 次元像)
　デバイリングの像は粉末試料の結晶状態を反映する．まず，結晶粒のサイズが像に影響する．粒径が微細であれば，連続した円になるが，粒径が数十 μm と粗くなるのに従い，1 個 1 個の結晶粒に対応するスポットが円状に分布するようになる．また不均一の格子歪みや配向性があると，円周上で強度分布に濃淡が生じる．一方，粒径が $0.1\,\mu m$ 以下と非常に細かくなると，リングは幅が広がりハロー状になる．このようにデバイリングを全周にわたって 2 次元的に観察すると，結晶粒の大きさ，格子歪や配向の有無などが，簡便に調べられ，結晶組織の解析に役立つ．観測には，単結晶用のラウエカメラを流用できる．X 線をコリメーターで細いビームにして試料に入射し，入射線に垂直に置かれた平板フィルムに透過型あるいは反射型の配置で撮影される．

　Al 試料のデバイリングの観察例を示す．図 6.25 (a) は Al 多結晶板で，結晶粒子サイズが約 $1\,\mu m$ の場合 (a-1)，滑らかなリング状である．それが冷間加工によりサイズが約 $50\,\mu m$ になると (a-2)，円に沿った多数のスポットになる．図 6.25 (b) は引き抜き加工を施した Al 針金で，せんい軸が光軸方向に沿っており，内側から (111)，(200) と (220) の回折スポットが分布している．

(a-1)　　　　　　　　　(a-2)　　　　　　　　　(b)

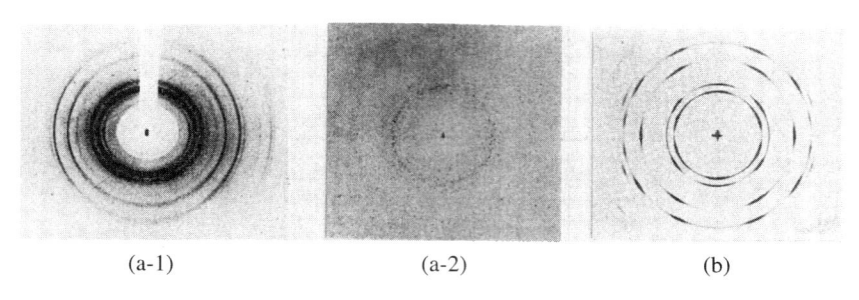

図 **6.25**　Al 試料のデバイリング　Mo 管（フィルター (a) なし，(b) あり）で撮影 (a) 多結晶板　結晶粒サイズ (a-1): ～1 μm, (a-2): ～50 μm (b) 針金　光軸//せんい軸 [111] [3]

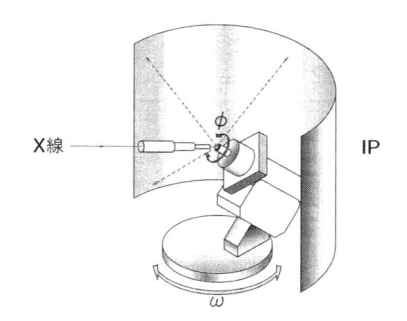

図 **6.26**　2 次元粉末結晶回折装置の概念図 [85]

（2 次元検出器利用の粉末結晶回折装置）

デバイ–シェラーカメラのフィルムの代わりに，円筒状のイメージングプレートを用いれば，2 次元回折図形全体が撮影でき，しかもデータ処理が迅速に，正確に行なえる．

図 6.26 の光学系では，単色化した X 線ビームが水平に試料に入射する．ゴニオメーターは垂直な ω 軸とこれに 45° 傾斜した ϕ 軸の 2 軸から構成される．円筒状イメージングプレートは ω 軸を中心に配置されている [83]．図 6.27 の (a) はそれを用いて観察されたポリアセタール（POM，-CH$_2$O- を単位構造とするポリマー）の回折図形で，配向しているのが見られる．この図形から (b-1) の $2\theta - I$（2θ：散乱角）や (b-2) の $\beta - I$（β：デバイリングに沿う角）の強度変化が得られる．前者は結晶化度，後者は配向度の評価ができる．なお，ゴニオメーターの構成は，後述のガンドルフィカメラと同

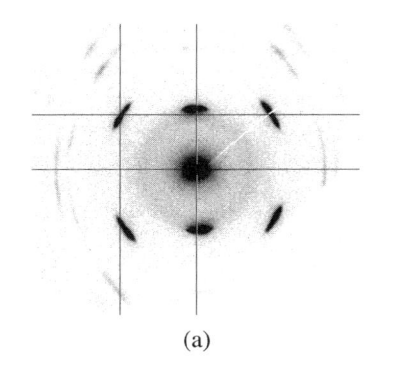

図 **6.27** (a) ポリアセタールの回折図形 φ: 固定, $\omega = 0°$（透過法）．線源：CuKα, 40 kV, 50 mA, コリメーター：100 μmϕ, 露光時間：500 sec. (b-1) $2\theta - I$ 表示 (b-2) $\beta - I$ 表示 [85]

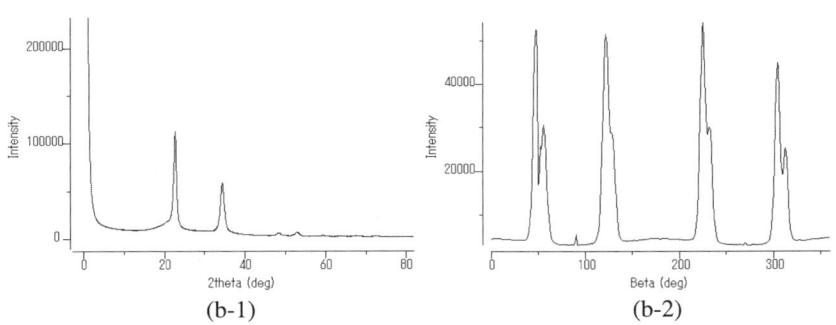

じであって，単結晶試料からも，粉末図形が得られる．

(2) 放射光用大型デバイ–シェラーカメラ

放射光を利用する場合には，平行性の高いビームが大型デバイ–シェラーカメラに入射する．検出系には，イメージングプレート方式や多重アナライザー結晶方式が用いられ，高角度分解能で効率的にデータが収集される．SPring-8 のデバイ–シェラーカメラは，カメラ半径が 286 mm で，2θ 軸に 400 mm（縦）×200 mm（横）のイメージングプレートを搭載している．Diamond Light Source（イギリスの放射光施設）では，2θ 軸に 5 個のアームを設け，各アームに 9 個の Si(111) のアナライザー結晶と検出器を搭載している．

(3) ガンドルフィカメラ [86]

単結晶試料であっても粉末回折図形が得られるのが，試料を 2 軸回転させ

るガンドルフィカメラ (Gandolfi camera) である．デバイ–シェラーカメラの試料の回転軸を変えたもので，図 6.28 のように，もとの主回転軸にそれと 45° で交差する副回転軸が付属し，副回転軸の先端のガラス棒に微小単結晶試料をつける．主回転軸の揺動に伴い，それと連動して副回転軸も揺動させる．50～100 μm の小さな試料が，1 つあるいは少数の結晶片からなる場合に用いられる．放射光を利用すると，数 μm の微小結晶がこのカメラで解析される．

6.2.2　集中法[3]

試料からの回折線をフィルム上に集束させるカメラがある．この**集中法**は図 6.29 のように，円周上の 2 点 s と f が円周上の各点，例えば a，b などに

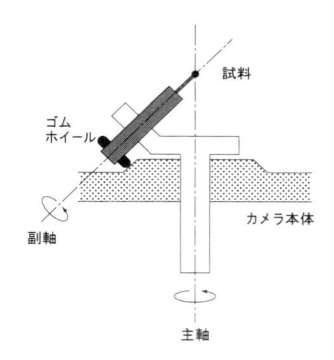

図 **6.28**　ガンドルフィカメラ

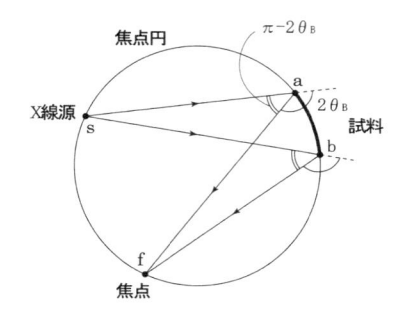

図 **6.29**　ブラッグ–ブレンタノの集束条件

対してなす角 ∠saf，∠sbf などがすべて等しいという幾何学的関係に基づいている．つまり，s の X 線源から水平面内に発散した X 線は円周に沿って置かれた粉末試料によって回折を受け，一定の指数の回折線が円周上のある1点に集束される．この条件を満たす円を焦点円という．実際には入射 X 線として垂直方向に発散したものを用いるので，回折線は円周上で線状に集束する．

このような配置のカメラが図 6.30 の**ゼーマン–ボーリン (Seeman-Bohlin) カメラ**である．カメラは円筒状をしており，円筒上のスリット（点 s）で X 線束が絞られてみかけの X 線源になる．試料からの各回折線は集束されるので，鋭い回折線が得られる．試料の広い面積を利用できるので，露出時間を短縮できる．しかしデバイ–シェラー法のように試料を回転しないので，良質の粉末試料が必要である．試料の配置に非対称型と対称型があり，特に非対称型で背面反射を用いれば，大きい散乱角の回折線によって格子定数を精密に測定できる．

X 線を単色化しないで用いるゼーマン–ボーリンカメラのほかに，図 6.31 のように湾曲結晶により単色化し，点状あるいは線状に集束させた X 線を用いる**ギニエ (Guinier) カメラ**がある．配置としては，試料を透過した回折線を使う透過型と試料から反射した回折線を使う反射型がある．このカメラはバックグラウンドが少なく，分解能も高いので，相変化や微量の混合相などを調べたり，複雑な物質の同定や指数づけに有用である．

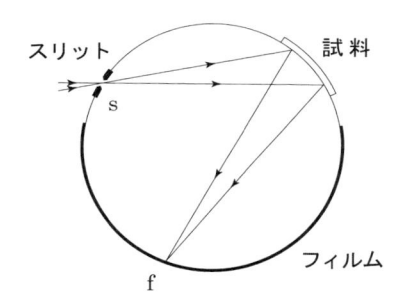

図 6.30　ゼーマン–ボーリンカメラの光学系　対称配置の場合

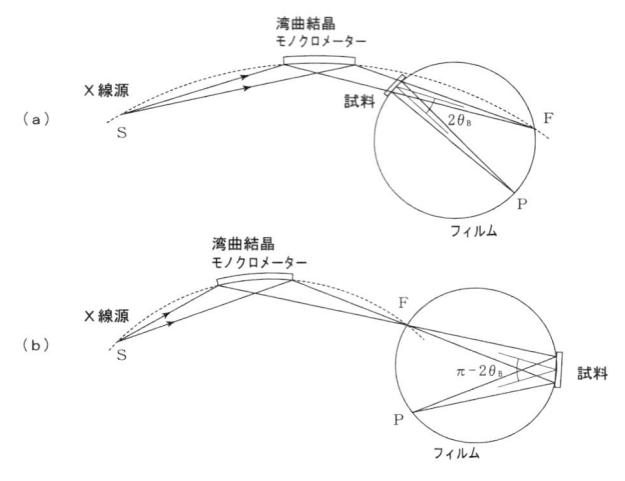

図 6.31　ギニエカメラの光学系　(a) 透過型　(b) 反射型

6.2.3　粉末回折計法

　粉末や薄膜, 焼結体など多結晶状の試料の場合は粉末回折法が用いられる. 単結晶 4 軸回折計などによる測定では 3 次元の逆格子空間が走査されるが, 粉末回折法では 1 次元に縮重された回折パターンが測定される.

(1) 原理と粉末回折計

　粉末回折計 (powder diffractometer) は, 粉末あるいは多結晶の試料からの回折線を測定するのに使われる装置である[25]. この装置でも特性 X 線が使われる. 原理的にはデバイ–シェラーカメラと同じであるが, フィルムの代わりに試料のまわりに回転できる計数管を用いる. 写真法に比べ, ブラッグ角と X 線回折強度を正確に求めることができ, しかも測定が迅速にできる. 粉末回折計の光学系は, 集中法の条件を近似的に満たす**ブラッグ–ブレンタノ** (Bragg-Brentano) **光学系**が用いられている. 計数管を試料回転の 2 倍の速さで回転させることにより, 試料に対する X 線の視射角と出射角はいつも等しく保たれるので, 吸収因子は後述のように, 視射角に無関係であ

る．したがって，相対強度を調べるときは吸収因子の補正が不必要になる．これは粉末回折計法が精密測定に適している理由の1つである．なお，デバイ–シェラー法では，視斜角が小さくなると吸収が大きくなる．

粉末回折計の光学系を図 6.32 に示す．粉末回折計はブラッグ角を正確に測れるゴニオメーター（測角器），スリット系，計数管とその計数回路，レコーダーなどから構成される．ゴニオメーターは集中法の条件（図 6.29）を近似的に満たすようにつくられている．X線管の焦点と計数管の前の受光スリットはゴニオメーターの回転軸を中心とした一定の円（ディフラクトメーター円という）上にある．つまり X 線の焦点から回転中心までの距離と回転中心から受光スリットまでの距離を等しくする．粉末試料の面を X 線の焦点と受光スリットを通る円（焦点円という）に沿うように配置して，試料に発散的に入射した X 線を，回折したのち，受光スリットの位置に集束させる．試料と計数管をゴニオメーターの中心軸のまわりに 1 : 2 の速度比で $\theta - 2\theta$ 回転すると，試料面はつねに焦点円に接するが，焦点円の大きさはブラッグ角とともに変化し，ブラッグ角が大きくなるに従い小さくなる．試料の形状は実際には平面として近似する．このようにしても，入射線の発散角

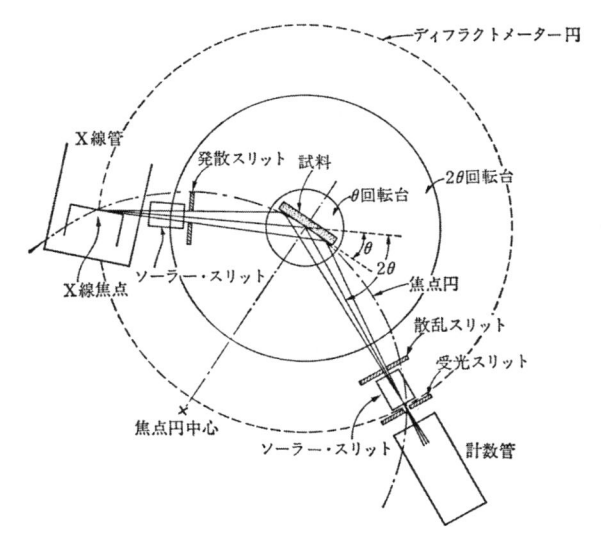

図 6.32　粉末回折計の光学系

を制限する役目をもつ発散スリットを適当に選べば，集束条件はほぼ満たされる．

スリット系は図 6.33 のように，入射線側にソーラー (Soller) スリットと発散スリット，回折線側に散乱スリット，ソーラースリットと受光スリットが順に置かれる．回折線側のスリット系は計数管がのっているアーム上にあり，計数管とともに回転する．発散スリットは試料への入射線の発散角を制限する．受光スリットは光学系の分解能を決める．散乱スリットは空気などによって散乱される X 線を防ぐためのものである．ソーラースリットは多数の薄い金属板を，スペーサーをはさんで狭い間隔で，層状に重ね合わせたものである．これによりビームの発散角をしぼり，断面が縦に長い平行線束をつくることができる．粉末回折計では開口角が $0.5° \sim 4°$ ぐらいのものが用いられる．長尺の平行スリットとよばれるものでは $0.03° \sim 0.05°$ ぐらいになる．入射線側と回折線側に置かれた 2 個のソーラースリットによって散乱面にほぼ平行な X 線ビームだけが利用される．

粉末回折計には，散乱面が水平面内にある横型と，鉛直面内にある縦型とがある．ゴニオメーターの半径は 150 mm，185 mm などがあり，2θ 回転の精度は，よいもので $\pm 0.01°$，簡易型で $\pm 0.1°$ 程度である．ゴニオメーターの上には，試料を高温・低温にする装置，繊維試料を延伸する装置など各種のアタッチメントを搭載できる．粉末試料の作成法はデバイ–シェラー法の場合と同じであって，やすりでけずるか，乳鉢や機械ミルを用いて細かく粉砕する．粒子の平均径は定性分析では数十 μm 以下にする．定量分析では数 μm $\sim$ 10 μm 程度が適当であり，粉末を指ですり合わせたとき，異物のない滑らかな感じが目安になる．粒子を構成する微結晶が粗大であるとデバイリ

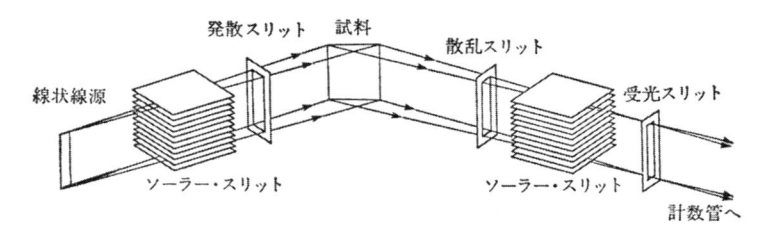

図 **6.33** 粉末回折計のスリットの配置

ングがスポット状になる．一方，0.1 μm 以下の微結晶では，微結晶内の回折にあずかる格子面の枚数が少なく，ラウエ関数 (4.13) によってデバイリングの幅が広がる．粉砕の際，結晶に歪みが導入されると，デバイリングの幅が広がるので，熱処理によって歪みを除くこともある．また粉砕により結晶が相転移を起こして構造が変わることもあるので注意が必要である．

試料板はアルミニウムやガラス製で，それにあけてある四角（〜 20 × 16 mm²）の窓あるいは凹みに粉末試料を充填する．試料は試料板にくっつく程度に押し込み，表面を平らにする．圧力が大きすぎると，配向性のある試料では，特定の格子面が特定の方向を向くように結晶粒が集合する，いわゆる**選択配向** (preferred orientation) が起きる場合がある．試料の厚さは少なくとも $1/\mu$ 以上ある方がよい．試料が微量の場合には S/N 比を高くするために無反射板を用いる．これは石英やシリコンの結晶板で，2θ 回転の範囲内に回折ピークが現われないように切り出されており，バックグラウンドが少ない．結晶粒の集合体である多結晶の板状，塊状の試料は，適当な大きさに切断し，表面の凹凸をなくし，試料板の位置と同一面上にマウントする．

回折に寄与する試料の厚さについて見てみる．図 6.34 のように，入射線と回折線が表面となす角は等しく，θ_B とする．入射線の断面積を S，線吸収係数を μ，試料の単位体積あたりの積分回折強度を i とすれば，深さ z における厚さ dz の層からの積分回折強度は

$$dI = i \frac{Sdz}{\sin\theta_B} \exp\left(-\frac{2\mu z}{\sin\theta_B}\right) \tag{6.23}$$

である．厚さ z の試料での積分回折強度は

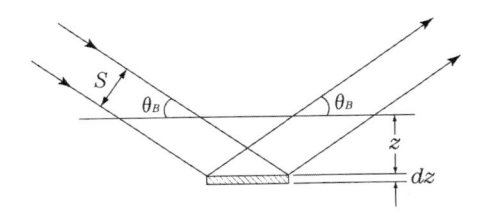

図 **6.34** 粉末結晶回折法における吸収因子

となる．

$$I_z = \int_0^z dI = i\frac{S}{2\mu}\left\{1 - \exp\left(-\frac{2\mu z}{\sin\theta_B}\right)\right\} \tag{6.24}$$

となる．深さが無限に厚いとき $(z \to \infty)$ の強度を I_∞ とおけば，

$$I_\infty = i\frac{S}{2\mu} \tag{6.25}$$

となり，吸収因子は θ_B に無関係になる．(6.24) と (6.25) から回折に寄与する X 線の有効な浸入深さは

$$z = \frac{\sin\theta_B}{2\mu}\ln\left(1 - \frac{I_z}{I_\infty}\right) \tag{6.26}$$

となる．線吸収係数 μ は質量吸収係数と密度の積であるが，粉末試料の密度はバルクの密度に充填度を掛けたものになる．いま Si 粉末の充填度を 0.5，$I_z/I_\infty = 0.99$ とすれば，CuKα 線に対して $\theta_B = 30°$ のとき $z = 0.15\,\mathrm{mm}$，$\theta_B = 60°$ のとき $z = 0.26\,\mathrm{mm}$ である．

　X 線管は線状焦点を用い，焦点の長手方向が散乱面に垂直になるようにする．入射線側には Kβ 線を除くフィルターを入れる．精密な測定の場合には，受光側の散乱スリットの後に湾曲分光結晶を置き，単色化した回折線だけを通すとともに蛍光 X 線やコンプトン散乱などのバックグランドを低減させる．

　回折線の位置，形，強度などは，試料の結晶構造や化学組成のほかに，結晶性の度合いや 2 次組織の影響も受ける．また，余分の回折線が現われることもあるが，その原因としては試料に不純な混合物が入っていたり，相転移が存在したりすることなどがある．また Kβ 線はフィルターによって除去するが，それでも完全にとりきれず回折線をつくることがある．古い X 線管のターゲットにはフィラメントのタングステンが蒸着し，W の L 線が回折線に現われることもある．

（粉末結晶の積分回折強度と定量分析）

　デバイ–シェラー法とディフラクトメーター法におけるローレンツ因子 L は，カメラ半径あるいはディフラクトメーター円の半径を R，デバイリングに沿って実測する弧の長さ（スリットの高さ）を l とすれば

$$L = \frac{\lambda^3 l}{16\pi R \sin^2\theta_B \cos\theta_B} \tag{6.27}$$

で与えられる．したがって，デバイリングの単位長さあたりの積分反射強度は (4.56) から

$$I_{hkl} = \frac{I_0 r_e^2 \lambda^3}{32\pi R} \frac{V}{\nu_c^2} m \frac{1+\cos^2 2\theta_B}{\sin^2\theta_B \cos\theta_B} |F_{hkl}|^2 \exp\left(-2B\frac{\sin^2\theta_B}{\lambda^2}\right) A(\theta_B) \tag{6.28}$$

となる．ここで，m は多重度 (multiplicity factor) を表わす（1.1.2 参照）．これは結晶の対称性により同じ格子面間隔の格子面の回折が重なることを考慮する因子で，例えば，立方晶の場合，{333} の同等な面と {511} の同等な面（(511)，(151)，(115) など）による反射は重なり，$m = (1+3) \times 8$ となる．

回折にあずかる試料の体積 V はふつう吸収に関係する．ディフラクトメーター法において表面が平らな試料で反射型の場合，試料の厚さが十分に厚いとすれば，積分回折強度は (6.25) のようになり，X 線の照射体積が一定になるので吸収因子は θ_B に無関係になる．結局，(6.28) で V の代わりに $S/(2\mu)$ を入れればよいことになる．すなわち

$$\boxed{I_{hkl} = \frac{I_0 r_e^2 \lambda^3}{64\pi R} \frac{S}{\mu \nu_c^2} m \frac{1+\cos^2 2\theta_B}{\sin^2\theta_B \cos\theta_B} |F_{hkl}|^2 \exp\left(-2B\frac{\sin^2\theta_B}{\lambda^2}\right)} \tag{6.29}$$

ここで粉末回折計の場合，実際にどのぐらいの強さの回折強度が得られるのか数値的にあたってみる．$R = 12\,\text{cm}$ のディフラクトメーターを用い，CuKα 線 ($\lambda = 0.154\,\text{nm}$) で，Al の粉末回折図形における (111) 反射の積分回折強度を計算する．

$r_e^2 = (2.82 \times 10^{-15}\,\text{m})^2 = 7.95 \times 10^{-30}\,\text{m}^2$，$\nu_c = a^3 = (0.405\,\text{nm})^3 = 6.64 \times 10^{-29}\,\text{m}^3$，$F_{111} = 4f_{111} = 34.6$，$e^{-M} = 0.93$，$\theta_B = 19°14'$，$m = 8$，$\mu = 1.31 \times 10^4\,\text{m}^{-1}$ ($\mu/g = 4.86\,\text{m}^2/\text{kg}$, $\rho = 2.70 \times 10^3\,\text{kg/m}^3$)

これらの数値を用いれば (6.29) は，I_{111} [energy/sec]/I_0 [energy/(sec·m^2)]/S[m^2] $= 3.2 \times 10^{-3}$ となる．I_{111} はいまの場合，デバイリングの単位長さあたりに回折されるエネルギーを表わしているから，検出器のスリットの高さを 0.5 cm とすれば，回折線と入射線の毎秒あたりの光子数

の比は 1.6×10^{-5} となる．したがって，入射 X 線の強度として試料に毎秒 10^8 個の光子が入射すれば，検出器は毎秒 1.6×10^3 個の光子を受けることになる．

　粉末回折図形から混合物の成分比や固溶体の各相の濃度比などを決めることができる．検出限界は試料の種類や状態によって大きく変わり，$10^{-1} \sim 10^{-3}$ 程度である．これは回折線の積分強度を利用するもので，ある成分の回折強度がその成分の試料中での含有量に比例関係をもつということに基づいている．実際には，注目する成分が単独で存在する場合の回折強度との比較測定によったり，試料に適当な標準物質を一定量添加して，標準物質の回折強度との比較測定によったりして求めることが多い．なお固溶体の場合は，溶質の濃度と格子定数の間に一定の関係があるので，その関係があらかじめ分かっていれば，次節のような格子定数の精密測定からその濃度が分かる．

(2) 平行ビーム光学系の利用

　ふつうの粉末回折計法で用いられるブラッグ・ブレンタノの集束条件を満たす光学系は，発散ビームによって比較的高い分解能が得られ，強度がかせげる．しかし，試料表面が関わる偏心誤差が生じたり，回折プロファイルが非対称になったりする分解能を落とす要因がある．このような欠点を除き，もっと高い分解能を得るには，平行ビーム光学系が用いられる．その一例を図 6.35 に示す．入射側に結晶分光器と垂直発散制限用のソーラースリットを置き，単色性とともに平行性の高いビームを得る．この例では放物線形状

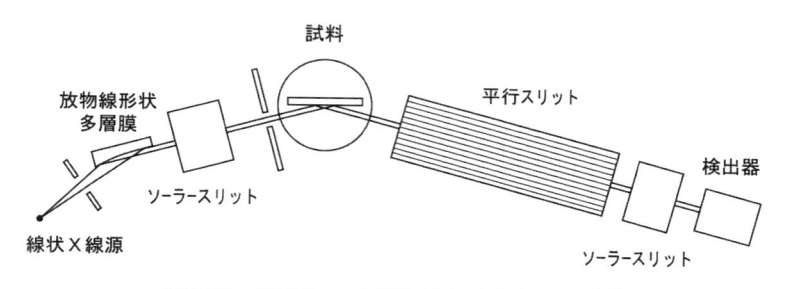

図 **6.35**　平行ビーム光学系を用いた粉末回折計 [87)]

多層膜を用いている（応用編参照）．出射側には長尺の平行スリットと垂直発散制限用のソーラースリットを置く．平行スリットの代わりに結晶アナライザーを用いる場合もある．測定強度がかなり減るので，強力X線発生装置が用いられる．

(3) 全反射の利用

図 6.36 のように X 線を全反射臨界角近傍の微小な視射角で試料表面に入射すると，試料表面に平行なエバネッセント波が伝播し，表面に直交する格子面で回折条件を満たせば，回折 X 線が表面からすれすれに出射する．回折強度曲線は $\psi/2\theta_\chi$ 走査により測定される．この場合，散乱面がほぼ表面に平行になるので，**インプレーン (in-plane, 面内) 回折**とよばれる．これに対して散乱面が表面に垂直である，ふつうの場合は out-of-plane 回折ともよばれる．インプレーン回折では，X 線が試料表面に微小な視斜角で入射するので，発散角の小さいビームの利用が必要で，上述の放物線上多層膜の光学系やポリキャピラリー (応用編参照) の光学系などが用いられる．

インプレーン回折の特徴は，1) 観測する格子面が表面に直交しており，格子面の法線がふつうの場合と 90°異なること，2) 全反射を利用しているので，X 線は試料内部に数十 Å しか入らず，基板や下地からの散乱はほとんどなく，表面近傍の情報が効率よく得られること，3) X 線入射の視斜角を全反射臨界角付近で変化させて，深さ方向の解析ができることである（2.2.4 参照）．

半導体薄膜，磁性薄膜，高分子薄膜など薄膜の解析に利用されている．

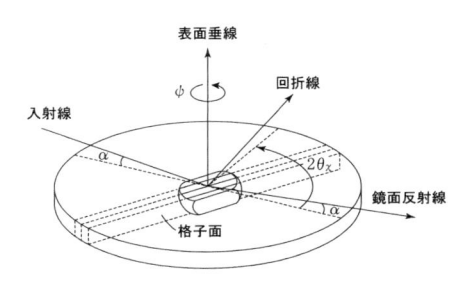

図 6.36 インプレーン回折法

6.2.4 エネルギー分散型粉末回折法 [88]

上述の回折法はいずれも一定波長の入射 X 線を用いて，回折図形が角度の関数として測定される角度分散型である．一方，エネルギー分散型では，連続 X 線を用いて試料と検出器を固定したまま，散乱角 $2\theta_B$ が一定の条件で，回折図形が X 線のエネルギーの関数として測定される．X 線源として W X 線管の連続 X 線や放射光が用いられる．一定方向から入射した X 線が一定方向に回折されるときの X 線のエネルギーがエネルギー分解能をもつ半導体検出器 (SSD) で分析される．ブラッグ条件の式に含まれる波長 λ をエネルギー E に書き換えると

$$\boxed{Ed\sin\theta_B = \frac{hc}{2}} \tag{6.30}$$

あるいは

$$E[\text{keV}]d[\text{nm}]\sin\theta_B = 61.99 \tag{6.31}$$

となり，各ピークのエネルギーからそれに対応する格子面が直ちに分かる．X 線エネルギーあるいは X 線波長とブラッグ角の関係を図示したのが図 6.37 である．図で角度分散型回折法は縦軸に平行な線上を走査することに対応し，エネルギー分散型回折法は横軸に平行な線上を走査することに対応する．格子面間隔の微小な変化は角度分散型では高角度側で精度よく測られるが，エネルギー分散型では高エネルギー側になる．エネルギー分散型は粉末結晶のほか，液体，非晶質固体などからの回折図形の測定に用いられる．また，散乱角が一定であるために，超高圧，高温，極低温などの特殊な条件下の実験に適している．

エネルギー分散型の粉末回折における積分回折強度はつぎのように与えられる．

$$I_{hkl} = I_0(E_{hkl})\,m\,\frac{1+\cos^2 2\theta_B}{\sin^2 2\theta_B \cos\theta_B}|F_{hkl}|^2 \exp\left(-2BE_{hkl}^2\frac{\sin^2\theta_B}{h^2c^2}\right)A(E_{hkl}) \tag{6.32}$$

ここで，$I_0(E_{hkl})$ は回折線 hkl のエネルギー E_{hkl} での入射強度，m は多重度，$A(E_{hkl})$ は吸収因子である．

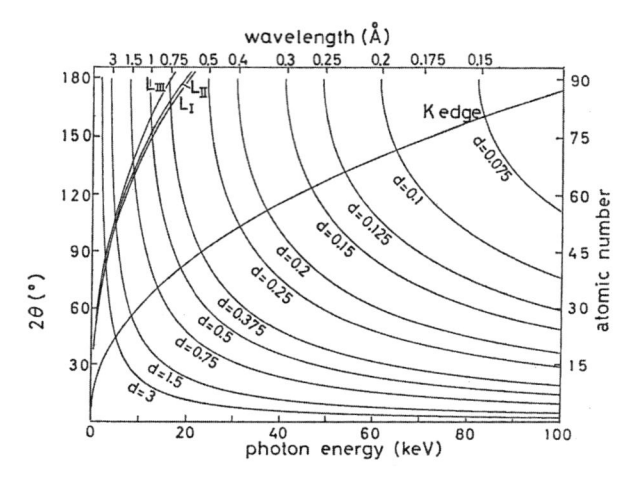

図 6.37 角度分散型とエネルギー分散型の回折法における X 線エネルギーとブラッグ角の関係

6.2.5 粉末回折図形の解析

粉末回折図形は材料評価に役立つ．回折線全体の角度位置から結晶構造の解析や同定ができる．回折線の位置のずれから格子歪みが，回折線の幅から格子の乱れが分かる．また回折線強度の試料方位による変化から結晶の配向度が分かる．一方，非晶質ハローの場合には動径分布関数が得られる．ハローと回折線が混在していれば，その割合から結晶化度が分かる．

(1) 粉末回折図形の指数づけ

はじめに，デバイ–シェラーカメラやディフラクトメーターを用いて得られる粉末結晶や多結晶の回折図形において各回折線のブラッグ角を求める．デバイ–シェラー法の場合，回折図形は透過ビームの入射点の両側に対称的になるから，カメラの半径を R とし，フィルム上で同じデバイリングに属する 2 本の回折線の間の距離 U を測れば，

$$U = 4R\theta_B \tag{6.33}$$

の関係からブラッグ角 θ_B が求まる．一方，ディフラクトメーター法では，自動化している場合が多い．

格子定数 $(a, b, c, \alpha, \beta, \gamma)$ が分かっている試料の場合は，各指数の面間隔が (1.2) から計算できるから，これと実測で求めた面間隔を比較すれば，各回折線の指数づけをすることができる．

結晶構造が未知の場合は，はじめに結晶系を仮定し，各回折線に指数を当てはめてみる．その手順をくり返し，指数づけがうまくできれば，仮定した結晶系から単位格子の形がわかり，回折線の角度位置と指数から単位格子の大きさ（格子定数）がわかる．指数づけの作業は，立方，正方，六方晶系についてはチャート（図表）を使って比較的容易に行なうことができるが，複雑な結晶系では，既知の回折データとの照合によって決めることが多い．

立方晶系に対して格子面間隔 d_{hkl} は

$$\frac{1}{d_{hkl}^2} = \frac{h^2 + k^2 + l^2}{a^2} \tag{6.34}$$

で与えられる．これから

$$\log d_{hkl} = \log a - \frac{1}{2}\log\left(h^2 + k^2 + l^2\right) \tag{6.35}$$

となるので，$\log d_{hkl}$ と $\frac{1}{2}\log\left(h^2 + k^2 + l^2\right)$ のものさしをつくり，図 6.38 のように逆向きに並べる．この場合は NiO の指数づけの例である．互いにスライドさせて上下の線が一致すれば，おのおのの d_{hkl} に対応する指数 $(h\ k\ l)$ が決まる．その際，観測された線はすべて h, k, l からつくられる整数の系列のうちのどれかに一致しなければならない．さらに，対応のある整数の系列の種類から立方格子のうち単純，体心，面心のどのブラベー格子に属するかが決められる．図 6.39 は 4 種の立方格子について実際に観測される回折線の位置を図示したものである（4.4.1 参照）．図 6.38 の結晶の

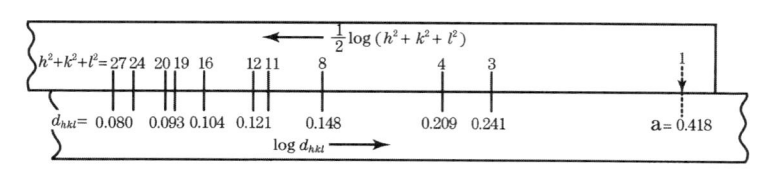

図 **6.38** 立方晶系の場合の指数づけ　NiO ($a = 0.418$ nm) の例

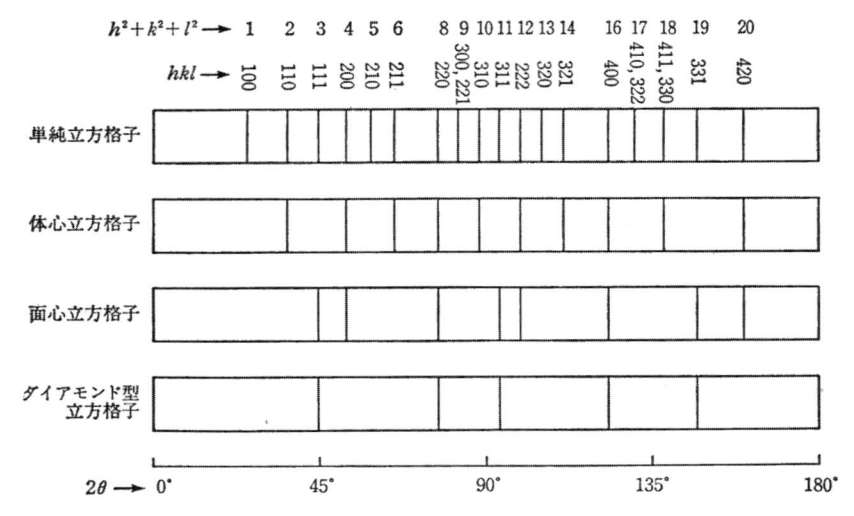

6.2 粉末結晶・多結晶の基本的な回折法　239

図 **6.39** フィルムまたは記録紙上に記録された粉末回折図形の回折線の位置　立方晶系で $a = 0.350\,\mathrm{nm}$ の結晶を CuKα 線によって観測した場合で，420 反射まで示している．

場合は面心立方に属することが分かる．$\frac{1}{2}\log\left(h^2 + k^2 + l^2\right)$ のものさしで $h^2 + k^2 + l^2 = 1$ に向き合う $\log d_{hkl}$ のものさしの読みが $\log a$ を与える．いったん各回折線の指数が決まれば，ブラッグ角の大きい回折線を用いて高い精度で格子定数 a を求めることができる．

　試料が立方晶系に属さないときは，他の結晶系を検討しなくてはならない．正方，六方晶系に対して格子面間隔は (1.2) に与えられている．これらの関係をチャートにすると指数づけに便利である．格子定数 a を一定として軸率 c/a を変えたときの d_{hkl} の変化を，c/a と $\log d_{hkl}$ を座標にとってチャートに表わしたものにハル–デービィ (Hull-Davey) のチャートとバン (Bunn) のチャートがある．後者は前者のチャートで d_{hkl} の小さいところで線が密集しているのを改良したものである．正方晶系について見れば，

$$\frac{1}{d_{hkl}^2} = \frac{h^2 + k^2}{a^2} + \frac{l^2}{c^2} \tag{6.36}$$

の両辺の対数をとって

$$2\log d_{hkl} = 2\log a - \log\left\{h^2 + k^2 + \frac{l^2}{(c/a)^2}\right\} \tag{6.37}$$

となる．任意の 2 つの面間隔 d_1, d_2 の間には

$$2(\log d_1 - \log d_2) = -\log\left\{h_1^2 + k_1^2 + \frac{l_1^2}{(c/a)^2}\right\} + \log\left\{h_2^2 + k_2^2 + \frac{l_2^2}{(c/a)^2}\right\} \tag{6.38}$$

の関係があり，$\log d_1 - \log d_2$ は c/a とそれぞれの面の $(h\,k\,l)$ のみによることがわかる．解析例を，図 6.40 に示す．図の右側にあるように，実測した d_{hkl} から $\log d_{hkl}$ を目盛ったテープをつくる．それを正方晶系に対するバンのチャート上におき，上下左右にずらせて，すべての実測値がチャート上の線と一致するところを探せばよい．図は尿素の回折データーをテープにプロットし，チャート上の正しい位置においたところを示している．なお，

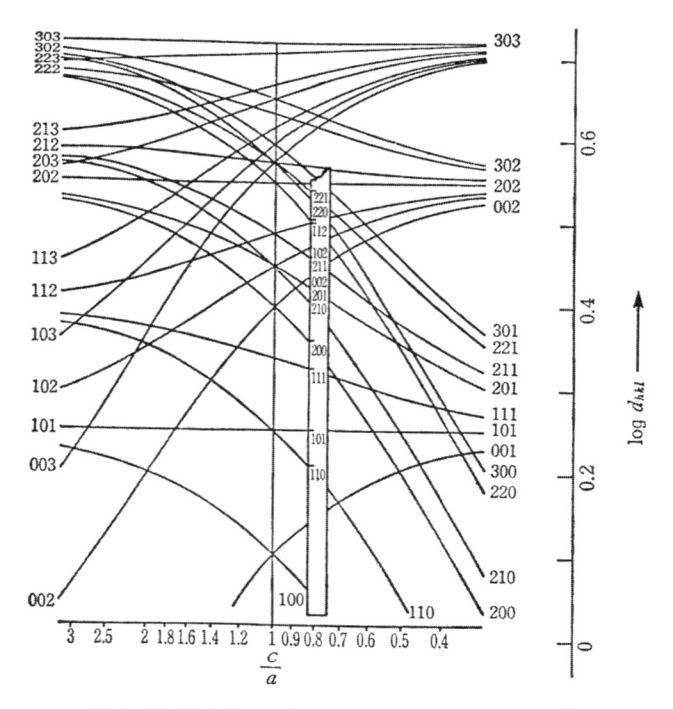

図 **6.40** 正方晶に対するバンのチャート　尿素の例[3]

立方晶系の場合は，正方晶系に対するチャートで $c/a = 1$ のところを使ってもよい．

(2) 未知物質の同定

粉末結晶の回折図形からその物質が何であるかを決めることができる．まず未知物質の回折図形から各回折線のブラッグ角 θ_B を求め，それに対応する格子面間隔 d を計算する．これらの回折データを多数の既知データと比較して，一致するものを見出す．このように未知と既知のデータを比較対照して物質を決める方法を**同定** (identification) とよぶ．

ハナワルト (Hanawalt) **法**では，まず未知物質の面間隔と回折 X 線の相対強度 I_{hkl}/I_0 を調べ，はじめに積分回折強度の大きい順に 3 本の回折線をとり出し，その面間隔を既知物質のデータ集から検索し，一致した場合はさらにそれ以外の強度の大きい 5 本について照合する．このようにデータを比較する際，測定条件，例えば X 線の波長，吸収因子や消衰効果などによって回折線の強度比が変わることがあるから注意が必要である．

無機・有機物質の数十万件に及ぶ回折データが国際回折データセンター (International Centre for Diffraction Data, ICDD) の Powder Diffraction File (PDF) に分類・整理されている．以前は JCPDS (Joint Committe on Powder Diffraction Standards) カードや ASTM (American Society for Testing Materials) カードが用いられていた．PDF の記載の一例を表 6.2 に示す．最上欄に PDF 番号，化学式，物質名とデータの信頼度を表わす印が記されている．以下順に実験条件，結晶学的データ（結晶系，空間群，格子定数，単位格子内の分子数など），光学データなどと備考（出典など）が記載された後，X 線回折データの回折線の格子面間隔，その相対強度とミラー指数が列記してある．検索にはコンピューターのソフトウェアが利用できる．索引書も使われ，それには物質名のアルファベット順（無機化合物，有機化合物，鉱物に分類）や最強の回折線の面間隔順のものがある．この同定法は，結晶性の物質が対象であり，化合物の相や多形を区別できる．しかし，微量の混合物は分析できない．

表 6.2　PDF の記載例　LaMnO$_3$ の場合[89]

```
                                                    000351353.txt
------------------------------------------------------------------
00-035-1353                                                 QM=*
LaMnO3.00
Lanthanum Manganese Oxide
------------------------------------------------------------------
Rad: CuKa        Lambda: 1.5418     Filter:         d-sp: Diff.
Cutoff:          Int: Diffractometer                I/Icor:
Ref. Abbattista, F., Borlera., Ceram. Int., 7, 135 (1981)
------------------------------------------------------------------
Sys: Orthorhombic                   S.G.: Pbnm (62)
a: 5.537         b: 5.741           c: 7.694        A:           C:
A:               B:                 C:              Z:
mp:
Ref. Ibid.
Dx:              Dm:                SS/FOM: F25=30 (.015, 54)
------------------------------------------------------------------
The solid La Mn O3.07 (prepared in air at 1100 C) starts losing oxygen in C O
at 350 C and after approximately 30 hours is reduced to La Mn O3.00. C.D.
Cell: a=5.741, b=7.694, c=5.537, a/b=0.7462, c/b=0.7197, S.G.=Pnma (62). PSC:
oP?. Mwt: 241.84. Volume[CD]: 244.58.
------------------------------------------------------------------
   d A    |  Int  |   h  k  l   ||    d A    |  Int  |   h  k  l
  3.9830     25       1  1  0       1.7570      20       3  1  0
  3.8440     10       0  0  2       1.7320       5       1  1  4
  3.5370     20       1  1  1       1.7120       3       3  1  1
  2.8700     35       0  2  0       1.6370      20       1  3  2
  2.7680    100       2  0  0       1.5980      35       3  1  2

                     1  1  2                            0  2  4
  2.6890     15       0  2  1       1.5790      20       2  0  4
  2.3730      3       2  1  1       1.5740      20       2  2  3
  2.3000     16       0  2  2       1.4790      10       1  3  3
  2.2450     20       2  0  2       1.4360       5       1  1  5

  2.1550      5       1  1  3                            0  4  0
  1.9930     30       2  2  0       1.4110       5       0  4  1
  1.9230     25       0  0  4       1.3840      25       4  0  0
  1.7690      5       2  2  2                            2  2  4
  1.7610     20       1  3  1
------------------------------------------------------------------
```

(3) 格子定数の精密測定

ブラッグ条件の式を微分した式

$$\frac{\Delta d}{d} = -\cot\theta \cdot \Delta\theta + \frac{\Delta\lambda}{\lambda} \tag{6.39}$$

から分かるように，格子面間隔の測定誤差 Δd は回折角の測定誤差 $\Delta\theta$ に依存している．また用いる特性 X 線の波長広がりの相対値 $\Delta\lambda/\lambda$ が 10^{-4} 程度あることによるピーク値の不正確さが限界を決めている．

(6.39) で $\Delta\lambda$ を無視すれば，Δd は θ が 90° に近づくほど小さくなる．そのため格子定数を精密に求めるには θ が 90° に近い高角度の回折線を用い

る．したがって，90°に近い高角度の回折が得られるような波長の特性X線を選ぶ必要もある．これにより格子定数を 10^{-3} nm ぐらいの精度で求めることができるが，さらにつぎのように 90° に外挿すれば 10^{-5} nm ぐらいまで求まる．

（外挿法）

デバイ–シェラーカメラを用いて測定する場合，$\Delta\theta$ のおもな原因はフィルムの収縮，カメラ半径の不正確さ，試料位置が回転中心からずれる偏心誤差，試料による吸収である．これらの $\Delta\theta$ への影響を考慮すると，θ の大きいところで立方晶系に対して

$$\frac{\Delta a}{a} = K \cos^2\theta \qquad (K：定数) \tag{6.40}$$

の関係があるので，θ が 90° に近づくと Δa はゼロに近づく．したがって外挿法によって格子定数 a が精密に求まる．すなわち a を縦軸に $\cos^2\theta$ を横軸にとり，多くの高角度の回折線について格子定数を $\cos^2\theta$ の関数としてプロットし，$\theta = 90°$ に直線的に外挿すればよい．吸収が系統誤差の主な原因である場合は，

$$\frac{\Delta a}{a} = K' \frac{1}{2}\left(\frac{\cos^2\theta}{\sin\theta} + \frac{\cos^2\theta}{\theta}\right) \qquad (K'：定数) \tag{6.41}$$

の関係があり，同様に外挿法で求まる．

（内部標準法）

誤差をとり除くために，格子定数が正確に分かっている標準試料を混合して，標準試料のブラッグ角から未知試料のブラッグ角を知る方法もある．標準試料としては，Al ($a = 0.404100$ nm)，Si ($a = 0.541959$ nm)，W ($a = 0.315884$ nm) などが使われる．ゼーマン–ボーリンカメラやギニエカメラを用いれば，鋭い回折線が得られ，角度分解能が高いので，高精度の格子定数の測定ができる．

なお，粉末回折図形の構造解析の手法であるリートベルト法やポーリー法など（応用編参照）においては，解析の過程で精密化した格子定数が得られる．

(4) 微結晶サイズの評価

撮影されたデバイリングの様子から試料の結晶状態が判定できる．試料を構成する粒子は 1 つあるいはいくつかの結晶 — 微結晶 (crystallite) — からなる．微結晶の大きさはつぎのように解析される．微結晶がかなり粗いときには，デバイリングはスポット状であるが，細かくなるにしたがい，滑らかになる．微結晶が非常に細かく ($0.1\,\mu m$ 以下) なると，ラウエ関数が効いてデバイリングは幅が広くなる．これから微結晶の大きさを見積もることができる．回折線の発散角の関係は，シェラー (Scherrer) の式で与えられる．

$$D = \frac{K\lambda}{\beta \cos \theta_B} \tag{6.42}$$

ここで，D は微結晶の回折面に垂直方向の平均のサイズ，K は微結晶の形に依存する定数 (crystallite shape constant) で，外形が立方体のとき $K = 0.94$ である．β は回折線の半値幅（ラジアン）である．またデバイリングに沿っての X 線強度の分布から微結晶に含まれる歪みや微結晶の選択配向などが分かる．なお，リートベルト法でも解析の過程で微結晶の大きさの情報が得られる．

非晶質になると，デバイリングの幅はさらに広がって，ハロー状になる．したがって，結晶化度についての情報も得られる．

第 7 章

X 線光源 I

　X 線光源としては，ふつう X 線管 (X-ray tube) が用いられる．これには封入型 X 線管や大強度の X 線が得られる開放型の回転陽極 (rotating anode) X 線管（回転対陰極 X 線管とよぶことも多い）などがある．ラボ用 X 線光源としての X 線管の役割は，高性能の X 線検出器の発展と相まって，以前にも増して大きくなっている．一方，桁違いに大きい強度をもつ X 線源として電子蓄積リングからの放射光が利用され，放射光科学とよばれる研究分野が発展している．ここでは X 線管とこのリング型放射光光源の働きについて解説する．さらにリニアック型放射光光源として，高コヒーレントで極短パルスの X 線が得られる X 線自由電子レーザーが実現し，利用が始まっている．また，エネルギー回収型リニアックの開発も進められている．

7.1　X 線管

　レントゲン (Röntgen) が 1895 年に X 線を発見したときに使用した X 線源は，クルックス (Crookes) 管とよばれる真空放電管である．低い圧力のガス中の 2 つの電極間で放電を行なわせると，ガスがイオン化し，その陽イオンが陰極（冷陰極）に衝突して電子を引き出す．さらに，その電子が陽極にあたって X 線を発生する．この方式で構造的に X 線源に適した形にしたのがガス入り X 線管である．この X 線管は放電電流がガスの圧力によって敏感に変化する不便さがあった．1913 年にタングステン・フィラメントからの熱電子を用いる（熱陰極）X 線管がクーリッジ (Coolidge) によって開発

された．このクーリッジ管が現在もっぱら使われている．

X線管には真空に封じ切った封入型と真空排気しながら使う開放型がある．また陽極ターゲットの種類，焦点の形状とサイズ，出力の大小によって分類される．なお X 線管から得られる連続 X 線と特性 X 線のスペクトルについては 2.1.2 で記述している．

7.1.1 封入型 X 線管

(1) X 線管の構造

X 線管は 2 極真空管の構造をもっている．陰極（カソード）のタングステン・フィラメントを高温に加熱して熱電子を放射させる．電子は両極間に印加される直流の高電圧（**管電圧**）によって加速され，陽極（アノード，対陰極）の金属ターゲットに衝突し，X 線が発生する．両極間に流れる電流（**管電流**）はフィラメントを加熱する電流（フィラメント加熱電流）により変えられる．ターゲットにあたる電子のエネルギーは大部分熱になるので，ターゲットには融点が高く，熱伝導率のよい金属が選ばれる．さらに，X 線回折に適した固有 X 線の波長を考えて，ターゲットとして Cr, Fe, Co, Cu, Mo, Ag, W などが使われる（表 2.1 参照）．ふつうの X 線回折・散乱実験では封入管がよく使われる．その構造を図 7.1 に示す．陰極のフィラメントを囲むウェネルト円筒をフィラメントと同電位に保ち，それのつくる電場によって電子線を収束させ，焦点を絞る．ターゲットは裏面からジェット状の

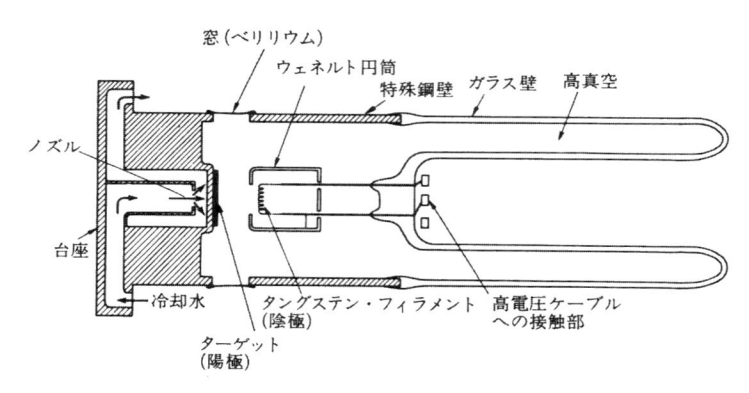

図 **7.1** 封入型 X 線管の断面図

水で冷却される．通常，冷却水が通じるターゲットの陽極を接地し，陰極に負の高電圧を印加する．X線の窓は四方に設けられ，透過率のよいベリリウムの薄板（厚さ $0.25 \sim 0.3\,\mathrm{mm}$）が張られている．

(2) 焦点の形状とサイズ

　X線管のターゲット面は入射電子のビームに対して垂直に向いているのが一般的である．ターゲット面にすれすれの方向から約 $12°$ の方向までの範囲に放射された X 線が窓を通して取り出される．そのうち，取り出し角 (takeoff angle) $5 \sim 6°$ の方向に出たX線が用いられることが多い．X線管のフィラメントはらせん形に巻かれ，全体として線状になっており，X線の実焦点は細長い長方形をしている．焦点サイズには，ノーマルフォーカス（例えば，$1 \times 10\,\mathrm{mm}^2$），ファインフォーカス $(0.4 \times 8\,\mathrm{mm}^2)$，ブロードフォーカス $(2 \times 12\,\mathrm{mm}^2)$ などがある．

　図 7.2 のように実焦点の大きさが $1 \times 10\,\mathrm{mm}^2$ のノーマルフォーカスのとき，ターゲット面の横方向から $6°$ の取り出し角で見れば，その方向では長さが $1/10$ に縮小して見えるから，見かけ上 $0.1 \times 10\,\mathrm{mm}^2$ の線状焦点になる．縦方向からの $6°$ の取り出し角では，見かけ上 $1 \times 1\,\mathrm{mm}^2$ の点状焦点になる．回折計の場合は線状の実効焦点を，カメラ類では点状の実効焦点を使うことが多い．輝度の高いファインフォーカスは，集光光学系で微小焦点が必要とされる場合などに用いられる．

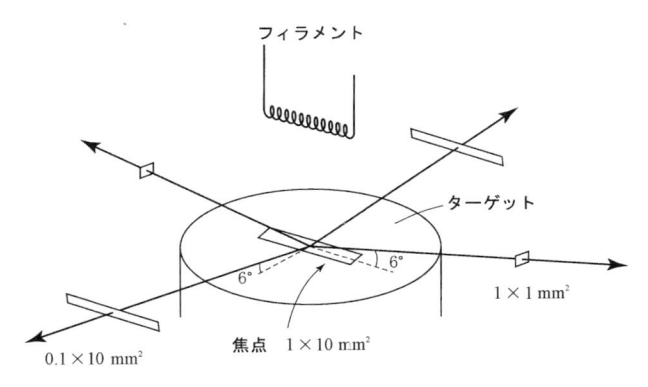

図 **7.2**　ノーマルフォーカスX線管の実焦点と実効焦点のサイズ

(3) X線管の許容負荷と輝度

X線の発生効率はきわめて低く，ターゲットに加えたパワーの1％以下にすぎない．99％以上は熱に変わるので，X線管にかけられる負荷電力の大きさはその熱をいかに放散させるかによって，つまりターゲットの冷却効率で決まる．管電圧と管電流の使用条件はその積がX線管の最大許容の負荷電力（最大出力）を越えないように選ばれる．また，X線管の輝度は焦点の単位面積あたりに発生するX線強度をいうが，ふつう単位面積あたりの許容負荷電力で比較される．Cu管の場合，許容負荷電力はノーマルフォーカスで2kW程度であり，輝度は$0.2\,\mathrm{kW/mm^2}$である（表7.1）．輝度は焦点サイズにほぼ逆比例するので，焦点サイズを小さくすれば，輝度が増大する．

管電圧と管電流の許容範囲について見ると，管電圧の高い方はX線管の耐電圧によって制限され，ふつう60kVである．低い方はフィラメント電流による制限がある．ごく低い管電圧で大きい管電流を得ようとすれば，より大きなフィラメント電流が必要で，フィラメントをさらに加熱するためフィラメントの寿命が短くなり，またターゲットがタングステンの蒸着で汚染されやすい．長期間使用したX線管は，フィラメントのタングステンがターゲット表面に蒸着しているので，X線スペクトル中にタングステンのLα特性線が現われる．回折線の指数づけなどの場合，余分な回折線が現われるので注意を要する．

(4) X線管の選択

回折・散乱実験に用いるX線の波長は，回折図形などの解析がしやすいように選ばなければならない．それには試料からの蛍光X線によるバックグラウンドを小さくする必要がある．ターゲット物質のKα線は，波長がターゲット物質自身のK吸収端よりわずかに長いので，同じ原子番号の物質に

表 7.1 Cu X線管の仕様例 [90]

焦点の形状	焦点のサイズ ($\mathrm{mm^2}$)	最大出力 (kW)	輝度 ($\mathrm{kW/mm^2}$)
ファインフォーカス	0.4 × 8	1.5	0.47
ノーマルフォーカス	1 × 10	2.0	0.20
ブロードフォーカス	2 × 12	2.7	0.11

は吸収されにくい．しかし原子番号が2〜3だけ小さい物質に対しては，それらの物質の吸収端よりわずかに短いので，X線は吸収され，その結果，蛍光X線が強く放射される．回折実験ではCu管がよく使用されるが，試料がFe，Coを含むときは，試料からの蛍光X線によるバックグラウンドの増大に注意を要する．また，波長の選択においては回折角の大きさや試料によるX線の透過能も考える必要がある．Mo管，Ag管は特性X線の波長がCu管に比べて短く回折角が小さいので，高次の反射までとれる．また単位格子が小さい結晶の解析に適している．さらに透過能が大きいから吸収の大きな試料を調べるのに用いられる．Fe管，Co管はFe，Coを含む合金や鉱物の研究に適している．Cr管は単位格子が大きい有機化合物やFe，Crを含む試料（例えばステンレス鋼）などに適している．W管は強い連続X線が得られるので，ラウエ法に適している．なお，蛍光X線などのバックグラウンドは，検出器の前にモノクロメーターを置くか，エネルギー分解能をもつ検出器を用いれば，管球の選択にかかわらず，除去することができる．

7.1.2 開放型X線管

(1) 回転陽極X線管

図7.3に回転陽極X線管の概略図を示す．円筒形をした陽極の金属ターゲットを回転させると，ターゲット上の電子ビーム照射により加熱した部

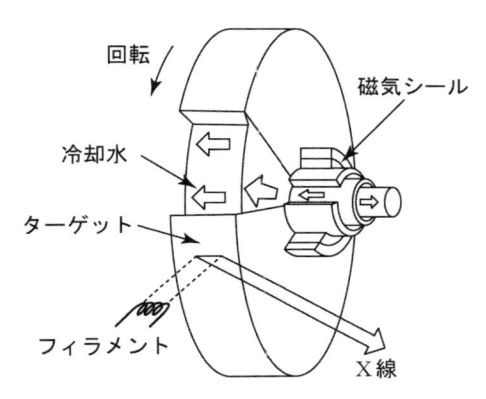

図 **7.3** 回転陽極X線管のターゲット部分の概略図 [25]

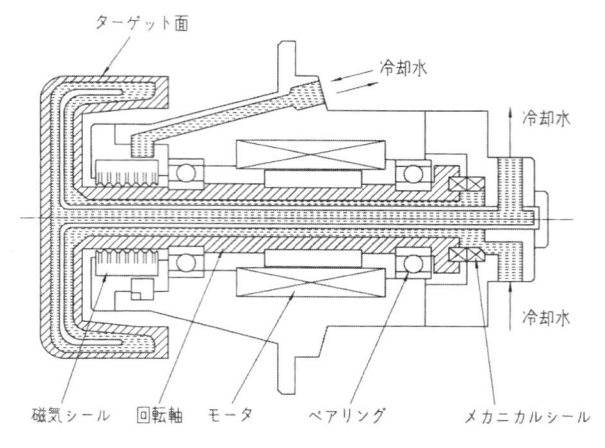

図 7.4　回転陽極 X 線管の断面図 [91]

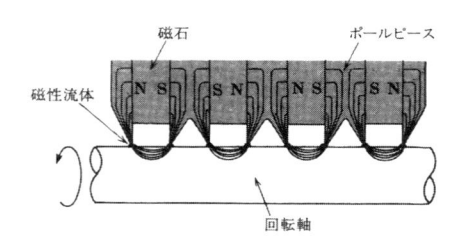

図 7.5　磁気シール（中間排気するものとしないものがある）[92]

分は次々に移動し，ジェット状の水で円筒の内側から冷却されるので，ターゲットの許容負荷を封入管の場合に比べて 1 桁以上向上させることができる．許容負荷は $\sqrt{Dn}$（D：円筒形水冷ターゲットの直径，n：ターゲットの回転数）に比例する．円筒は普及型で直径 10 cm の大きさをもち，回転数 6000 r.p.m. (revolutions per minute) で高速に回転される．回転陽極 X 線管の断面図を図 7.4 に示す．真空側と大気側は，磁性流体（非磁性の溶液に磁性体微粒子をコロイド状に分散させたもの）を用いた磁気シールを回転軸に接触させて遮断される．磁気シールは図 7.5 のように，動軸と，多数の円板状磁石とポールピースを配列した静軸との間に磁性流体を充填させてあり，機械的摩擦を生じない．磁束線がポールピースの 2 つの尖端に集中するので，磁性流体もそこに局在し，シールの働きをする．その際，中間排気を

表 7.2 回転陽極 X 線管の仕様例 [91]

	高出力型 (300 mA)	小焦点型	微小焦点型 (高輝度)	高エネルギー型 (200 kV)
最大出力(kW)	18	5.4	2.5	18
(kV)×(mA)	60×300	60×90	60×33	200×90
焦点サイズ(mm^2)	0.5×10	0.3×3	70×800 μm^2	1×10
実効焦点サイズ(mm^2)	0.5×1	0.3×0.3	70 μmΦ	1×1
輝度(kW/mm^2)	3.6	6	56	1.8
ターゲット直径(cm)	10	10	28	10
回転数(rpm)	6000	6000	9000	6000

する場合もある．磁気シールは従来使用されてきたオイルシールよりも清浄な真空を長時間，保持できる点で優れている．回転の駆動部は大気側に内蔵されており，ターゲットの回転軸に直結している．冷却水のシールにはメカニカルシールが用いられる．Cu ターゲットは全体が銅製であるが，Co や Cr などのターゲットは銅製の円筒上に $20 \sim 100\,\mu m$ の厚さで Co や Cr などがメッキされている．Mo ターゲットの場合は円筒全体が Mo だけでつくられる．X 線管の窓にはベリリウム薄板（厚さ $0.4\,mm$）が用いられる．

　回転陽極 X 線管には使用目的によって各種の仕様のものがある．表 7.2 に典型的な例を示す．高出力型では Cu ターゲット（直径 $10\,cm$，回転数 $6000\,r.p.m.$）で許容負荷電力 $18\,kW$（管電圧 $60\,kV$，管電流 $300\,mA$）のものが用いられている．焦点サイズは $0.5 \times 10\,mm^2$ で，輝度は $3.6\,kW/mm^2$ である．小焦点型では焦点サイズが $0.3 \times 3\,mm^2$ のものなどがある．さらに微小焦点型では焦点サイズが $70 \times 800\,\mu m^2$ で，実効焦点サイズは取り出し角を $5°$ として $70\,\mu m\phi$ のものなどがある．この場合はターゲットの直径を $28\,cm$ にして最大出力 $2.5\,kW$ を得て，$56\,kW/mm^2$ の高輝度化を図っている．一方，連続 X 線や硬 X 線を効率的に利用するために管電圧を $120\,kV$ や $200\,kV$ まで上げた X 線管もある．なお，許容負荷電力が大きい $30\,kW$（$60\,kV$，$0.5\,A$），$60\,kW$（$60\,kV$，$1\,A$），$90\,kW$（$60\,kV$，$1.5\,A$）などの X 線管がよく利用された時期もあったが，コストパフォーマンスの低いのが難点である．

(2) 微小焦点 X 線管

　微小焦点（マイクロフォーカス）の X 線管は，高い位置分解能の必要な

X線トポグラフィなどのイメージングや微小試料，あるいは試料の微小部での回折実験に役立つ．このX線管の構造はつぎのとおりである．フィラメントから放出された熱電子は，フィラメントとターゲットとの間に設けた陽極（アース電位）とフィラメントの間に印加された高電圧により加速され，陽極の中心に開けた孔を通過してビームに垂直に置かれたターゲットへ向かう．その際，途中にある電磁レンズによって電子ビームをターゲット上に収束させる．反射型ターゲットでは，X線がベリリウム窓を通して左右両側に取り出される．透過型ターゲットでは，電子ビームはターゲット箔に衝突し，そこで発生したX線は箔を透過して前方に取り出される．焦点サイズはWのヘアピン形フィラメントで$10\,\mu m\phi$ぐらい，LaB_6のとがったフィラメントで$3\,\mu m\phi$ぐらいに絞られる．

(3) 軟X線管

ターゲットに$3 \sim 20\,kV$の電子ビームを衝突させて軟X線を発生させる．軟X線の発生効率は，X線の場合よりさらに低い．陰極物質がターゲット面へ蒸着するとその薄膜によって軟X線が吸収を受けるので，それを防ぐため電子ビームを静電的に例えば$90°$偏向することにより，陰極と陽極ターゲットが対向しないような構造になっている．低い管電圧で大きな管電流が得られ，しかも収束性のよい電子ビームをつくるための工夫がされている（ピアス (Pierce) 型電子銃）．高出力を得るために回転陽極のターゲットも用いられる．

スペクトル線としてはAl Kα線 ($\lambda = 0.834\,nm$) が最もよく使われる．X線リソグラフィ用には，このほかPd Lα線 (0.437 nm)，Rh Lα線 (0.460 nm)，Cu Lα線 (1.33 nm)，C Kα線 (4.48 nm) などが用いられる．X線光電子分光には，Al Kα線やMg Kα線 (0.989 nm) が利用される．

7.1.3　高電圧電源

封入型X線管用の高電圧電源は，$50 \sim 60\,kV$，数十 mA の容量である．回転陽極X線管用は$200 \sim 1000\,mA$の大容量になる．高圧トランスによって昇圧された交流の高電圧は，高圧整流器によって両波整流されてから，絶

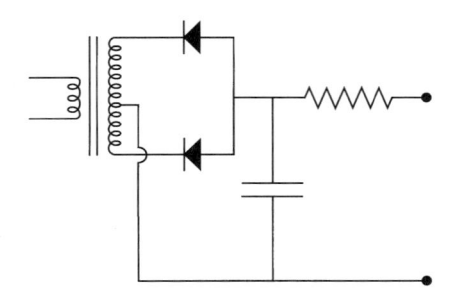

図 **7.6** 昇圧・整流・平滑の基本回路

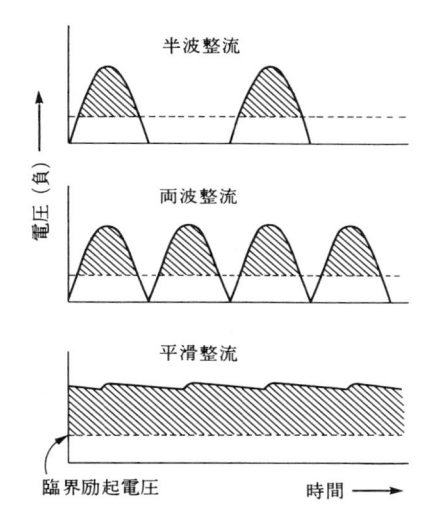

図 **7.7** X線管の管電圧の時間変化　特性 X 線の発生にはその臨界励起電圧より大きい電圧の斜線部が寄与する．

縁ケーブルを通して X 線管に供給される．図 7.6 は昇圧・整流・平滑の基本の回路である．X 線管の陽極は接地され，陰極に負の高電圧がかかる．高電圧トランスからの交流電圧が半サイクルごとに 2 つの整流器を交互に通り，負の高電圧が得られる．この両波整流された高電圧はさらにコンデンサーによって平滑化される．これらの場合の管電圧の時間変化を図 7.7 に示す．X線の発生はこの電圧の波形によって変わる．電圧が陽極金属の臨界励起電圧（表 2.1 参照）を越えたときだけ特性 X 線を発生できるので，半波整流

と両波整流の場合はパルス的に X 線が放射される．通常用いられる平滑整流の場合はほぼ一定強度の直流電圧になり，しかも前者よりも強い X 線が得られる．高出力の回転陽極の場合は 3 相 200 V で全波整流される．実際の回路では制御性を高めるため，高周波インバーター制御が行なわれる．トランスの 2 次側で電圧と電流の変動を検出して 1 次側で制御する 2 次側検出 − 1 次側制御方式では，入力電源の ±10 ％ 以下の変動に対して管電圧，管電流とも ±0.1 ％ から ±0.03 ％ 程度に安定化される．回転陽極の場合には，安定度は ±0.1 ％ から ±0.05 ％ 程度である．

7.2　放射光（シンクロトロン放射光）光源

シンクロトロン放射光は，一般に高エネルギーの荷電粒子が加速度を受けて運動するときに放射される電磁波である．円形加速器において高エネルギーの電子が磁場によって曲げられ円運動をするとき，軌道の曲率中心の方向へ加速度を受けて，軌道の接線方向へ電磁波が放射される．電子の円形加速器である電子シンクロトロン（70 MeV，軌道半径約 30 cm，アメリカ GE 社）を用いて，この可視域での放射がはじめて観測されたので（1947 年），**シンクロトロン放射光**（synchrotron radiation，略して SR）とよばれる．あるいは単に**放射光**ともよばれる．光源用の加速器としては電子の蓄積リング (storage ring) が利用される[26〜29]．

7.2.1　放射光の発生とその特性

加速度をもつ電子から光が放射されるが，この現象はつぎのように説明される（図 7.8）．電子が静止あるいは一定速度で運動している場合には光の放射はない．それはエネルギーと運動量の保存則をともには満たさないからである．しかし，この場合でも時間とエネルギーの不確定性関係により極めて短時間ならば，電子は光子を放出することができる．そのときエネルギー保存則を満たしていないので，その光子はすぐに電子に吸収されてしまう．この光子は実際には観測できない仮想的な光子である．つまり電子には仮想的な光子の雲がまとわりついていると考えられ，電子が加速度運動をすると，

7.2 放射光（シンクロトロン放射光）光源

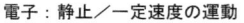

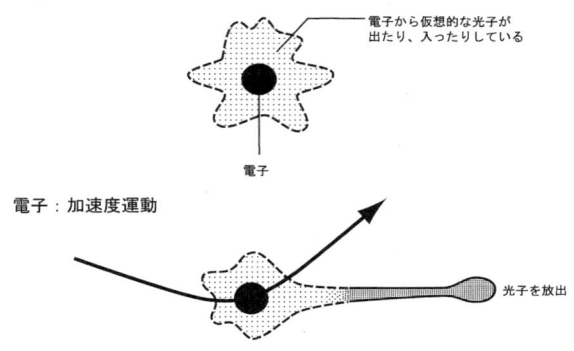

図 7.8 電子からの光子放出の概念図

この仮想的な光子 (virtual photon) の雲がはぎとられて，現実に光子が放出されることになる．X線管からの連続X線の発生のメカニズムである制動輻射と原理的には同じであるが，相対論的なエネルギーの電子の場合に得られる放射光にはX線管などの実験室光源では得られない際立った特性がある．

放射光の特性を列挙すると，つぎのとおりである．それらは後述のように理論的に計算できる．

1) 大強度/高輝度

蓄積リングの偏向電磁石部分からの放射光（偏向電磁石光源）の輝度は，電子エネルギーによるが，極紫外線から軟X線，X線，硬X線までの波長領域で従来の光源に比べて $10^4 \sim 10^8$ 倍ぐらいと桁違いに大きい．挿入光源のアンジュレーターからの放射光（アンジュレーター光源）では，輝度が偏向電磁石光源よりさらに4〜5桁高い．

2) 連続スペクトル/エネルギー選択性

偏向電磁石光源と，挿入光源のウィグラーからの放射光（ウィグラー光源）では，遠赤外線，赤外線から硬X線領域に及ぶ広大な連続スペクトルをもつ．アンジュレーター光源からは準単色光が得られる．挿入光源では磁石列の間隔（ギャップ）を変えることによりピークエネルギーを移動できる．

3) 指向性

高指向性で，ほとんど平行光に近い．発散角は数 mrad からサブ mrad である．

4) 偏光性

高度の偏光性がある．偏向電磁石光源では，主成分は軌道面内に電場ベクトルをもつ直線偏光であり，軌道面から上下に傾いた方向で楕円偏光である．挿入光源では，磁石列の配列の仕方により水平/垂直の直線偏光，左/右まわりの楕円・円偏光が得られる．

5) パルス性

一定間隔でくり返されるパルス光で，パルス幅は 0.1 ns ぐらいと極めて短い．

(相対論的な電子の運動)

ここで，放射光の特性の記述に必要な相対論的な電子の運動と特殊相対性理論におけるローレンツ変換について触れておく．

電子の速さ v が光の速さ c に極めて近く，$v/c \equiv \beta \approx 1$ の場合を扱う．電子のエネルギーを E，運動量を p，質量を m（静止質量：m_0）とすれば，つぎのような関係がある．

$$E = mc^2, \tag{7.1}$$

$$p = mv, \tag{7.2}$$

$$m = \frac{m_0}{\sqrt{1 - v^2/c^2}} = \frac{m_0}{\sqrt{1 - \beta^2}} \tag{7.3}$$

(7.1) と (7.2) から

$$E^2 = p^2 c^2 + (m_0 c^2)^2. \tag{7.4}$$

なお，電子の運動エネルギーは，全エネルギー E から電子の静止エネルギー $m_0 c^2$ を差し引いた $(m - m_0)c^2$ である（単に電子のエネルギーというときは，ふつう運動エネルギーをさす）．E は電子の静止エネルギー $m_0 c^2 (= 511\,\text{keV})$ を単位として γ（ローレンツ因子とよばれる）で表わされることが多い．γ は電子の質量の静止質量との比でもある．

7.2 放射光（シンクロトロン放射光）光源

$$\boxed{\gamma = \frac{E}{m_0 c^2} = \frac{m}{m_0} = \frac{1}{\sqrt{1-\beta^2}}}, \tag{7.5}$$

$$\gamma = 1957 E \,[\text{GeV}], \tag{7.6}$$

$$\beta \approx 1 - \frac{1}{2\gamma^2} \tag{7.7}$$

$E = 8\,\text{GeV}$ のとき，$\beta = 1 - 2 \times 10^{-9}$，電子の速さは $v = 0.999999998c$（9 が 8 個）で光の速さにきわめて近い．$\gamma = 1.6 \times 10^4$ で，電子の質量 m は静止質量 m_0 の 16000 倍になる．なお，$E = 1\,\text{MeV}$ でも $v = 0.87c$ で光の速さ近くに達しており，さらに加速されると電子の質量が増してゆくので，現象的には加速器というよりむしろ「加重器」といえる．

（ローレンツ変換）

座標系として，電子とともに運動する座標系，つまり電子に乗っている座標系である**電子静止系** (electron rest frame) と放射光を観測する座標系である**実験室系** (laboratory frame) を考える（図 7.9）．実験室系と電子静止系の空間・時間座標をそれぞれ (x, y, z, t) と (x', y', z', t') とし，電子静止系が実験室系に対して光速度 c に近い一定速度 v で $z\,(\parallel z')$ 方向に運動するとき，それらの座標系の間のローレンツ変換はつぎのように与えられる（ここではふつうと逆の形で示す）．

$$\boxed{z = \gamma(z' + \beta c t'),\ t = \gamma\left(t' + \frac{\beta z'}{c}\right),\ x = x',\ y = y'} \tag{7.8}$$

これから実験室系で測った z 方向の長さ l は，電子静止系では $l' = l/\gamma$ に縮

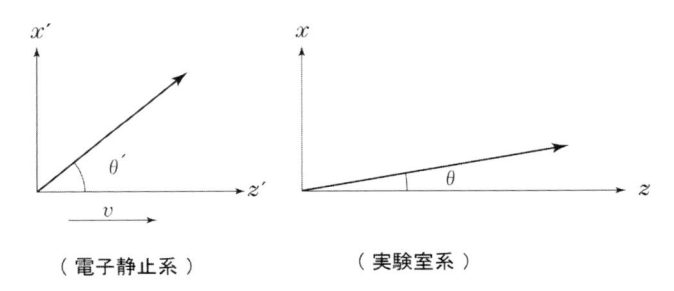

図 **7.9** ローレンツ変換のための座標系（軌道面内だけを示す）と光の伝播

むという**ローレンツ収縮** (Lorentz contraction) が導かれる．

図 7.9 のように，実験室系と電子静止系において伝播する光を考えると，光子のエネルギー ($\hbar\omega$ と $\hbar\omega'$) と運動量 ($\hbar\boldsymbol{k}$ と $\hbar\boldsymbol{k}'$) に対する変換はつぎのように与えられる．

$$\boxed{\omega = \gamma(\omega' + \beta c k'_z),\ k_z = \gamma\left(k'_z + \frac{\beta\omega'}{c}\right),\ k_x = k'_x,\ k_y = k'_y} \quad (7.9)$$

実験室系で z 軸と θ をなす方向に伝播する光は電子静止系では z' 軸と θ' をなす方向に伝播するとすれば，光子の運動量の z 成分はそれぞれ $\hbar k_z = (\hbar\omega/c)\cos\theta$ と $\hbar k'_z = (\hbar\omega'/c)\cos\theta'$ である．したがって (7.9) から角度依存の相対論的ドップラー効果の式として

$$\boxed{\omega = \omega'\gamma(1 + \beta\cos\theta')} \quad (7.10)$$

が得られる．これは

$$\omega' = \omega\gamma(1 - \beta\cos\theta) \quad (7.11)$$

のようにも表わされる．特に，光が z 軸に沿って伝播する場合 ($\theta = 0$)，$\beta \approx 1$ とすると

$$\omega \simeq 2\gamma\omega' \quad (7.12)$$

となる．

7.2.2 偏向電磁石光源

円形加速器において電子は円周上に配置された**偏向電磁石** (bending magnet) によって円形軌道を運動し，その部分から放射光が得られる（円軌道放射）．そこでこれを偏向電磁石光源とよぶことにする．

偏向電磁石内での電子の場合，軌道面に垂直方向の一様な磁場 B 中で v の速さをもつ電子が半径 R の円運動をするとすれば，半径方向で遠心力とローレンツ力のつりあいの式

$$\frac{mv^2}{R} = evB \quad (7.13)$$

が成り立ち，電子の運動量を p とすると $p = eBR$ が得られる．相対論的なエネルギーの電子では (7.4) から $E \approx pc$ を用いれば，E，R と B の間には

$$\boxed{\frac{E}{c} = eBR}, \tag{7.14}$$

$$B\,[\text{T}] \cdot R\,[\text{m}] = 3.34 E\,[\text{GeV}] \tag{7.15}$$

の関係がある．

蓄積電流 I は，n 個の電子が 1 秒間に c/S 回（S はリングの周長）周回するとすれば，$I = ecn/S$ と表わされるので，

$$n = \frac{S}{ec} I = 2.1 \times 10^{10} S\,[\text{m}] I\,[\text{A}] \tag{7.16}$$

である．SPring-8 では，$S = 1436\,\text{m}$，$I = 0.1\,\text{A}$ であるから $n = 3.0 \times 10^{12}$ 個である．

(1) 偏向電磁石光源の特性

偏向電磁石光源からの放射光の角分布，スペクトル分布と偏光性について述べる．

（角分布）

電子の速さ v が光の速さに比べて十分に小さい非相対論的な場合（$\beta = v/c \ll 1$），図 7.10(a) に示すように，円運動する電子は円の中心へ向く加速度方向を軸とした電気双極子放射を行なう．電気双極子放射に基づく放射パワーの角分布（長さが放射パワーに比例するように描く）は，特徴的な $\sin 2$ 乗型をもつ．すなわち電子の加速度方向と電磁波の伝播方向のなす角の $\sin$ の 2 乗に比例する．放射パワーは加速度方向とその逆方向でゼロ，加速度方向に垂直な面内で最大になる．一方，電子の速さが光の速さに近いとき（$\beta \approx 1$）は，図 7.10(b) のようになる．相対論的な電子が円運動している場合でも，電子静止系で見れば，放射光の角分布は上述と同じ $\sin 2$ 乗型をもつ．それが実験室系で見れば，相対論的な効果のために極端に歪む．

一般的に，相対論的な速度をもつ電子が加速度運動をして，加速度方向が電子の進行方向に対して直角な場合と平行な場合に，電子静止系と実験室系

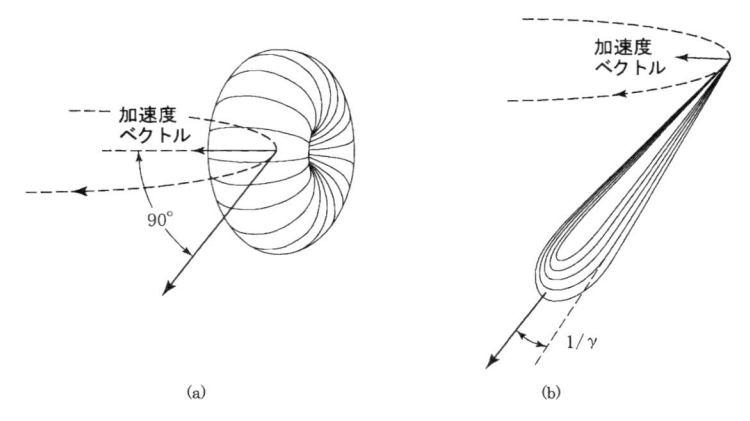

図 7.10 円軌道を走る電子から放射される電磁波のパワーの角分布　(a) 非相対論的な場合 ($\beta \ll 1$)　(b) 相対論的な場合 ($\beta \approx 1$)

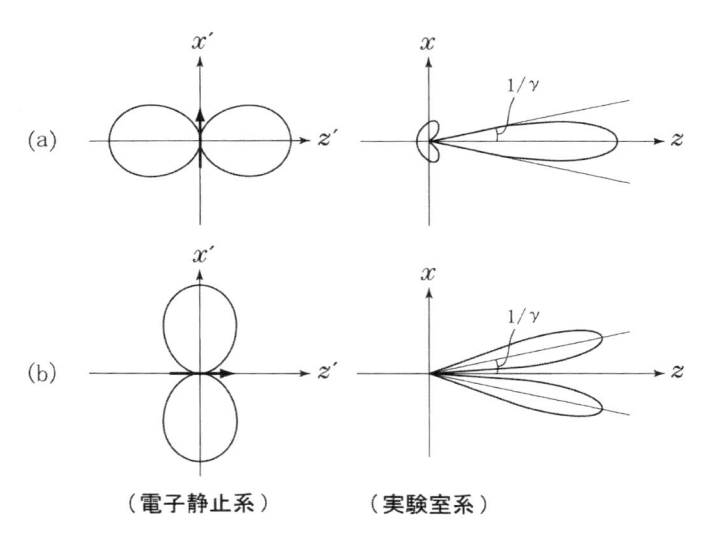

図 7.11 電気双極子放射のパワーの相対論的効果による前方収束　電子の加速度ベクトルが電子の進行方向に垂直な場合 (a) と平行な場合 (b)

において電子から放射される電磁波（放射光）のパワーの角分布はそれぞれ図 7.11(a) と図 7.11(b) のようになる．いまの場合は図 7.11(a) が対応する．実験室系と電子静止系における光子のエネルギーと運動量に対するローレンツ変換 (7.9) を用い，図 7.9 のように実験室系と電子静止系で光が伝播

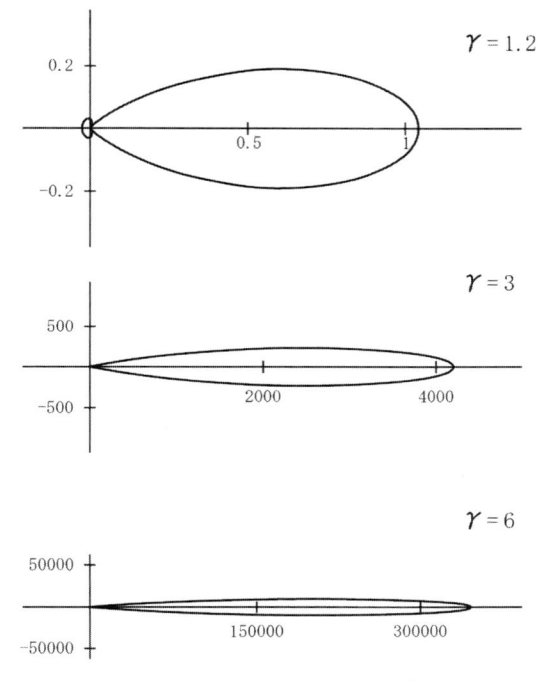

図 7.12 放射光パワーの角分布　$\gamma = 1.2, 3, 6$ の場合 [93]．横軸が電子の進行方向で，原点から曲線上の点までの長さがパワーに比例している．軸上の各値は相対比を表わしている．

するときの光子の運動量成分を考慮すると，

$$\tan\theta = \frac{k_x}{k_z} = \frac{k'_x}{\gamma\left(k'_z + \beta\omega'/c\right)} = \frac{\sin\theta'}{\gamma(\cos\theta' + \beta)} \tag{7.17}$$

が導かれ，$\beta \approx 1$ では

$$\boxed{\tan\theta \approx \frac{1}{\gamma}\frac{\sin\theta'}{\cos\theta' + 1}} \tag{7.18}$$

が得られる．この式から分かるように $\theta' = \pm\pi/2$ の放射がゼロの方向は，観測系では $\theta = \pm 1/\gamma$ になる．つまり sin 2 乗型における放射ゼロの 2 個の穴は，軌道の接線方向の両側で角 $\pm 1/\gamma$ のところにくる．放射光は全体として接線方向を中心としたごく鋭い円錐内に集まり，前方収束 (forward

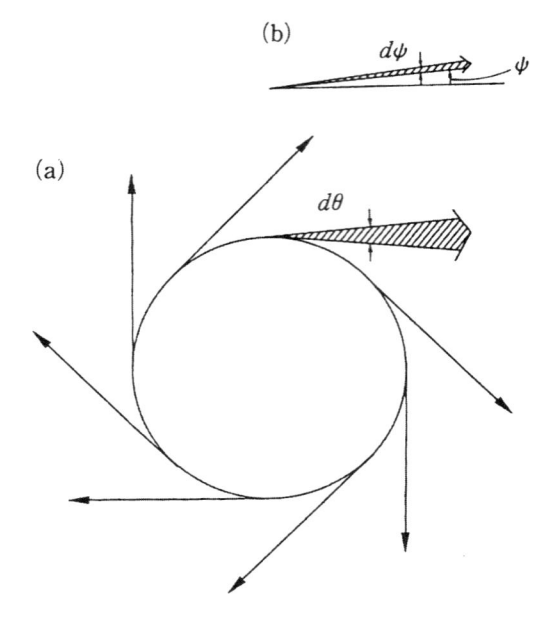

図7.13 放射光の角度発散　　水平面内：軌道の外側全面に広がる（角 θ で表わす）　　垂直面内（付図）：軌道面から小角の範囲だけに限られる（角 ψ で表わす）

focusing) の効果が現われる．これはサーチライトのようであり，放射コーン (radiation cone) とよばれる．スペクトルのピーク付近ではその放射コーンの頂角（放射光の発散角）はほぼ $1/\gamma$ である．なお，図 7.11(b) を見れば，電子静止系での放射パワーの角分布は z 軸上に放射光が生じないので，実験室系でも前方収束の効果を考えても同様に z 軸上に放射光が生じないのが分かる．図 7.12 は放射光パワーの角分布の数値計算である．γ の大きさによる変化を示しており，軌道半径が一定になるように，与えられた γ に対して磁場の強さを変えている．$\gamma = 1.2$ では後方への放射が少しあるが，$\gamma = 3$ ではなくなる．また γ が大きくなるに従い，前方への放射の指向性が高くなるのが見られる．SPring-8 では $\gamma = 1.6 \times 10^4$ であるので，$1/\gamma = 6.4 \times 10^{-5}$ rad で，平行光に極めて近く，光源から 50 m 離れたところで 3 mm ぐらいにしか広がらない．

実際の放射光の角分布は，軌道面内の水平方向に関しては電子の運動に

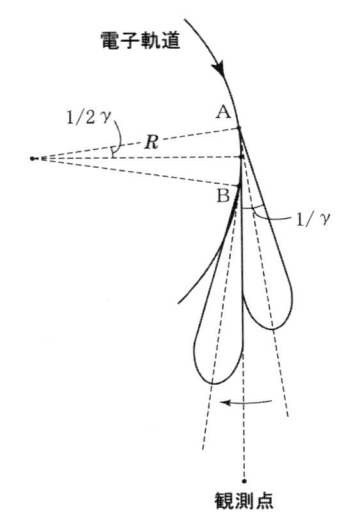

7.2 放射光（シンクロトロン放射光）光源　263

図 7.14 観測点で見られる極短時間幅のパルス状放射光

よって走査されてならされ，図 7.13 のように全周にわたって軌道面付近に限られた扁平な形になる．したがって角 ψ は軌道面から垂直方向だけで意味をもつ．

(スペクトル分布)

非相対論的な場合，半径 R の円軌道を周回する電子から放射される光の角振動数は，電子の周回角振動数 $\omega = v/R$ に等しい．しかし相対論的な電子になると，高次の成分が生じ，基本の角振動数 $\omega_0 = c/R$ よりもはるかに高次の角振動数成分が主要になる．それは次のように説明される．図 7.14 に示すように，観測者が軌道の接線方向で放射光を見ているとする．放射光の発散角がほぼ $1/\gamma$ であるから，軌道上の円弧 $\overset{\frown}{AB}$ の長さが R/γ である点 A，B の間で電子が放射した光が観測される．電子が点 A，B を通過する時刻をそれぞれ t'_A, t'_B とすると，電子がその円弧を進むのに要する時間は $t'_B - t'_A = \overset{\frown}{AB}/v$ である．点 B から距離 L にある観測点で点 A，B からの光を観測する時刻をそれぞれ t_A, t_B とすると，$t_A = t'_A + (L + \overline{AB})/c$, $t_B = t'_B + L/c$ である．また，弦 $\overline{AB}$ の長さは $2R\sin(1/2\gamma)$ である．した

がって，観測者が放射を受ける時間幅はつぎのようになる．

$$\Delta t = t_B - t_A = \frac{\overparen{AB}}{v} - \frac{\overline{AB}}{c} = \frac{R}{v\gamma} - \frac{2R}{c}\sin\frac{1}{2\gamma} = \frac{R}{2c\gamma^3} = \frac{1}{2\gamma^3\omega_0} \quad (7.19)$$

ここで $\gamma \gg 1$ のときは (7.7) から $v = c(1 - 1/2\gamma^2)$ であることを用いている．Δt は γ^3 に逆比例するので，極めて短いパルスである．これは電子が光を出したあと，電子はその光のすぐあとを追いかけているからである．これはつぎのように考えても求まる．実験室系での円弧 $\overparen{AB}$ の長さ R/γ は，電子静止系ではローレンツ短縮により $1/\gamma$ を乗じて R/γ^2 になる．したがってパルス状の電場の時間幅は電子静止系では $\Delta t' = R/c\gamma^2$ である．これが実験室系で観測すると，ドップラー効果により $1/2\gamma$ を乗じて $\Delta t = R/2c\gamma^3$ になる．つまり $1/\gamma^3$ の因子は前方収束の効果，ローレンツ短縮とドップラー効果によってそれぞれ $1/\gamma$ ずつの寄与からなる．Δt は波束の継続時間，$c\Delta t$ は可干渉距離に相当する．SPring-8 の場合，$\omega_0 = 7.6 \times 10^6$ rad/s であるので，$\Delta t = 1.6 \times 10^{-20}$ s, 距離にして $c\Delta t = 0.05$ Å である．このような時間パルスのフーリエ変換で得られる最大の角振動数はパルス幅の逆数のオーダーで，$\sim 2\gamma^3\omega_0$ と見積もられる．

パルス光の電場の時間変化 $E(t)$ をフーリエ変換することにより，$E(\omega)$ が計算され，電場の角振動数依存性がわかる．スペクトル分布は $|E(\omega)|^2$ から決まる．いまの場合，$E(t)$ は図 7.15(a) に模式的に描いてあるように，周期的なパルスであって，パルス幅は $R/(2c\gamma^3)$, パルス間隔は $2\pi R/c$ である（この円周 $2\pi R$ は実際の蓄積リングでは，直線部も含めた周長に置き換える）．$|E(\omega)|^2$ は図 7.15(b) のように，基本角振動数 ω_0 の高調波からなる．その主要部は上述の概算が示すように極端に高次のフーリエ成分が占める．このように全体のスペクトルは，ω_0 の狭い間隔で並んだ多数の線スペクトルからなるが，実際には，光子放出による電子のエネルギーのゆらぎなどのためにならされて，連続スペクトルになる．

スペクトル分布の主要部の振動数の目安として上記の概算を定量化した**臨界 (critical) 角振動数**

$$\omega_c = \frac{3}{2}\gamma^3\omega_0 = \frac{3c\gamma^3}{2R} \quad (7.20)$$

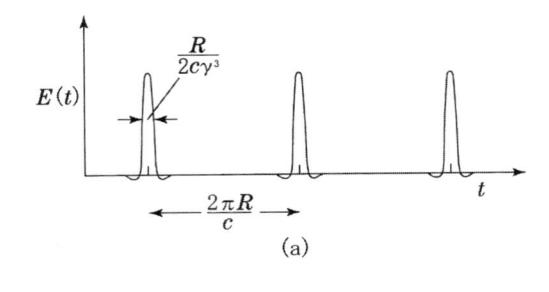

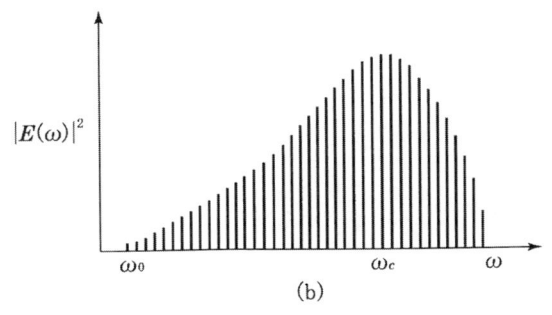

7.2 放射光（シンクロトロン放射光）光源

図 7.15 放射光電場の時間変化 (a) と放射パワーのスペクトル分布 (b)．臨界角振動数 ω_c はスペクトル分布のピーク付近の角振動数である．

が使われる．これは放射光パワーを低周波数側から ω_c まで積分した値が ω_c から高周波側まで積分した値に等しくなるように定義される．ω_c を換算したときの臨界波長 (critical wavelength) λ_c と臨界エネルギー (critical energy) E_c は，つぎのようになる．

$$\lambda_c = \frac{2\pi c}{\omega_c}, \ \lambda_c\,[\text{nm}] = \frac{1.86}{B\,[\text{T}]E^2\,[\text{GeV}]}, \tag{7.21}$$

$$E_c = \frac{hc}{\lambda_c}, \ E_c\,[\text{keV}] = \frac{1.24}{\lambda_c\,[\text{nm}]} = \frac{2.22E^3\,[\text{GeV}]}{R\,[\text{m}]} \tag{7.22}$$

SPring-8 は $E_c = 28.9\,\text{keV}$，PF は $E_c = 4.0\,\text{keV}$ である．

（偏光性）

偏光性については定性的につぎのように考えられる．図 7.16(a) のように，軌道の接線方向の近くにいる観測者が，電子の走行に伴なって変化して

266　第 7 章　X 線光源 I

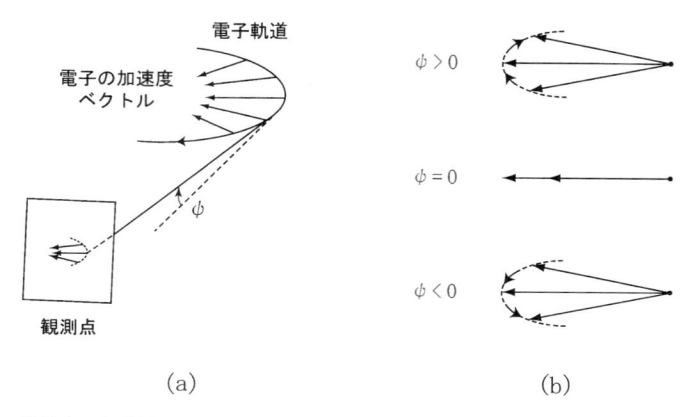

図 7.16　放射光の偏光性　(a) 観測点で見られる電子の加速度ベクトルの変化　(b) 電子の加速度ベクトルの軌跡

いく電子の加速度ベクトルを追跡する．ベクトルの始点を一致させて，先端の軌跡を描けば，その形から偏光状態を判断できる．図 7.16(b) に示すように，軌道面内の $\psi=0$ の方向で観測すれば，加速度ベクトルの軌跡は，水平方向で直線状になるので，放射光は電場ベクトルが軌道面内にある直線偏光である．軌道面から傾いた $\psi>0$ と $\psi<0$ の方向で観測すれば，軌跡は水平方向にのびた楕円状になり，しかも回転方向が互いに逆向きになる．それを反映して，放射光はそれぞれ右まわりと左まわりの楕円偏光になる．

(2) 偏向電磁石光源からの放射光の特性を示す式

運動する電子から放射される電磁波のスペクトル分布の式は，つぎのリエナール–ウィーヘルト (Liénard-Wiechert) のベクトル・ポテンシャル $\boldsymbol{A}$ とスカラー・ポテンシャル $\boldsymbol{\Phi}$ を用いて得られる[94]．

$$\boldsymbol{A}(\boldsymbol{r}_{\mathrm{P}},t) = \frac{e\mu_0}{4\pi}\left[\frac{\boldsymbol{v}}{r(1-\boldsymbol{n}\cdot\boldsymbol{\beta})}\right]_{\mathrm{ret}}, \quad \Phi(\boldsymbol{r}_{\mathrm{P}},t) = \frac{e}{4\pi\varepsilon_0}\left[\frac{1}{r(1-\boldsymbol{n}\cdot\boldsymbol{\beta})}\right]_{\mathrm{ret}} \tag{7.23}$$

電子の速度が光速に比べて無視できないとき，図 7.17 のように位置 $\boldsymbol{r}_{\mathrm{P'}}$ の電子が放射光を発信時刻（遅延時刻，retarded time）に出してから，位置 $\boldsymbol{r}_{\mathrm{P}}$ の距離 $\boldsymbol{r}=\boldsymbol{r}_{\mathrm{P}}-\boldsymbol{r}_{\mathrm{P'}}$ だけ離れた観測者のところに，遅れて観測時刻

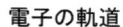

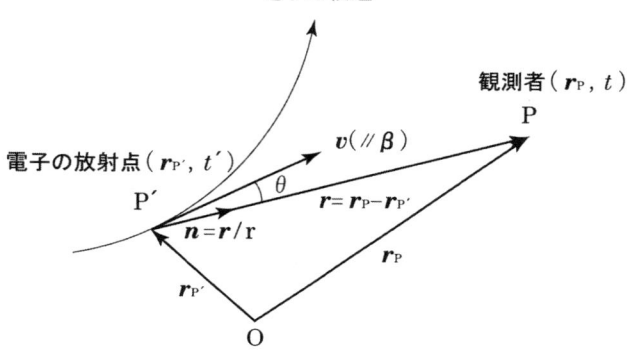

7.2 放射光（シンクロトロン放射光）光源　267

図 7.17　相対論的電子からの放射光

$t = t' + r'_P(t')/c$ に到着するのを考慮する必要がある．$n = r/r$ は r 方向の単位ベクトルである．また，$dt/dt' = 1 - n \cdot \beta = (1 + \theta^2 \gamma^2)/(2\gamma^2)$ の関係がある．(7.23) のポテンシャルは観測点 r_P における時刻 t での値を与えるが，右辺の ret は演算を遅延時刻に行なうことを示している．

これらのポテンシャルを用いて表わしたマクスウェル方程式，すなわち

$$\boldsymbol{E} = -\frac{\partial \boldsymbol{A}}{\partial t} - \mathrm{grad}\,\Phi, \quad \boldsymbol{B} = \mathrm{rot}\,\boldsymbol{A} \tag{7.24}$$

によって長距離にある観測点での電磁場が

$$\boldsymbol{E}(\boldsymbol{r}_P, t) = \frac{e}{4\pi\varepsilon_0 c} \left[\frac{\boldsymbol{n} \times [(\boldsymbol{n} - \boldsymbol{\beta}) \times \dot{\boldsymbol{\beta}}]}{r(1 - \boldsymbol{n} \cdot \boldsymbol{\beta})^3} \right]_{\mathrm{ret}}, \quad \boldsymbol{B}(\boldsymbol{r}_P, t) = \frac{1}{c}\boldsymbol{n} \times \boldsymbol{E}(\boldsymbol{r}_P, t) \tag{7.25}$$

となる．

ポインティング・ベクトル $\boldsymbol{S}(\boldsymbol{r}_P, t)$ は $\boldsymbol{E}$ と $\boldsymbol{n}$ が垂直であることを考慮して

$$\boldsymbol{S}(\boldsymbol{r}_P, t) = \frac{1}{\mu_0} \boldsymbol{E}(\boldsymbol{r}_P, t) \times \boldsymbol{B}(\boldsymbol{r}_P, t) = \frac{1}{c\mu_0} |\boldsymbol{E}(\boldsymbol{r}_P, t)|^2 \boldsymbol{n}, \quad |\boldsymbol{S}| = c\varepsilon_0 |\boldsymbol{E}|^2 \tag{7.26}$$

と表わされ，単位立体角あたりの放射パワーは

$$\frac{dP}{d\Omega} = r^2|\boldsymbol{S}| = c\varepsilon_0|r\boldsymbol{E}|^2 \tag{7.27}$$

となる．さらにスペクトル分布は，時間領域での $\boldsymbol{E}(t)$ を周波数領域での $\boldsymbol{E}(\omega)$ にフーリエ変換するなどして求められる．

丹念な演算により，電子エネルギー E，軌道半径 R の偏向電磁石光源からの放射光について得られる，光子エネルギーと角度の関数としての光子数分布の式をつぎに示す．

$$\begin{aligned}
\mathscr{D} &\equiv \frac{d^3 N}{dt d\Omega d\omega/\omega} \\
&= 3.46 \times 10^3 \gamma^2 \left(\frac{\omega}{\omega_c}\right)^2 \{1+(\gamma\psi)^2\}^2 \left\{K_{\frac{2}{3}}^2(\xi) + \frac{(\gamma\psi)^2}{1+(\gamma\psi)^2} K_{\frac{1}{3}}^2(\xi)\right\} \\
&\quad [\text{photons}/(\text{sec} \cdot \text{mrad}^2 \cdot 0.1\% \text{ bandwidth} \cdot \text{mA})]
\end{aligned} \tag{7.28}$$

これは毎秒，単位立体角 $1\,\text{mrad}^2$ あたり，相対的バンド幅 (bandwidth) 0.1% ($\Delta\omega/\omega = 0.001$) あたり，蓄積電流 $1\,\text{mA}$ あたりに放射される光子数として表わされる．ここで Ω は光源からの放射の立体角を表わす ($d\Omega = d\theta d\psi$)．(7.28) の最後の括弧中の第 1 項と第 2 項がそれぞれ放射光の電場ベクトルが軌道面に平行な成分と垂直な成分に対応している．$K_\nu(\xi)$ は変形された第 2 種ベッセル関数で，

$$\xi = \frac{\omega}{2\omega_c} \{1+(\gamma\psi)^2\}^{\frac{3}{2}} \tag{7.29}$$

である．(7.28) の $\mathscr{D}$ は**光束密度** (photon flux density) とよばれる．この光束密度は理想的な電子軌道のもとで得られたもので，自然光束密度 $\mathscr{D}_{nat}$ ともよばれ，実際に電子の角度広がりがある場合には，後述のように補正が必要である．図 7.18 は 3 つの X 線エネルギーに対する光束密度の角分布である．放射光の強度は角度的に全体として FWHM で $1/\gamma$ ぐらいの範囲内に集中するが，エネルギー別に見れば，エネルギーが低くなると $|\psi|$ の大きい角に広がる．軌道面に平行な偏光成分だけに注目し，光束密度の角度依存性をガウス分布で近似すると，角度広がりは

$$\sigma_{p'} = 0.565 \left(\frac{\omega_c}{\omega}\right)^{0.425} \frac{1}{\gamma} \tag{7.30}$$

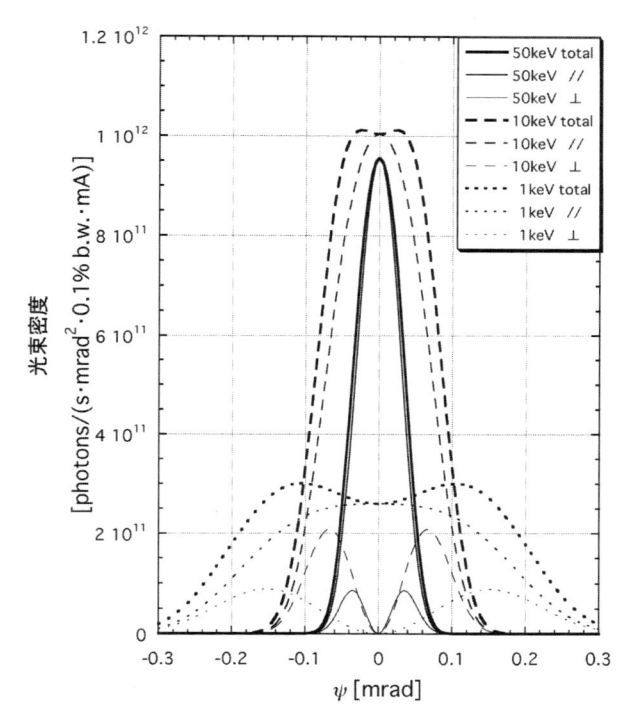

7.2 放射光（シンクロトロン放射光）光源

図 7.18 放射光の光束密度の角分布　SPring-8 の 3 つのエネルギー (50 keV, 10 keV, 1 keV) の放射光の場合．電場ベクトルが軌道面に平行な成分と垂直な成分も分けて描いてある[93]．

となる．この角度広がり $\sigma_{p'}$ は回折限界を与えるビームサイズ σ_p と

$$\sigma_p \sigma_{p'} = \frac{\lambda}{4\pi} \tag{7.31}$$

の関係がある．$\sigma_p \sigma_{p'}$ は光の固有のエミッタンスであり，これからビームサイズ σ_p も求まる．また図 7.19 は $E = 8\,\mathrm{GeV}$, $R = 39.27\,\mathrm{m}$ (SPring-8) と $E = 2.5\,\mathrm{GeV}$, $R = 8.66\,\mathrm{m}$ (PF) の放射光の自然光束密度のスペクトル分布を示す．

軌道の接線方向を中心にした $1\,\mathrm{mrad}^2$ の立体角内に限った場合，(7.28) で $\psi = 0$ とおけば，光束密度は

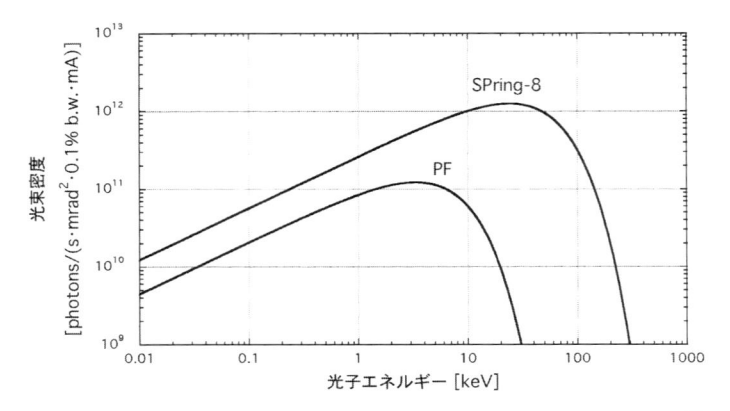

図 **7.19** 放射光の光束密度のスペクトル分布　　SPring-8 と PF の場合[93].

$$\mathscr{D}_{\psi=0} \equiv \left.\frac{d^3N}{dtd\Omega dw/w}\right|_{\psi=0} = 3.46 \times 10^3 \gamma^2 \left(\frac{\omega}{\omega_c}\right)^2 K_{\frac{2}{3}}^2\left(\frac{\omega}{2\omega_c}\right) \quad (7.32)$$

となる．さらに $\omega = \omega_c$ のとき，光束密度はつぎのようになる．

$$\mathscr{D}_{\psi=0, w=\omega_c} \equiv \left.\frac{d^3N}{dtd\Omega dw/w}\right|_{\psi=0,\, w=\omega_c} = 5.04 \times 10^3 \gamma^2 \quad (7.33)$$

(7.28) を軌道面からの傾き角 ψ について積分することにより得られる光子数のスペクトル分布は

$$\mathscr{F} \equiv \frac{d^3N}{dtd\theta dw/w} = 1.26 \times 10^7 \gamma \frac{\omega}{\omega_c} \int_{w/w_c}^{\infty} K_{\frac{5}{3}}(\eta) d\eta$$
$$[\text{photons}/(\text{s} \cdot \text{mrad} \cdot 0.1\% \,\text{bandwidth} \cdot \text{mA})] \quad (7.34)$$

のように毎秒，水平面内の単位発散角 1 mrad あたり，相対的バンド幅 0.1 %あたり，蓄積電流 1 mA あたりに放射される光子数として表わされ，**光束** (photon flux) あるいはフラックスとよばれる．なお，θ は光源からの放射の水平面内の発散角である．(7.34) は $\omega = 0.29\omega_c\,(\lambda = 3.4\lambda_c)$ のとき最大となる．ピークでのフラックスは

$$\mathscr{F}_{w=0.29w_c} \equiv \left.\frac{d^3N}{dtd\theta dw/w}\right|_{w=0.29w_c} = 1.29 \times 10^7 \gamma \quad (7.35)$$

7.2 放射光（シンクロトロン放射光）光源

から見積もることができる．

電子がリングを一周して失うエネルギーは (7.28) をエネルギーで表わした式で角振動数 ω と角 ψ について積分すれば

$$\Delta E\,[\text{keV}] = \frac{88.5 E^4\,[\text{GeV}]}{R\,[\text{m}]} \tag{7.36}$$

と得られ，これが放射損失である．SPring-8 の場合，偏向電磁石の部分から放射されるエネルギーは $\Delta E = 9.22\,\text{MeV}$ である．臨界光子エネルギーが $28.9\,\text{keV}$ であるから，電子は一周する間におおよそ 300 個の光子をランダムに放出していることになる．リング一周での**全放射パワー**は，ビーム電流が I のときには

$$P\,[\text{kW}] = \frac{88.5 E^4\,[\text{GeV}] I\,[\text{A}]}{R\,[\text{m}]} \tag{7.37}$$

となる．SPring-8 では $922\,\text{kW}$ ($I = 0.1\,\text{A}$)，Photon Factory では $120\,\text{kW}$ ($I = 0.3\,\text{A}$) である．

偏光に関しては，(7.28) に示された放射光の電場ベクトルが軌道面に平行な成分と垂直な成分から図 7.18 のように光束密度の角分布は平行成分と垂直成分に分けて描かれる．図に見られるように，平行成分 $N_\parallel$ は軌道面上 ($\psi = 0$) で鋭いピークをもつ．垂直成分 $N_\perp$ は軌道面上でゼロ，その上下の角 ($\psi \gtrless 0$) で小さなピークをもつ．偏光の度合いは，つぎの**直線偏光度** (degree of linear polarlization) P_L によって表わされる．

$$P_L = \frac{N_\parallel - N_\perp}{N_\parallel + N_\perp} = \frac{K_{\frac{2}{3}}^2(\xi) - (\gamma\psi)^2/\{1 + (\gamma\psi)^2\} K_{\frac{1}{3}}^2(\xi)}{K_{\frac{2}{3}}^2(\xi) + (\gamma\psi)^2/\{1 + (\gamma\psi)^2\} K_{\frac{1}{3}}^2(\xi)} \tag{7.38}$$

図 7.18 に示した光束密度の角分布の平行成分と垂直成分を規格化したのが図 7.20(a) であり，図 7.20(b) はそれに対応する P_L の値の角 ψ による変化である．$\psi = 0$ では完全な直線偏光で，$P_L = 1$ である．$|\psi|$ が大きくなるにしたがい，P_L は減少する．また楕円偏光になる度合いは，**円偏光度** (degree of circular polarization) P_C によって表わされる．これは P_L と

$$P_C^2 + P_L^2 = 1 \tag{7.39}$$

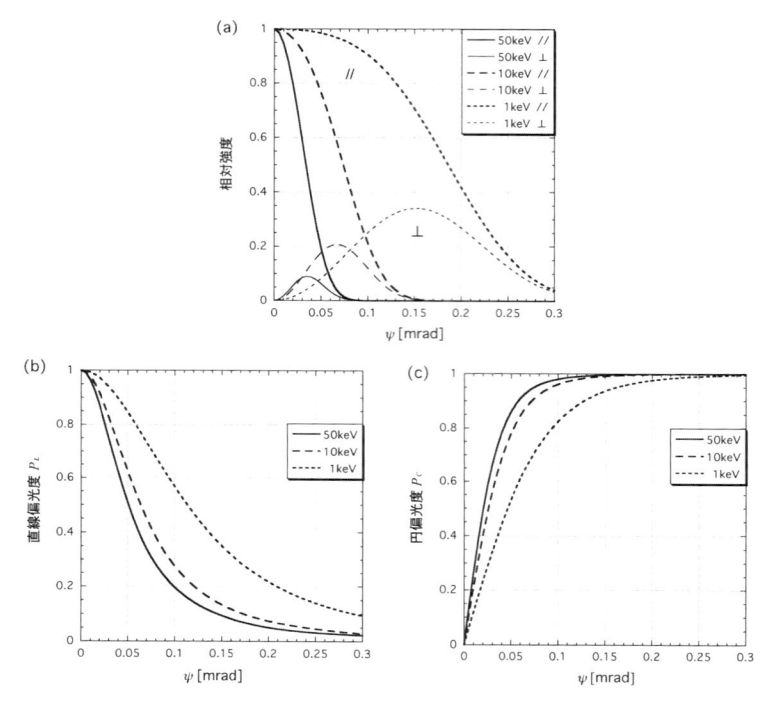

図 **7.20** 放射光の偏光成分の角分布　(a) 放射光パワーの $N_\parallel$ と $N_\perp$ の角分布　(b) 直線偏光度　(c) 円偏光度　SPring-8 の 3 つのエネルギー (50 keV, 10 keV, 1 keV) の放射光の場合 [93].

の関係，すなわち

$$P_c = \pm \frac{2\sqrt{N_\parallel N_\perp}}{N_\parallel + N_\perp} \tag{7.40}$$

で与えられる．+ と − の符号は，それぞれ $\psi > 0$ と $\psi < 0$ の場合に対応する．図 7.20(c) は P_L の値の角 ψ による変化を示す．$\psi = 0$ では $P_c = 0$ である．$|\psi|$ が大きくなるにしたがい，光束密度は小さくなるが，$|P_c| = 1$ の円偏光の方へ向かう．

(バンチした電子群からの放射)

電子は軌道上を集群（バンチ）して走るので，その電子群からの放射光の

7.2 放射光（シンクロトロン放射光）光源

図 7.21 放射光のコヒーレンスとバンチ長

強度は1個の電子からの放射光強度にバンチ内の電子数を乗じて求められるが，これは図 7.21 のようにバンチ長が放射光の波長に比べて十分に大きく，インコヒーレント放射であるからである．一方，バンチ長が波長に比べて短い場合には（図 7.21），コヒーレントな成分が生ずることが，だいぶ以前に指摘されている[95]．1個の電子からの放射光強度を $I_0(\lambda)$ として，N 個の電子を含むバンチからの放射光強度は

$$I(\lambda) = I_0(\lambda) \left| \sum_{j=1}^{N} \exp\left(2\pi i \frac{x_j}{\lambda}\right) \right|^2 \tag{7.41}$$

と表わされる[96]．ここで x_j は j 番目の電子の1次元の位置座標である．$N \gg 1$ とすれば，

$$I(\lambda) = I_0(\lambda)\{N + N^2 f(\lambda)\} \tag{7.42}$$

と書き変えられる．なお，第2項中の N^2 は正確には $N(N-1)$ である．(7.42) で $f(\lambda)$ はバンチ形状因子とよばれ，バンチ内の1次元の電子分布関数 $S(\lambda)$ と

$$f(\lambda) = \left| \int S(x) \exp\left(2\pi i \frac{x}{\lambda}\right) dx \right|^2 \tag{7.43}$$

の関係がある．$f(\lambda)$ は $0 \leq f(\lambda) \leq 1$ の値をとり，放射光のコヒーレンスの度合いを示す．$f(\lambda) = 0$ で完全にインコヒーレント，$f(\lambda) = 1$ で完全にコヒーレントである．

バンチ長に比べて放射光の波長が十分に短い場合には，各電子からの放射光の電場の位相はランダムであるので，(7.42) の第 1 項のインコヒーレントな放射光になり，1 つのバンチから放射される光の強度は 1 つの電子からの光の強度の N 倍になる．一方，波長がバンチ長と同程度あるいは長い場合には，個々の電子からの光の電場の位相が揃って干渉効果によって，(7.42) の第 2 項のコヒーレントな放射光が際立ち，最大で 1 つの電子からの光の強度の N^2 倍になる．すなわち，バンチからの放射光は，位相が揃っていないふつうの場合に比べて N 倍だけ強度が増大する．あたかも N 倍の電荷をもつ 1 つの電子からの放射光のように見える．これはコヒーレント放射光とよばれる．リニアックでは 1 mm 以下の短いバンチ長の電子パルスが得られるので，最初のコヒーレント放射光の観測はリニアックを用いて遠赤外光（テラヘルツ波）の領域で行なわれ，強度の増大が見られた．この放射光スペクトルの測定からバンチ形状因子が求まり，(7.43) によりバンチの電子分布が得られており，バンチ形状計測に役立つ．なお，X 線自由電子レーザーでは，バンチ長を極端に短くして電流密度を上げ，密度変調によりコヒーレント放射光を得る．

7.2.3　挿入光源

これまで述べた放射光はリングの偏向電磁石部分の円軌道を走る電子から放射されるものであるが，**挿入光源** (insertion device) により蛇行軌道を利用すれば，電子は周期的な加速度を受け，干渉効果により桁違いに高輝度の放射光が得られる（蛇行軌道放射）．これはリングの直線軌道上に設置されるもので，図 7.22 のように永久磁石片を配列すれば，軌道の上下の 4 対によってリングの軌道面に垂直な方向を向く磁場は，1 周期の正弦波的な変化をする．このとき電子は軌道面内で正弦波的な蛇行運動をする．なお磁石列の間隔 (gap) を変えることにより軸上の磁場の強さを調節することができる．

電子の挿入光源内での運動について考える．一般に磁場 B の中で運動する電子は，電子の進行方向と磁場の向きに直角な方向にローレンツ力 $-e\boldsymbol{v} \times \boldsymbol{B}$ を受けるので，その相対論的運動方程式はつぎのように表わさ

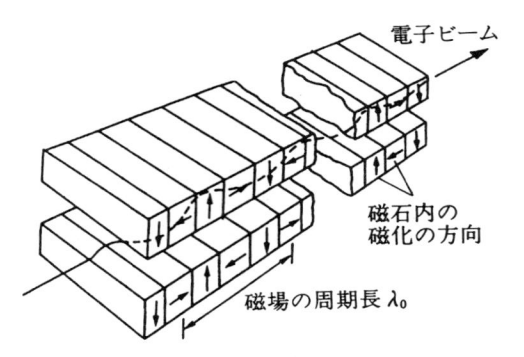

7.2 放射光（シンクロトロン放射光）光源

図 7.22 挿入光源（水平型）の磁石の配列　磁石片 4 個で 1 周期となり，近似的に正弦磁場をつくる[97]．

れる．

$$\frac{d\bm{p}}{dt} = \frac{t}{dt}(m\bm{v}) = -e\bm{v} \times \bm{B} \tag{7.44}$$

ここで m は電子が運動しているときの質量である．力は速度に垂直に働き，電子は加速されないので，m は一定であって，

$$m\frac{d\bm{v}}{dt} = -e\bm{v} \times \bm{B} \tag{7.45}$$

となる．

速度 v の相対論的電子が z 軸に沿って挿入光源の周期的磁場に入射するとする．磁場は軌道面（xz 面）に垂直な y 軸方向を向き，z 軸に沿った周期長 λ_0 の正弦型であるとし，磁場の最大値を B_0 とすれば，

$$B_y = B_0 \sin(2\pi z/\lambda_0), \quad B_x = B_z = 0 \tag{7.46}$$

によって表わされる．電子は xz 面内で，磁場と同じ周期長 λ_0 の正弦的な運動をする．(7.45) から $v_z \approx c$, $z \approx ct$ であることを用いて

$$x = r_0 \sin\left(\frac{2\pi z}{\lambda_0}\right), \quad r_0 \equiv \frac{eB_0\lambda_0^2}{4\pi^2 \gamma m_0 c} \tag{7.47}$$

が得られる．電子軌道の z 軸からのふれ角は

$$\phi = \frac{dx}{dz} = \phi_{\max} \cos\left(\frac{2\pi z}{\lambda_0}\right), \quad \phi_{\max} = \frac{2\pi r_0}{\lambda_0} = \frac{K}{\gamma}. \tag{7.48}$$

ここで $\phi_{\max}$ は最大のふれ角である．K は

$$K = \frac{eB_0\lambda_0}{2\pi m_0 c} = 0.934 B_0\,[\text{T}]\lambda_0\,[\text{cm}] \tag{7.49}$$

で与えられ，放射を特徴づける重要なパラメーターであって，K パラメーターあるいは偏向定数 (deflection parameter) とよばれる．

挿入光源中を通過する電子の速度の x, z 成分は

$$\begin{aligned} v_x &= v\sin\phi \doteqdot v\frac{K}{\gamma}\cos\left(\frac{2\pi z}{\lambda_0}\right), \\ v_z &= v\cos\phi \doteqdot v\left\{1 - \frac{1}{2}\frac{K^2}{\gamma^2}\cos^2\left(\frac{2\pi z}{\lambda_0}\right)\right\} \end{aligned} \tag{7.50}$$

である．したがって v_z の z 方向の平均速度 (drift velocity) $\bar{v}_z$ は

$$\bar{v}_z = v\left(1 - \frac{1}{4}\frac{K^2}{\gamma^2}\right) \tag{7.51}$$

であって ($v \approx c$)，蛇行する分だけわずかに光速より遅い．

(7.48) に示されているように，電子の正弦波的な運動の電子ビーム軸に対する最大の傾きは，K/γ で与えられる．これに対して放射光の角度広がりは，電子の運動方向を中心に $1/\gamma$ 程度であるから，$K \gg 1$ と $K \leq 1$ の場合で放射光の特性が異なる．

(1) ウィグラー

$K \gg 1$ の強い磁場の場合（図 7.23(a)），電子が正弦波的運動の頂点付近にあるときだけ，電子ビーム軸方向で放射光を観測できる．この条件のときの挿入光源は**ウィグラー** (wiggler) とよばれる．多数の磁石が配列している場合には特にマルチポール・ウィグラー (multipole-wiggler) ともいう．図 7.24 に示すようにウィグラーからの放射光の電場の時間変化 $E(t)$ は正と負のパルスが交互に並ぶ．それのフーリエ変換から得られるスペクトル $|E(\omega)|^2$ は円軌道から得られるものと類似している．磁石が周期数 N だけ配列していると，電子は N 回蛇行し，放射光の輝度は $2N$ 倍になる．なお磁場がきわめて強い場合には，電子ビームの中心軸からのずれが大きくなる

(a) $K \gg 1$

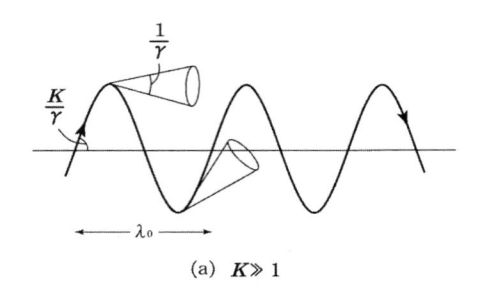

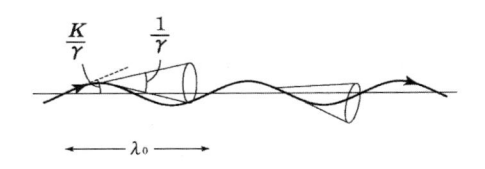

(b) $K \ll 1$

図 **7.23** 挿入光源からの放射光　(a) ウィグラー (b) アンジュレーター

ので，正または負のパルス状に電場変化する放射光のどちらかだけを見ることになり，放射光の輝度は N 倍になる．ウィグラーの磁場を円軌道のそれより強くすれば，軌道の曲率半径が小さくなり，スペクトルのピークは円軌道のそれよりも短波長側にずれて，高エネルギー X 線を得ることができる．磁場を弱くすれば長波長側へずらすこともできる．このようにウィグラーは**波長シフター** (wavelength shifter) として働く．

また，垂直磁場と水平磁場をつくる磁石列を組み合わせて，それらの位相をずらせる構造の**楕円偏光ウィグラー** (elliptical wiggler) がある．図 7.25 の場合，上下の正対する 2 本の磁石列が垂直磁場をつくり，両側の正対する 2 本の磁石列が水平磁場をつくる．両側の磁石列を上下の磁石列に対して移動させ，位相を変えることができる．得られる最大磁場は垂直の方が水平よりも大きいので，周期長の 1/4 だけ移動させると，軸上にらせん状の磁場ができ，電子の軌道は歪んだらせん状になる．これにより楕円偏光が得られる．

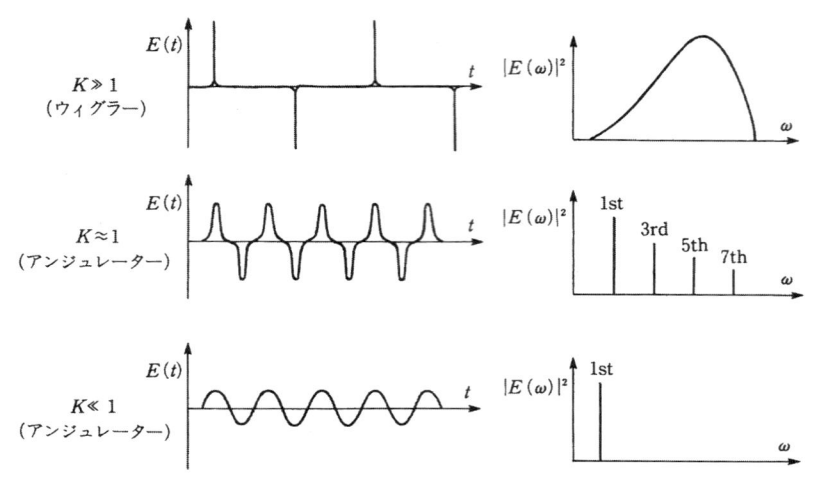

図7.24 挿入光源からの放射光の電場の時間変化 $E(t)$ とスペクトル $|E(\omega)|^2$ [98]

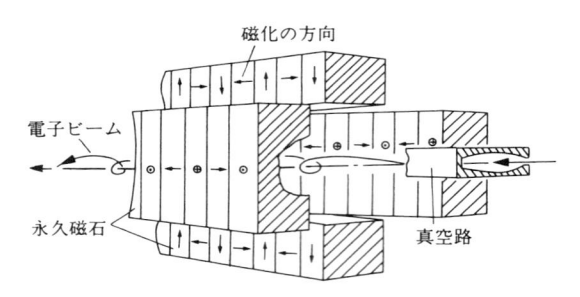

図7.25 楕円偏光ウィグラー (PF-AR)　　上下左右に永久磁石列が配列し, 2~60 keV で円偏光度 $PC > 0.6$ が得られる. $\lambda_0 = 16$ cm, $N = 21$. 最大磁場：垂直 1.0 T $(K = 15)$, 水平 0.2 T $(K = 3)$ [99].

(2) アンジュレーター
(アンジュレーターの機能)

$K \leq 1$ の弱い磁場の場合には，電子ビーム軸の方向で放射光を間断なく観測することができる．この条件のときの挿入光源は**アンジュレーター** (undulator) とよばれる（実際のアンジュレーターの磁場の周期長と電子軌道の振幅はそれぞれ cm と μm のオーダーである）．図 7.23(b) が $K \ll 1$ の場合で，観測される放射光の電場は，図 7.24 に示すように正弦関

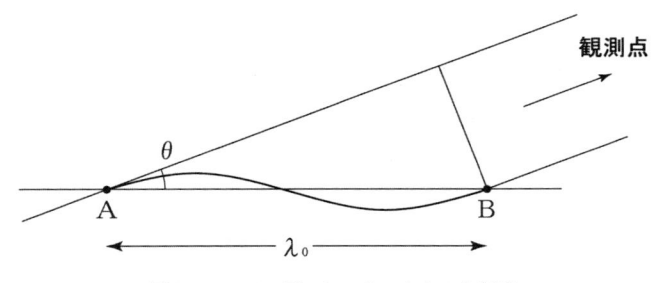

7.2 放射光（シンクロトロン放射光）光源

図 7.26 アンジュレーターからの放射光

数に近い時間変化を示す．したがって，そのフーリエ変換によって得られるスペクトルは，準単色光になる．

図 7.26 のように軌道面内で電子ビーム軸に対して θ の傾きをなす方向で放射光を観測する．電子は磁場の周期長 λ_0 ごとに同一の放射光シグナルを出す．観測点が受ける放射光の電場変化の周期 T は，観測点でアンジュレーターの電子軌道上の λ_0 だけ離れた点 A, B からの放射光を受ける時間幅に等しい．電子が点 A, B を通過する時刻をそれぞれ t'_A, t'_B とすると，電子がその間を進むのに要する時間は $t'_B - t'_A = \lambda_0/\bar{v}_z$ である．点 B から距離 L にある観測点で点 A, B からの光を観測する時刻をそれぞれ t_A, t_B とすると $t_A = t'_A + \lambda_0 \cos\theta/c + L/c$, $t_B = t'_B + L/c$ である．したがって電子ビーム軸に対して θ の傾きをもつ方向への観測点が受ける放射光の電場変化の周期 T は

$$T = t_B - t_A = \frac{\lambda_0}{\bar{v}_z} - \frac{\lambda_0 \cos\theta}{c} = \frac{\lambda_0}{2c\gamma^2}\left(1 + \frac{K^2}{2} + \gamma^2\theta^2\right). \quad (7.52)$$

ここで $\gamma \gg 1$, $\theta \ll 1$ としている．

放射光の角振動数と波長はつぎのようになる．ここで注目しているのは基本波であることを示すために，ω と λ に添え字 1 を付ける．

$$\omega_1 = \frac{2\pi}{T} = \frac{4\pi c\gamma^2}{\lambda_0}\left(1 + \frac{K^2}{2} + \gamma^2\theta^2\right)^{-1}, \quad (7.53)$$

$$\lambda_1 = \frac{2\pi c}{\omega_1} = \frac{\lambda_0}{2\gamma^2}\left(1 + \frac{K^2}{2} + \gamma^2\theta^2\right) \quad (7.54)$$

この結果はローレンツ変換を用いても導かれる．いまの場合，実験室系に対して電子静止系は平均速度 $\bar{v}_z$ ($\beta_z \equiv \bar{v}_z/c = \beta(1-K^2/4\gamma^2)$, $\gamma_z = (1-\beta_z^2)^{-1/2}$) で運動する．実験室系での磁場周期長 λ_0 は，電子静止系ではローレンツ短縮により $\lambda_0' = \lambda_0/\gamma_z$ になる．電子静止系で電子は角振動数 $\omega' = 2\pi/\lambda_0'$ の単振動をして，その角振動数 ω' の光を放射する．これを実験室系に戻すと，ドップラーシフトにより角振動数 $\omega = \omega'/\{\gamma_z(1-\beta_z\cos\theta)\}$ になり，波長で表わすと，(7.54) が得られる．

特に $K \ll 1$ の場合，電子ビーム軸上 ($\theta = 0$) では，

$$\lambda_1 = \lambda_0/2\gamma^2 \tag{7.55}$$

の基本波だけになる．この $1/\gamma^2$ の因子が相対論的効果のローレンツ短縮とドップラー効果によってそれぞれ $1/\gamma$ の寄与からなるのは上述のことから明らかである．

放射光の電場は $K \ll 1$ のとき正弦関数的であるが，$K \approx 1$ ではその正弦関数が歪む（図 7.24）．しかし，$\pi/2$ と $3\pi/2$ のまわりでの対称性は保たれるので，放射光のスペクトルは基本波 ($n=1$) とともに奇数次の高調波 ($n=3,5,\cdots$) が生ずる．これを図 7.9 の電子静止系と実験室系における表示で見ると，$K \ll 1$ のとき電子の z 方向の速度は一定とみなせて，図 7.11(a) のように $\bar{v}_z$ の速度で動く電子静止系において電子は x' 軸上で単振動する．それに対して，$K \approx 1$ では電子の z 方向の速度が一定ではなく，電子静止系における運動に z' 軸方向の運動が加わる．例えば，x' 方向の基本振動に対して z' 方向の 2 次振動は振動数が 2 倍になるので，図 7.27 のような「8 の字」の軌跡を描く．高調波周期関数をもつ電子の運動は偶数次のもの（縦振動モード）が図 7.11(b) に，奇数次のもの（横振動モード）が図 7.11(a) に対応しており，z 軸方向の放射光は偶数次高調波を生ぜず，基本波と奇数次高調波に限られる．

n 次の高調波の角振動数と波長はつぎのように表わされる．

$$\omega_n = n\frac{2\pi}{T} = \frac{4\pi cn\gamma^2}{\lambda_0}\left(1+\frac{K^2}{2}+\gamma^2\theta^2\right)^{-1}, \tag{7.56}$$

$$\lambda_n = \frac{2\pi c}{\omega_n} = \frac{\lambda}{2n\gamma^2}\left(1+\frac{K^2}{2}+\gamma^2\theta^2\right) \tag{7.57}$$

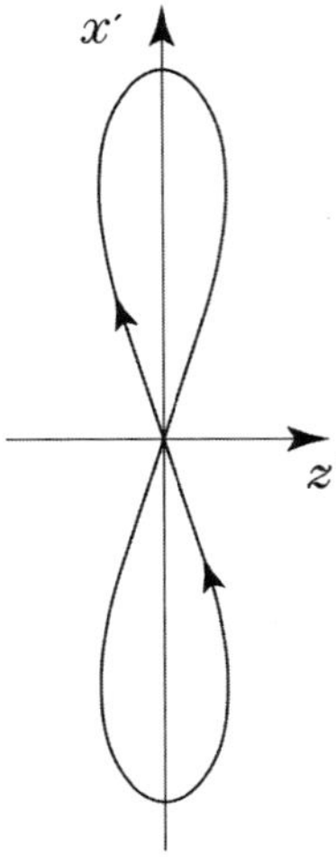

7.2 放射光（シンクロトロン放射光）光源

図 7.27 平均速度で運動している電子静止系での「8 の字」

この高調波も利用される．なお，実際には電子のエミッタンスの影響で偶数次の高調波も弱いながら観測される．

アンジュレーター光源からの軸上 ($\psi = 0$) の放射光に注目する．そこでは奇数の n 次の高調波だけが値をもつ．その条件での（自然）光束密度，すなわち毎秒，単位立体角 $1\,\text{mrad}^2$ あたり，相対的バンド幅 $0.1\,\%$ あたり，蓄積電流 $1\,\text{mA}$ あたりに放射される光子数はつぎのように与えられる．

$$\boxed{\mathscr{D}_{\psi=0} \equiv \left.\frac{d^3 N}{dtd\Omega dw/w}\right|_{\psi=0} = 4.555 \times 10^4 \gamma^2 N^2 F_n(K) \\ [\text{photons}/(\text{s} \cdot \text{mrad}^2 \cdot 0.1\,\%\,\text{bandwidth} \cdot \text{mA})]} \quad (7.58)$$

ここで $F_n(K)$ はベッセル関数からなり，

$$F_n(K) = \frac{n^2 K^2}{(1+K^2/2)^2}\{J_{(n-1)/2}(\xi) - J_{(n+1)/2}(\xi)\}^2, \ \xi = \frac{nK^2}{4(1+K^2/2)} \quad (7.59)$$

X 線領域のアンジュレーターは PF-AR ($E = 6.5\,\text{GeV}$) に 1990 年に世界で初めて設置された．これは永久磁石のユニットをメッキして超高真空中での使用を可能にした真空封止型である．図 7.28 のようにふつうのアンジュ

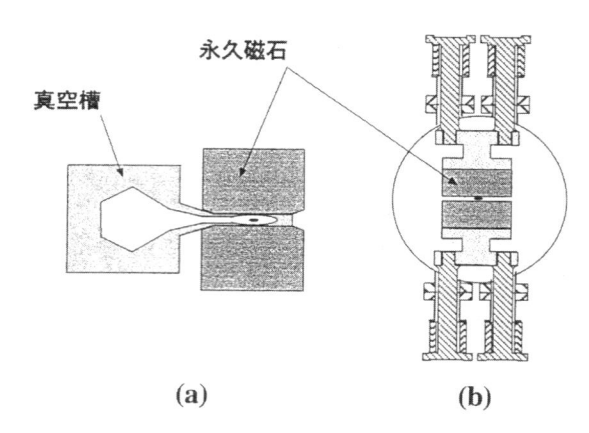

図 7.28 アンジュレーターを電子ビーム用真空ダクトの外側に置く配置 (a) と真空ダクトの内側に置く配置（真空封止型）(b) [100]

レーターは磁石のギャップの間を真空ダクトが通るのに対して，真空封止型は磁石列を真空ダクト中に入れるので，電子ビームが通る磁石列のギャップを狭くできる利点がある．アンジュレーターが機能するためには，磁石列のギャップと周期長の比がある範囲に入らなければならないが，ギャップが小さくなれば，周期長も小さくでき，短周期アンジュレーターが実現できる．このアンジュレーターは周期長 $\lambda_0 = 4\,\mathrm{cm}$，周期数 $N = 90$，$K_{\max} = 2.5$ で，図 7.29 は $K = 1.5$ のときのスペクトル分布である．奇数次の高調波が鋭く立っているが，エミッタンスの影響で前述の理想的な議論は成り立たず，偶数次も現われている．この光源は $K = 1.47$ に選ぶと，3 次高調波に ^{57}Fe の核共鳴エネルギー ($14.4\,\mathrm{keV}$) の X 線が得られ，核共鳴散乱の実験を主テーマの 1 つとして建設されたものである．

SPring-8 における標準型の真空封止 X 線アンジュレーターの仕様は磁場の周期長 $\lambda_0 = 3.2\,\mathrm{cm}$，周期数 $N = 140$ で，全磁石長約 $4.5\,\mathrm{m}$ である．永久磁石材料には NdFe 系磁石を使用し，イオンプレーティングにより TiN を $5\,\mu\mathrm{m}$ 厚でコーティングしている．最大磁場は $0.78\,\mathrm{T}$（ギャップ $10\,\mathrm{mm}$）で，対応する K 値は 2.3 である．利用できる X 線エネルギーの範囲は基本波が $5 \sim 18\,\mathrm{keV}$，3 次光が $51\,\mathrm{keV}$ 以下，5 次光が $75\,\mathrm{keV}$ 以下である．

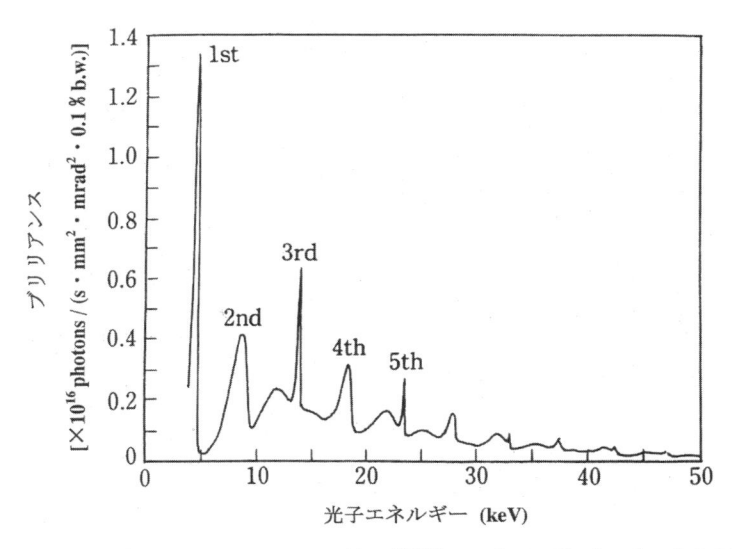

7.2 放射光（シンクロトロン放射光）光源

図 7.29 PF-AR ($E=6.5$ GeV, $I=50$ mA) に設置しているアンジュレーターからの放射光スペクトル　$K=1.5$ の場合[101].

（スペクトル幅 —— 縦方向のコヒーレンス）

アンジュレーター放射光は独得の特性をもっている[23,27,32]．これまで蛇行する電子ビームから放射される 1 つの波に注目したが，ここでは磁石の周期数を N とし，N 個の波が干渉し合う場合を考える．いま放射光が n 次の高調波であって，その角振動数 ω が (7.56) の $\omega_n = n\omega_1 = n(2\pi/T)$ からずれているとする．それを相対的なずれ ε を用いて

$$\omega = \omega_n(1+\varepsilon) \tag{7.60}$$

と表わす．電子ビームの各うねりから放射される軸上の波を加え合わせると，比例定数を除き位相部分だけを抜き出せば，

$$e^{i\omega t} + e^{i\omega(t+T)} + e^{i\omega(t+2T)} + \cdots + e^{i\omega\{t+(N-1)T\}} \tag{7.61}$$

となる．これは $\omega T = 2\pi n(1+\varepsilon)$ を用いて

$$\sum_{m=1}^{N} e^{i\omega(m-1)T} = \sum_{m=1}^{N} e^{i(m-1)2\pi n\varepsilon} = e^{i(N-1)\pi n\varepsilon}\frac{\sin N\pi n\varepsilon}{\sin \pi n\varepsilon} \tag{7.62}$$

と変形される．放射光のスペクトル強度は (7.62) の絶対値の 2 乗に比例する．

$$I(\omega) \propto \left| \frac{\sin N\pi n\varepsilon}{\sin \pi n\varepsilon} \right|^2 \tag{7.63}$$

これから $\varepsilon = 0$ のピークでは干渉効果により N^2 倍になる．また $n\varepsilon = \pm 0.44/N$ のとき，ピーク値の 1/2 になる．したがって，相対的な角振動数の半値幅 (FWHM)，すなわちバンド幅はつぎのように求められる．

$$2\varepsilon = \frac{2(\omega - \omega_n)}{\omega_n} \equiv \frac{\Delta\omega_n}{\omega_n} \left(= \frac{\Delta\lambda_n}{\lambda_n} \right) = \frac{0.88}{nN} \approx \frac{1}{nN} \tag{7.64}$$

そこで，軸方向 ($\theta = 0$) の縦のコヒーレンス (longitudinal coherence) は，可干渉距離で表わすと，(2.114) と (7.64)，(7.57) から

$$\boxed{l_{\mathrm{c}} = \frac{\lambda_n^2}{2\Delta\lambda_n} = \frac{L(1 + K^2/2)}{4\gamma^2}} \tag{7.65}$$

となる．ここで，$L = N\lambda_0$ はアンジュレーターの全長である．十分な可干渉距離を得るには全長を長くする必要があることが分かる．

(空間的広がりと角度広がり — 横方向のコヒーレンス)

軸から角 θ の方向への放射光の波長を $\lambda_n(\theta)$ と表わすと，(7.57) から軸上の波長 $\lambda_n(0)$ との間に

$$\frac{\lambda_n(\theta) - \lambda_n(0)}{\lambda_n(0)} = \frac{\gamma^2\theta^2}{1 + K^2/2} \tag{7.66}$$

の関係がある．$\lambda_n(\theta)$ の値を固定して考えたとき，(7.64) で許される波長の範囲で角度広がり θ_{FWHM} が，つぎのように決められる．

$$\frac{\gamma^2\theta_{\mathrm{FWHM}}^2}{1 + K^2/2} = \frac{1}{nN} \tag{7.67}$$

すなわち

$$\theta_{\mathrm{FWHM}} = \frac{1}{\gamma}\sqrt{\frac{1 + K^2/2}{nN}} = \sqrt{\frac{2\lambda_n(0)}{L}}. \tag{7.68}$$

いまガウス分布を仮定して，FWHM 値から r.m.s. 値に変更するには $2\sqrt{2\ln 2} = 2.35$ で割ればよいが，近似的に放射光の角度広がりとして

$$\sigma_{p'} \approx \sqrt{\frac{\lambda_n(0)}{L}} \tag{7.69}$$

とする．基本波の場合は $\lambda_1(0)$ を単に λ と書いて

$$\sigma_{p'} \approx \sqrt{\frac{\lambda}{L}}. \tag{7.70}$$

横のコヒーレンス (transverse coherence) には，光子ビームの空間的広がりと角度広がりが関わる．$\sigma_{p'}$ の角度広がりと σ_p のサイズ（r.m.s. 値）をもつ光源からの光には回折効果により

$$\boxed{\sigma_p \sigma_{p'} = \frac{\lambda}{4\pi}} \tag{7.71}$$

の関係があり，この $\sigma_p \sigma_{p'}$ は光の固有のエミッタンスである．したがって $\sigma_{p'}$ に対応する光子ビームのサイズは

$$\boxed{\sigma_p \approx \frac{\sqrt{\lambda L}}{4\pi}} \tag{7.72}$$

と求まる．ここの議論では電子はもともと中心軌道に沿っていると仮定しているが，実際には電子のエミッタンスが干渉効果を低下させるので，アンジュレーターを効果的に機能させるには低エミッタンスのリングが必要である．

（各種のタイプのアンジュレーター）

磁石列の配置の仕方により，つぎのように各種のアンジュレーターがあり，それぞれ偏光特性を設計したものをはじめ，特徴的な放射光が得られる[102]．

ウィグラーの場合と同様に，通常の垂直磁場のアンジュレーターでは放射光は水平面内に電場ベクトルのある直線偏光になる．特に水平磁場にすれば，垂直面内に電場ベクトルのある直線偏光が得られる．これが**垂直アンジュレーター**である．

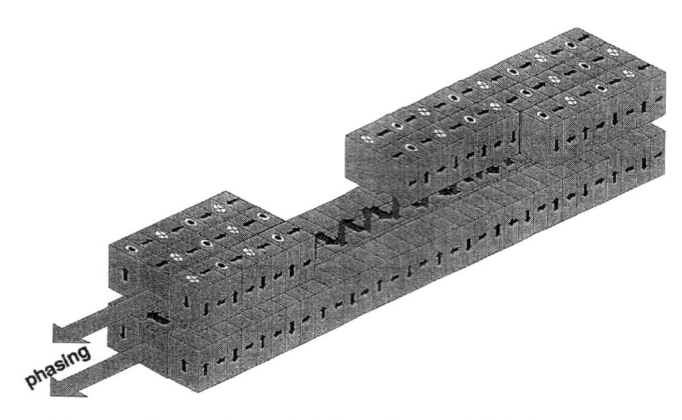

図 7.30 ヘリカルアンジュレーターの磁石列　磁石列の光軸方向へのシフトにより位相が制御される[102].

円偏光は**ヘリカルアンジュレーター**によって得られる（図 7.30）. 垂直磁場とともに $+\pi/2$ または $-\pi/2$ の位相差をもつ水平磁場を加えたつぎのような磁場

$$\boldsymbol{B} = \boldsymbol{B}_{y0} \sin \frac{2\pi z}{\lambda_0} + \boldsymbol{B}_{x0} \sin \left(\frac{2\pi z}{\lambda_0} \pm \frac{\pi}{2} \right) \tag{7.73}$$

をつくれば，楕円偏光が得られる．垂直方向と水平方向の磁場が等しい $\boldsymbol{B}_{y0} = \boldsymbol{B}_{x0}$ の場合が，電子の軌道がらせん状のヘリカルアンジュレーターである．その磁場の構成は図 7.24 の場合と類似しており，水平磁場を $\pm\pi/2$ の位相分だけずらすことにより左右の円偏光を選択できる．ヘリカルアンジュレーターの基本波の波長は，ふつうのアンジュレーターの場合の (7.54) で $K^2/2$ を K^2 で置き換えたものになる．電子ビーム軸上では，K 値に関係なく基本波だけが生ずるので，下流に置かれた分光器の熱負荷を軽減できる．

特殊な設計の「**8 の字**」アンジュレーターにより直線偏光が低熱負荷で得られる．水平磁場の周期長が垂直磁場のそれの 2 倍になっており，電子の軌跡は軸に垂直な面に投影すると 8 の字を描いており，8 の字の上下でできる左回りと右回りの円偏光が重なり合って直線偏光になる．この場合，軸上では基本波と低次の高調波成分だけであって，高調波が抑制される．y 方向の

振動の周期に比べて，x 方向のそれは半分になるから，$1, 3, 5, \cdots$ 次は水平偏光，$0.5, 1.5, 2.5, \cdots$ 次は垂直偏光となる．また，**テーパーモード**のアンジュレーターでは，2 つの磁石列の間隔に傾斜をつけて，放射光のスペクトル幅に広がりをもたせる．これにより D-XAFS の実験などに必要なスペクトル幅を得ることができる．この場合，磁石列間の磁場は正弦型から大幅にずれるので，高輝度性は発揮できない．

付録 A

フーリエ変換などの公式 [20, 58]

1　フーリエ変換

関数 $F(u)$ を関数 $f(x)$ のフーリエ変換 (Fourier transform) $\mathcal{J}$, $f(x)$ を $F(u)$ のフーリエ逆変換 (inverse Fourier transform) $\mathcal{J}^{-1}$ とすれば,これらはつぎのように与えられる.なお,$f(x)$ と $F(u)$ の相互の変換のことをフーリエ変換とよぶことも多い.

$$F(u) \equiv \mathcal{J}[f(x)] = \int_{-\infty}^{\infty} f(x)e^{-ixu}dx, \tag{A.1}$$

$$f(x) \equiv \mathcal{J}^{-1}[F(u)] = \frac{1}{2\pi}\int_{-\infty}^{\infty} F(u)e^{ixu}du. \tag{A.2}$$

この本ではこの流儀の表記を用いる.なお,(A.1) と (A.2) の指数の符号を逆にする場合もある.(A.1) と (A.2) の定数因子はそれぞれ 1 と $1/(2\pi)$ であるが,反転の対称性をもたせるために $1/\sqrt{2\pi}$ と $1/\sqrt{2\pi}$ にすることも多い.また,つぎのような形を用いる場合もある.

$$F(u) = \int_{-\infty}^{\infty} f(x)e^{-2\pi ixu}dx, \tag{A.3}$$

$$f(x) = \int_{-\infty}^{\infty} F(u)e^{2\pi ixu}du. \tag{A.4}$$

$0 < x < \infty$ で定義される関数 $f(x)$ に対して $f(x)$ のフーリエ正弦変換とその逆変換はつぎのようになる.

$$F(u) = \int_0^\infty f(x)\sin(xu)dx, \tag{A.5}$$

$$f(x) = \frac{2}{\pi}\int_0^\infty F(u)\sin(xu)du. \tag{A.6}$$

(A.5) と (A.6) の定数因子は反転の対称性をもたせるために $\sqrt{2/\pi}$ と $\sqrt{2/\pi}$ にすることもある.(A.1) と (A.2) を 3 次元に拡張すると

$$F(u_1, u_2, u_3) = \int\int\int_{-\infty}^\infty f(x_1, x_2, x_3)$$
$$\exp\{-i(x_1 u_1 + x_2 u_2 + x_3 u_3)\}dx_1 dx_2 dx_3, \tag{A.7}$$

$$f(x_1, x_2, x_3) = \frac{1}{(2\pi)^3}\int\int\int_{-\infty}^\infty F(u_1, u_2, u_3)$$
$$\exp\{i(x_1 u_1 + x_2 u_2 + x_3 u_3)\}du_1 du_2 du_3. \tag{A.8}$$

ベクトル表示では

$$F(\boldsymbol{u}) = \int_{-\infty}^\infty f(\boldsymbol{x})e^{-\boldsymbol{x}\cdot\boldsymbol{u}}d\boldsymbol{x}, \tag{A.9}$$

$$f(\boldsymbol{x}) = \frac{1}{(2\pi)^3}\int_{-\infty}^\infty F(\boldsymbol{u})e^{i\boldsymbol{x}\cdot\boldsymbol{u}}d\boldsymbol{u}. \tag{A.10}$$

2 デルタ関数とそのフーリエ変換

ディラックの**デルタ関数** (delta function) $\delta(x)$ は $x=0$ で無限大になるが,その積分値は 1 と定義される.

$$\delta(x) = \begin{cases} \infty & x=0 \\ 0 & x\neq 0, \end{cases} \tag{A.11}$$

$$\int_{-\infty}^\infty \delta(x)dx = 1. \tag{A.12}$$

デルタ関数はつぎのような性質をもつ.

$$\int_{-\infty}^\infty f(x)\delta(x)dx = f(0) \tag{A.13}$$

$$\int_{x_1}^{x_2} f(x)\delta(x-a)dx = f(a) \qquad x_1 < a < x_2 \tag{A.14}$$

デルタ関数のフーリエ変換は

$$\int_{-\infty}^{\infty} \delta(x)e^{-ixu}dx = \exp(0) = 1 \tag{A.15}$$

であるから，そのフーリエ逆変換は

$$\delta(x) = \frac{1}{2\pi}\int_{-\infty}^{\infty} e^{ixu}du \tag{A.16}$$

となる．

3　コンボリューションとそのフーリエ変換

2つの関数 $f(x)$ と $g(x)$ のコンボリューション (convolution) あるいはたたみ込み（積分）は $*$ の記号を用いて

$$f(x)*g(x) = \int_{-\infty}^{\infty} f(y)g(x-y)dy = \int_{-\infty}^{\infty} f(x-y)g(y)dy \tag{A.17}$$

と定義される．これは $f(y)$ に $g(x-y)$ を乗じたものを y について積分して求められるが，その際 $g(x-y)$ は $g(x)$ を左右反転したうえで x だけシフトさせる．

$f(x)$, $g(x)$ のフーリエ変換をそれぞれ $F(u)$, $G(u)$ とすれば，つぎに示すように $f(x)$ と $g(x)$ のコンボリューション $f(x)*g(x)$ のフーリエ変換は $F(y)G(y)$ である．これはコンボリューション定理とよばれる．

$$\begin{aligned}
\mathcal{J}[f(x)*g(x)] &= \int\left\{\int_{-\infty}^{\infty} f(y)g(x-y)dy\right\}e^{-ixu}dx \\
&= \int_{-\infty}^{\infty} f(y)e^{-iyu}dy \int_{-\infty}^{\infty} g(x-y)e^{-i(x-y)u}dx \\
&= F(u)G(u) \\
&\equiv \mathcal{J}[f(x)]\mathcal{J}[g(x)]
\end{aligned} \tag{A.18}$$

同様にして，$F(u)$ と $G(u)$ のコンボリューション $F(u)*G(u)$ のフーリエ逆変換は $2\pi f(x)g(x)$ であることが示される．

$$\mathcal{J}^{-1}[F(u)*G(u)] = 2\pi f(x)g(x) \tag{A.19}$$

$$\equiv 2\pi \mathcal{J}^{-1}[F(u)]\mathcal{J}^{-1}[G(u)].$$

また，それぞれの (A.18)，(A.19) から逆につぎの式も成り立つ．

$$\mathcal{J}^{-1}[F(u)G(u)] = f(x) * g(x), \tag{A.20}$$

$$\mathcal{J}[f(x)g(x)] = \frac{1}{2\pi}F(u) * G(u). \tag{A.21}$$

4 自己相関関数とそのフーリエ変換

$f(x)$ と $g(x)$ の**相関関数** (correlation function) は $\star$ の記号を用いて

$$f(x) \star g(x) = \int_{-\infty}^{\infty} f(y)\, g^*(x+y)dy \tag{A.22}$$

のように定義される．相関の操作はコンボリューションと似ているが，$g(x)$ の左右反転はない．しかし，$g(x)$ の複素共役をとる．異なった関数 $f(x)$ と $g(x)$ の相関関数は**相互相関関数** (cross-correlation function) とよばれ，$f(x)$ と $g(x)$ が等しいときの相関関数は**自己相関関数** (auto-correlation function) とよばれる．$f(x)$ の自己相関関数は $f(x)$ が実数の関数であるとき，つぎのように $f(x)$ と $f(-x)$ のコンボリューションとしても表わされる．

$$\begin{aligned} f(x) \star f(x) &= \int_{-\infty}^{\infty} f(y)f(x+y)dy \\ &= f(x) * f(-x). \end{aligned} \tag{A.23}$$

この自己相関関数のフーリエ変換は，コンボリューション定理を用いて

$$\mathcal{J}[f(x) \star f(x)] = F(u)F(-u) = |F(u)|^2. \tag{A.24}$$

ここで $F(-u) = F^*(u)$ としている ((4.45) 参照)．

5　フーリエ変換の例

$f(x) = \mathcal{F}^{-1}[F(u)]$ $f(x) = \frac{1}{2\pi}\int_{-\infty}^{\infty} F(u)e^{ixu}du$	$F(u) = \mathcal{F}[f(x)]$ $F(u) = \int_{-\infty}^{\infty} f(x)e^{-ixu}dx$
$f(\pm x)$	$F(\pm u)$
$f^*(\pm x)$	$F^*(\mp u)$
$f(x) * g(x)$	$F(u)G(u)$
$f(x)g(x)$	$(1/2\pi)F(u) * G(u)$
$\delta(x)$	1
1	$2\pi\delta(u)$
$\delta(x \pm a)$	$\exp(\pm iau)$
$\exp(\pm iax)$	$2\pi\delta(u \mp a)$
$f(ax) \quad [a > 0]$	$(1/a)F(u/a)$
$f(x \pm a)$	$F(u)\exp(\mp iau)$
$\exp(-ax^2) \quad [a > 0]$	$(1/\sqrt{2a})\exp(-u^2/4a)$
$\sum_{n=-\infty}^{\infty} \delta(x - na)$	$(2\pi/a)\sum_{n=-\infty}^{\infty} \delta(u - 2\pi n/a)$

参考文献

X 線散乱に関する全般的な参考書・ハンドブック

1) 仁田 勇監修:『X 線結晶学』(上,下巻),丸善 (上 1959,下 1961).
2) M.v. Laue: "Röntgenstrahlinterferenzen", Akademische Verlag (1960).
3) A. ギニエ (高良和武他訳):『X 線結晶学の理論と実際』,理学電機図書 (1960).
4) R.W. James: "The Optical Principles of the Diffraction of X-Rays", G.Bell and Sons (1962).
5) 藤原邦夫他:『光学・電子光学 II』,朝倉物理学講座 12,朝倉書店 (1965).
6) 三宅静雄:『X 線の回折』,朝倉書店 (1969).
7) 日本化学会編:『構造解析』,新実験化学講座 6,基礎技術 5,丸善 (1977).
8) 加藤範夫:『回折と散乱』,物性物理学シリーズ 6,朝倉書店 (1978).
9) 高良和武,菊田惺志:『X 線回折技術』,物理工学実験 10,東京大学出版会 (1979).
10) B.D. カリティ 著 (松村源太郎訳):『新版 X 線回折要論』,アグネ承風社 (1980).
11) L.V. アザロフ (平林 真,岩崎 博訳):『X 線結晶学の基礎』,丸善 (1980).
12) "International Tables for Crystallography", Vol.A, A1, B, C, D, E and F, Kluwer Academic Publishers (1983〜2002).
13) 寺内 暉:『物質の構造とゆらぎ』,丸善 (1987).
14) 高良和武編:『X 線回折』,実験物理学講座 20,共立出版 (1988).
15) B.E. Warren: "X-Ray Diffraction", Dover (1990).
16) B.K. Agarwal: "X-Ray Spectroscopy", Second edition, Springer-Verlag (1991).
17) 菊田惺志:『X 線回折・散乱技術 上』,物理工学実験 15,東京大学出版会 (1992).
18) 小川智哉他編集:『結晶評価技術ハンドブック』,朝倉書店 (1993).
19) 加藤範夫:『X 線回折と構造評価』,現代人の物理 6,朝倉書店 (1995).
20) J.M. Cowley: "Diffraction Physics", Third Revised Edition, Elsevier (1995).

21) 日本結晶学会編:『結晶解析ハンドブック』, 共立出版 (1999).
22) 藤井保彦編:『構造解析』, 実験物理学講座 5, 丸善 (2001).
23) J. Als-Nielsen and D. McMorrow: "Elements of Modern X-ray Physics", John Wiley & Sons (2001).
24) 日本化学会編:『物質の構造 III 回折』, 第 5 版実験化学講座 II, 丸善 (2005).
25) (株)リガク編:『X 線回折ハンドブック』(2006).

放射光科学に関する全般的な参考書・ハンドブック

26) E.-E. Koch, T. Sasaki and H. Winick (Series Editors): "Handbook on Synchrotron Radiation", Vol.1-4, North-Holland (1983–1991).
27) 日本物理学会編:『シンクロトロン放射』, 培風館 (1986).
28) 高良和武監修:『シンクロトロン放射利用技術』, サイエンス・フォーラム (1989).
29) 富増多喜夫編著:『シンクロトロン放射技術』, 工業調査会 (1990).
30) B.K. Agarwal: "X-Ray Spectroscopy", Second edition, Springer-Verlag (1991).
31) 大柳宏之編:『シンクロトロン放射光の基礎』, 丸善 (1996).
32) D. Attwood: "Soft X-rays and Extreme Ultraviolet Radiation", Cambridge Univ. Press (1999).
33) 菅野 暁, 藤森 淳, 吉田 博編:『新しい放射光の科学』, 講談社 (2000).
34) 尾嶋正治編:『極限状態を見る放射光アナリシス』, 日本分光学会測定法シリーズ 40, 学会出版センター (2002).
35) 渡辺 誠, 佐藤 繁編:『放射光科学入門』, 東北大学出版会 (2004).
36) 上坪宏道, 太田俊明:『シンクロトロン放射光』, 岩波書店 (2005).

各章の参考文献

37) T. Hahn ed.: "International Tables for Crystallography", Vol.A, Kluwer Academic Publishers (2002).
38) 庄野安彦, 床次正安:『入門結晶化学』, 材料学シリーズ, 内田老鶴圃 (2002).
39) W.H. Zachariasen: J. Am. Chem. Soc. **54** (1932) 3841.
40) 平林 眞 (分担執筆):『結晶評価技術ハンドブック』, 小川智哉他編集, 朝倉書店 (1993).
41) 特集 準結晶研究の最近の展開, 日本結晶学会誌 49 巻 1 号 (2007).
42) M. Nielsen: Z. Phys. **B61** (1985) 415.
43) L.G. Parratt: Phys. Rev. **95** (1954) 359.
44) 小瀬輝次他編:『光工学ハンドブック』, 朝倉書店 (1985).

45) M. Born and E. Wolf: "Principles of Optics", Pergamon Press (1970).
46) 櫛田孝司:『量子光学』, 朝倉書店 (1981).
47) A.J.C. Wilson and E. Prince: "International Tables for Crystallography", Vol. C, Kluwer Academic Publishers (1999).
48) D. Waasmaier and A. Kirfel: Acta Cryst. **A51** (1995) 416.
49) D.T. Cromer and D. Liberman: J. Chem. Phys. **53** (1970) 1891, Acta Cryst. **A37** (1981) 267.
50) S. Sasaki: "Numerical Tables of Anomalous Scattering Factors Calculated by the Cromer and Liberman Method", KEK Report **88**-14 (1989); anonymous FTP: pfweis.kek.jp/pub/sasaki-table
51) 宇田川康夫: 日本結晶学会誌 **31** (1989) 24.
52) 鈴木 皇: 日本物理学会誌 **23** (1968) 12.
53) J.A. Victoreen: J. Appl. Phys. **19** (1948) 855.
54) R. ラウドン著 (小島忠宜, 小島和子訳):『光の量子論』, 内田老鶴圃新社 (1981).
55) 今井康彦 (高輝度光科学研究センター): 私信.
56) L.-M. Peng, G. Ren, S.L. Dudarev and M.J. Whelan: Acta Cryst. **A52** (1996) 456.
57) P.J. Becker and P. Coppens: Acta Cryst. **A30** (1974) 129, 148.
58) 谷田貝豊彦:『光とフーリエ変換』, 現代人の物理 5, 朝倉書店 (1994).
59) 桜井敏雄著:『X線結晶解析』, 物理科学選書 2, 裳華房 (1967).
60) 角戸正夫, 笹田義夫, 笠井暢民, 芦田玉一:『X線結晶解析——その理論と実際』, 東京化学同人 (1978).
61) 桜井敏雄著:『X線結晶解析の手引き』, 応用物理学選書 4, 裳華房 (1983).
62) 大場 茂, 矢野重信編著:『X線構造解析』, 朝倉書店 (1999).
63) W.L. Bragg: Proc. Roy. Soc. **A123** (1929) 537.
64) J.M. Robertson: J. Chem. Soc. (1935) 615, (1936) 1195.
65) C.A. Taylor and H. Lipson: "Optical Transforms", G.Bell Sons (1964).
66) W.L. Bragg: Nature **143** (1939) 678, **149** (1942) 470.
67) M.J. Buerger: Physics: Proc. N.A.S. (1950) 330.
68) 桜井敏雄: 日本結晶学会誌 **15** (1973) 315.
69) P.P. Ewald: Ann. Phys. **359** (1917) 519, 557.
70) M.v. Laue: Ergebnisse der Exakt Naturwiss. **10** (1931) 133.
71) 高良和武 (分担執筆):『X線結晶学』, 下巻, 仁田 勇監修, 丸善 (1961).
72) B.W. Batterrman and H. Cole: Rev. Mod. Phys. **36** (1964) 681.
73) W.H. Zachariasen: "Theory of X-ray Diffraction in Crystals", Dover (1967).
74) 三宅静雄: 固体物理 Vol.8, No.9~12 (1973); Vol.9, No.1~6 (1974).

75) Z. Pinsker: "Dynamical Scattering of X-Rays in Crystals", Springer (1977).
76) A. Authier, S. Lagomarsino and B.K. Tanner: "X-Ray and Neutron Dynamical Diffraction", Plenum Press (1996).
77) R. Brill *et al.* eds.: "Advances in Structure Research by Diffraction Methods", Pergamon Press (1970).
78) P.B. Hirsch and G.N. Ramachandran: Acta Cryst. **3** (1950) 187.
79) 高橋敏男, 菊田惺志: 応用物理 **47** (1978) 853.
80) 菊田惺志: 応用物理 **55** (1986) 697.
81) N. Kato: Acta Cryst. **13** (1960) 349.
82) N. Kato: Acta Cryst. **A25** (1969) 119.
83) 山中高光:『粉末X線回折による材料分析』, 講談社サイエンティフィク (1993).
84) 中井 泉, 泉 富士夫編著:『粉末X線解析の実際』, 朝倉書店 (2002).
85) (株) リガク カタログ: RINT RAPID (湾曲 IP X 線回折装置).
86) G. Gandolfi: Miner. Petrogr. Acta **13** (1967) 67.
87) (株) リガク カタログ: 高分解能平行ビーム光学系.
88) 細谷資明: 日本結晶学会誌 **19** (1977) 99.
89) ICDD PDF-2 データベース (JCPDS).
90) 日本フィリップス (株) カタログ: X 線回折管球.
91) (株) リガク: 提供.
92) 理学メカトロニクス (株) カタログ: 磁気シールユニット.
93) 原 雅弘 (理化学研究所): 私信.
94) J. Schwinger: Phys. Rev. **75** (1949) 1912.
95) L.I. Schiff: Rev. Sci. Inst. **17** (1946) 6.
96) 高橋俊晴: 加速器 **2** (2005) 11.
97) 'Synchrotron Radiation' Science & Technology in Japan **9**-24 (1990).
98) 北村英男: 数理科学 No.243 (1983) 23.
99) 高エネルギー研月報 17 巻, 11 号 (1988).
100) H. Kitamura: J. Synchrotron Rad. **7** (2000) 121.
101) 北村英男編:『放射光実験 挿入光源ハンドブック ('90)』, KEK Report **89**-24 (1990).
102) 北村英男:『挿入光源ハンドブック '96』, JASRI (1996).

索引

あ

網平面 3
アンジュレーター 278
 垂直— 285
 ヘリカル— 286
 8の字— 286
異常
 —吸収 186
 —散乱 87
 —透過 185, 186
 —分散 87, 91
 —分散項 88
位相速度 39
位相問題 135
イメージングプレート 220
インプレーン回折 235
ウィグラー 276
 楕円偏光— 277
 マルチポール・— 276
ウィナー-キンチンの定理 68
ウルフネット 10, 203
運動学的回折理論 109
映進 19
 —面 19
エネルギー
 —選択性 255
 —分散型 236
エバネッセント波 56
エワルド
 —球 122
 —曲線 173
 —の作図法 122
 — -ラウエ流 144
塩化セシウム型構造 27
塩化ナトリウム型構造 25
円偏光 61
 —度 271
 —二色性 61
オイラリアン・クレードル型 219
オージェ電子 98
温度因子 130

か

回折 92
 —角 93
 —強度曲線 163
 —条件 93
回転 13
 n 回—軸 13
 —結晶カメラ 206
 —結晶法 206
回反 13
 n 回—軸 13
可干渉
 —距離 69
 —時間 68
角度分散型 236
可視度 67
カッパ型 219
管
 —電圧 43, 246
 —電流 44, 246
ガンドルフィカメラ 226
ギニエカメラ 227
逆空間 116
逆格子 116
 —点 116
吸収
 質量—係数 100
 線—係数 100
 —係数 52
 —端 102
 —深さ 57
鏡映 13
 —面 13
共鳴
 核—散乱 104
 —散乱 87
 —不足度 153
極 8
極紫外線 38
極性面 4
空間群 20

空間格子	2
屈折率	50
クライン–仁科の式	95
クラマース–クローニッヒの関係式	89
クーリッジ管	246
グレニンガーのチャート	202
群速度	60
蛍光	
——収率	99
——X線	98
——X線分析法	46
結合エネルギー	43
結晶	
——系	15
——構造因子	113
——構造解析	135
——軸	6
——面	6
原子	
——形状因子	84
——散乱因子	84
——変位パラメーター	130
硬X線	37
高エネルギーX線	37
光学回折計	139
光学活性	61
高輝度	255
格子	
——定数	2, 242
——点	2
——点列	2
——面	3
光子	40
構造因子	111
構造振幅	111
光束密度	268
高電圧電源	252
光電効果	97
古典電子半径	77
コヒーレンス	65
空間的——	68
時間的——	68
コヒーレンス関数	
自己——	67
相互——	67
コヒーレンス長	
縦方向の——	69
横方向の——	70
コンプトン散乱	94
コンプトン–ラマン散乱	96
コンボリューション	133, 291
——定理	291

さ

最密構造	24
立方——	24
六方——	24
散乱ベクトル	83
散乱面	79
シェラーの式	244
磁気コンプトン散乱	95
軸ベクトル	2
自己相関関数	292
実験室系	257
集中法	226
シュレディンガー方程式	106
準結晶	34
晶系	15
消衰	
——距離	189
——効果	131
消衰効果	
1次——	131
2次——	132
晶族	15
晶帯	7
——軸	7
焦点円	229
消滅則	127
ジョーンズ・ベクトル	64
真空紫外線	38
振動結晶法	208
振動子強度	88
侵入深さ	56
水晶	7
スケール因子	219
ステレオ図形	15
ストークス・パラメーター	64
スネルの法則	54
スピネル型構造	29
制動輻射	41
積分	
——回折強度	132
——反射能	166
セッティング・パラメーター	217
ゼーマン–ボーリンカメラ	227
閃亜鉛鉱型構造	26
遷移確率	106
旋光性	61
全散乱断面積	75
選択配向	231
全反射	54, 169

相関関数
　　自己—................................67
　　相互—..........................67, 292
挿入光源..................................274
ソーラースリット......................230

た

対称
　　—操作...............................13
　　—中心...............................13
　　—要素...............................14
体心立方構造..............................23
ダイヤモンド型構造......................26
ダーウィン曲線..........................169
楕円偏光...................................61
多重度......................................4
脱励起.....................................98
単位格子....................................2
　　—構造因子........................113
単位胞......................................2
弾性散乱...................................94
秩序
　　短距離—............................32
　　中距離—............................33
　　長距離—............................32
直線偏光...................................61
　　—度................................271
ディフラクトメーター円.................229
デバイ
　　——シェラーカメラ...............221
　　——シェラー法...................221
　　—リング..........................221
　　——ワーラー因子.................129
テーパーモード..........................287
デルタ関数...............................290
電気双極子
　　—放射..............................76
　　—モーメント......................77
電気分極..................................47
点群.......................................15
電子静止系..............................257
電子対生成...............................99
等厚干渉縞..............................196
同位......................................12
投影
　　球面—...............................8
　　グノモン—........................12
　　ステレオ—....................9, 203
　　標準—..............................10
同価
　　—位置..............................21

　　—点................................15
透輝石...................................136
透磁率....................................47
銅単結晶................................204
同定.....................................241
動力学的回折理論......................143

な

軟 X 線..................................38
　　—管...............................252
尿素..............................211, 240
熱散漫散乱.......................96, 131
熱振動..................................128

は

配位数....................................23
バイフット対...........................128
波数......................................38
　　—ベクトル........................38
波束......................................59
パターソン関数........................141
波長シフター..........................277
バーナルのチャート...................211
ハナワルト法...........................241
ハル–デービイのチャート............239
波連......................................65
反射球..................................122
バンチ..................................272
反転......................................13
バンド理論..............................156
バンのチャート........................239
微結晶サイズ..........................244
非晶質固体..............................32
非対称因子.............................162
非弾性散乱..............................94
微分散乱断面積........................75
表面
　　—緩和..............................30
　　—再構成..........................30
ピラタス................................220
ファンシッター – ツェルニケの定理..70
フェルミの黄金律......................106
複屈折..................................155
複素屈折率..............................51
複素コヒーレンス度....................67
フタロシアニン........................136
プラズモン散乱.........................96
ブラッグ
　　—角................................93
　　—ケース..........................157
　　—条件..............................93

— -ブレンタノ光学系 228
ブラベー格子 17
フーリエ
　　光学的な—合成 138
　　—逆変換 289
　　—合成 135
　　—変換 132, 289
プリセッション
　　—カメラ 213
　　—法 213
フリーデル則 128
ブリュースター角 80
ブロッホ
　　—の定理 146
　　—波 146
分散
　　正常— 91
　　—球 152
　　—効果 81
　　—点 154
　　—面 153
粉末
　　—回折計 228
　　—法 221
平滑整流 254
平行ビーム光学系 234
並進 19
ヘリシティ 61
ペロブスカイト型構造 28
偏光 60
　　—因子 78
偏向
　　—電磁石 258
　　—電磁石光源 259
ペンデル
　　—縞 187
　　—ビート 188
ペンローズ格子 35
ポインティング・ベクトル 49
方位行列 217
方向指数 3
放射光 254
　　シンクロトロン— 254
ポーラーネット 10
ポリアセタール 224
ボルマン
　　—効果 187
　　—ファン 192
ボルン近似 110

ま

マクスウェル方程式 46
マージン効果 193
ミラー指数 3
面
　　—角一定の法則 7
　　—間隔 5
　　—形 4
　　—指数 3
面心立方構造 23
モザイク結晶 109
モーズリーの法則 45

や

ヤングの干渉実験 65
誘電率 47

ら

ラウエ
　　透過—法 204
　　背面反射—法 201
　　—カメラ 201
　　—関数 114
　　—群 15, 128
　　—ケース 157
　　—条件 115
　　—図形 198
　　—点 152
　　—法 198
らせん 19
　　—軸 19
ラマン散乱 95
リエナール–ウィーヘルト 266
量子数
　　主— 42
　　全角運動量— 42
　　方位— 42
臨界角 54
　　—振動数 264
ルチル型構造 27
励起 97
レオンハルトのチャート 204
ロッキングカーブ 163
ローレンツ
　　—因子 132
　　—収縮 258
　　—変換 257

わ

ワイセンベルグ
　　—カメラ 212

—法 212

A
Al 多結晶板 223

E
ESCA 99
EXAFS 103

I
ICDD 241

K
$K\alpha_1$ 線 43
$K\alpha_2$ 線 43

N
NiO 238

P
PDF 241

X
X 線 37
　特性— 40
　白色— 40
　連続— 40
　—エネルギーの流れ 190
　—定在波 178
X 線管 245
　回転陽極型— 249
　微小焦点— 251
　封入型— 246
X 線光電子 97
　—分光法 99
XAFS 103
XANES 103

記号／数字
UB 行列 217
γ 線 37
π 偏光 80
σ 偏光 79
2 波近似 151
4 軸 X 線回折計 215

著者略歴
菊田惺志（きくた・せいし）
 1938 年　鎌倉市に生まれる
 1962 年　東京大学理学部物理学科卒業
 1971 年　東京大学生産技術研究所講師
 1973 年　同上助教授
 1979 年　東京大学工学部物理工学科助教授
 1987 年　同上教授
 1998 年　（財）高輝度光科学研究センター理事，放射光研究所副所長
 2004 年　（財）高輝度光科学研究センター参与
 現　在　東京大学名誉教授，理学博士
主要著書
 「X 線回折技術」（共著，1978 年，東京大学出版会）
 「マイクロビームアナリシス」（共著，1985 年，朝倉書店）
 「X 線回折」（共著，1988 年，共立出版）
 「シンクロトロン放射利用技術」（共著，1989 年，サイエンスフォーラム）
 「最新 固体表面/微小領域の解析・評価技術」（共著，1991 年，リアライズ社）
 「X 線回折・散乱技術 上」（1992 年，東京大学出版会）

X 線散乱と放射光科学 基礎編
2011 年 8 月 24 日　初　版

[検印廃止]

著　者　菊田惺志
発行所　財団法人　東京大学出版会
　　　　代表者　渡辺　浩
　　　　113-8654 東京都文京区本郷 7-3-1 東大構内
　　　　電話 03-3811-8814　　Fax 03-3812-6958
　　　　振替 00160-6-59964
印刷所　三美印刷株式会社
製本所　株式会社島崎製本

ⓒ2011 Seishi Kikuta
ISBN 978-4-13-062831-0　Printed in Japan

Ⓡ＜日本複写権センター委託出版＞
本書の全部または一部を無断で複写複製（コピー）することは，著作権法上での例外を除き，禁じられています．本書からの複写を希望される場合は，日本複写権センター（03-3401-2382）にご連絡ください．

金原粲
薄膜の基本技術 第3版　　　A5判 240頁 / 2800円

河野通方・岡島 敏・角田敏一・氏家康成 監修
工業熱力学 基礎編　　　A5判 232頁 / 2600円

齋藤孝基・飛原英治・畔津昭彦
新版 エネルギー変換　　　A5判 256頁 / 3600円

小林浩一
光の物理 光はなぜ屈折，反射，散乱するのか　A5判 200頁 / 3200円

ここに表示された価格は本体価格です．ご購入の
際には消費税が加算されますのでご諒承ください．